开发人才培养系列丛书

# Spring Boot+ Spring Cloud+ Docker 微服务架构开发实战

李晓黎 编著

人民邮电出版社

北京

#### 图书在版编目（CIP）数据

Spring Boot+Spring Cloud+Docker微服务架构开发实战 / 李晓黎编著. -- 北京 : 人民邮电出版社, 2021.12

（Web开发人才培养系列丛书）

ISBN 978-7-115-57659-0

Ⅰ. ①S… Ⅱ. ①李… Ⅲ. ①互联网络—网络服务器 Ⅳ. ①TP368.5

中国版本图书馆CIP数据核字(2021)第208782号

### 内 容 提 要

Spring Boot + Spring Cloud + Docker 是目前国内相关领域工程人员搭建微服务架构的主要解决方案之一，它基于的是流行的 Java 开发框架——Spring，现已成为微服务架构的首选技术方案。

本书通过大量案例介绍使用 Spring Boot + Spring Cloud + Docker 开发微服务（应用程序）的方法，包括开发服务注册中心程序、服务提供者程序、服务消费者程序、认证服务、API 网关等组件，进而搭建完整的微服务架构。为了便于初学者学习和理解相关内容，编者大量使用流程图和架构图对问题进行描述和讲解；同时，精选"秒杀抢购"经典案例，使读者直观地了解微服务架构在实际应用程序开发工作中的应用，提升读者的实战技能。

本书可作为高等院校相关课程的教材，也可作为广大互联网应用程序开发人员的参考书。

◆ 编　著　李晓黎

责任编辑　王　宣

责任印制　王　郁　马振武

◆ 人民邮电出版社出版发行　北京市丰台区成寿寺路 11 号

邮编 100164　电子邮件 315@ptpress.com.cn

网址 https://www.ptpress.com.cn

北京盛通印刷股份有限公司印刷

◆ 开本：787×1092　1/16

印张：18.25　　　　　　　　　　　　　2021 年 12 月第 1 版

字数：491 千字　　　　　　　　　　　2024 年 7 月北京第 5 次印刷

定价：69.80 元

读者服务热线：(010)81055256　印装质量热线：(010)81055316
反盗版热线：(010)81055315
广告经营许可证：京东市监广登字 20170147 号

随着互联网应用的高速发展与广泛普及，Web应用程序的体量越来越大，用户对应用程序的访问并发量持续增高，传统单体架构的弊端凸显，越来越多的互联网公司开始使用微服务架构。在此过程中，"微服务架构技术及其应用"也在逐步成为越来越多的国内外高校计算机专业和非计算机专业的必修课程或选修课程。

Spring Boot + Spring Cloud + Docker是目前国内广泛应用的微服务架构解决方案之一。它基于流行的Java开发框架——Spring，方便读者入门学习，而且它还提供了微服务架构相关的各种问题的解决方案。Spring Boot + Spring Cloud + Docker拥有广泛的用户和大量的应用案例，已成为微服务架构的首选解决方案。本书将结合实际应用案例，介绍搭建微服务架构以及开发基于微服务架构的应用程序的方法。

## ■ 本书内容

本书从逻辑上可分为3部分。

第1部分（第1~2章）介绍微服务架构的基本概念，以及Spring Boot和Spring Cloud编程基础。

第2部分（第3~10章）介绍Spring Cloud微服务架构各组件的主要功能，以及在程序中使用组件搭建微服务架构的方法。该部分内容涉及服务注册中心程序、服务提供者程序、服务消费者程序、认证服务、实现微服务容错保护机制的Hystrix组件、实现API网关功能的Zuul组件、微服务配置中心（Spring Cloud Config）以及微服务架构的消息机制。

第3部分（第11章）介绍通过目前非常流行的开源应用容器引擎Docker实现微服务应用的容器化部署的方法。

## ■ 本书特色

### 1. 化繁为简，精选实用的核心技术

作为分布式系统，Spring Boot+Spring Cloud微服务架构包含很多组件，所涉及的技术对于

初学者而言可以说是浩如烟海，因此，在有限的篇幅中不可能涵盖全部。本书在内容的讲解上力求做到深入浅出、循序渐进，以便于初学者阅读和学习。

### 2. 依托图表和经典案例帮助读者理解抽象的架构设计问题

作为微服务架构开发的入门级教材，本书通过各种流程图、架构图来描述微服务架构的工作原理。本书通过介绍大量案例，为读者理解抽象概念提供了捷径，特别是第10章介绍的"秒杀抢购"案例，可以帮助读者系统地理解微服务架构的作用。

### 3. 配套丰富教辅资源，全方位服务教师教学

编者为使用本书的教师制作了配套的PPT、教学大纲等，并提供了各章习题的参考答案和配套实验手册（电子版），以及"秒杀抢购"案例和大作业"迷你购物电商网站应用实例"的数据库脚本和源代码。上述资源读者可以通过人邮教育社区（www.ryjiaoyu.com）进行下载。

限于编者水平，书中难免存在不足之处，请广大读者批评指正。

编　者
2021年夏于北京

# 目录
## CONTENTS

## 第1章 微服务架构概述

1.1 软件系统架构 .................................. 01
    1.1.1 计算机硬件发展对软件系统架构的影响 .................. 01
    1.1.2 软件系统架构的演进 ................ 03
1.2 主流微服务架构解决方案 .............. 08
1.3 开发环境和测试环境 ...................... 10
    1.3.1 开发环境 ................................ 11
    1.3.2 测试环境 ................................ 14
本章小结 ................................................ 25
习题1 .................................................... 25

## 第2章 Spring Boot和Spring Cloud编程基础

2.1 Spring框架 ...................................... 27
    2.1.1 Spring框架的体系结构 ............ 27
    2.1.2 一个简单的Maven项目案例 ..... 29
    2.1.3 IoC容器 .................................. 32
    2.1.4 注解 ........................................ 36
2.2 Spring Boot编程基础 ...................... 41
    2.2.1 Spring与Spring Boot的关系 .... 41
    2.2.2 开发一个简单的Spring Boot应用程序 ................................ 41
    2.2.3 基于Spring Boot开发MVC Web应用程序 ................................ 45
    2.2.4 利用Thymeleaf模板引擎实现动态页面 .............................. 50
    2.2.5 记录日志 ................................ 54
    2.2.6 通过MyBatis访问MySQL数据库 .................................... 57
    2.2.7 以Jar包形式运行Spring Boot应用程序 ................................ 64
2.3 Spring Cloud概述 ............................ 65
    2.3.1 Spring Cloud家族的成员 ......... 65
    2.3.2 Spring Cloud与Spring Boot的关系 ........................................ 67
    2.3.3 Spring Boot与Spring Cloud的版本 ........................................ 67
本章小结 ................................................ 69
习题2 .................................................... 69

## 第3章 服务注册中心程序开发

3.1 Spring Cloud Eureka的服务注册机制 .................................................. 71
3.2 开发基于Eureka的服务注册中心程序 .................................................... 72
    3.2.1 本章案例项目 ........................ 72
    3.2.2 启动类 .................................... 73
    3.2.3 Eureka服务注册中心的主页 ... 73
    3.2.4 配置文件 ................................ 75
    3.2.5 Eureka的高可用性 ................. 78
    3.2.6 部署Eureka服务注册中心 ..... 78
    3.2.7 以服务形式运行Eureka Server ............................ 82
本章小结 ................................................ 84
习题3 .................................................... 84

# 第 4 章
# 服务提供者程序开发

- 4.1 开发基于RESTful架构的Web服务 ...... 86
  - 4.1.1 RESTful架构概述 ...... 86
  - 4.1.2 开发RESTful服务 ...... 87
  - 4.1.3 实现POST方法 ...... 88
  - 4.1.4 实现PUT方法 ...... 88
  - 4.1.5 实现DELETE方法 ...... 89
  - 4.1.6 以JSON格式传递数据 ...... 89
- 4.2 开发Spring Cloud资源服务 ...... 91
  - 4.2.1 注册到Eureka Server ...... 91
  - 4.2.2 案例：开发用户系统服务 ...... 91
  - 4.2.3 使用Postman测试服务提供者程序 ...... 99
- 本章小结 ...... 104
- 习题4 ...... 104

# 第 5 章
# 服务消费者程序开发

- 5.1 准备服务提供者实例环境 ...... 105
  - 5.1.1 对User服务进行适当的改造 ...... 105
  - 5.1.2 为User服务部署多个实例 ...... 106
- 5.2 Spring Cloud Ribbon ...... 107
  - 5.2.1 负载均衡 ...... 107
  - 5.2.2 Spring Cloud Ribbon编程基础 ...... 109
- 5.3 Spring Cloud Feign ...... 113
  - 5.3.1 添加Feign依赖 ...... 113
  - 5.3.2 项目的启动类 ...... 114
  - 5.3.3 @FeignClient注解 ...... 114
- 本章小结 ...... 116
- 习题5 ...... 116

# 第 6 章
# 认证服务开发

- 6.1 微服务架构的安全认证 ...... 118
  - 6.1.1 认证服务器的作用 ...... 118
  - 6.1.2 OAuth 2.0概述 ...... 119
- 6.2 开发基于OAuth 2.0的认证服务 ...... 122
  - 6.2.1 与安全认证有关的数据库表 ...... 122
  - 6.2.2 认证服务项目 ...... 127
  - 6.2.3 启动类 ...... 129
  - 6.2.4 MyBatis配置 ...... 129
  - 6.2.5 用户管理的实现 ...... 130
  - 6.2.6 安全配置类 ...... 132
  - 6.2.7 部署认证服务 ...... 135
  - 6.2.8 使用Postman获取access token ...... 136
- 6.3 服务提供者程序的安全机制 ...... 137
  - 6.3.1 服务提供者程序安全机制的工作原理 ...... 137
  - 6.3.2 服务提供者程序的启动类 ...... 138
  - 6.3.3 资源服务配置类 ...... 138
- 6.4 在应用程序中获取access token ...... 140
  - 6.4.1 在程序中以POST方法调用接口 ...... 140
  - 6.4.2 在POST请求包头中指定Basic Auth信息 ...... 141
  - 6.4.3 在POST请求包中指定grant_type和scope参数 ...... 141
  - 6.4.4 从认证服务获取access token的案例 ...... 142
- 本章小结 ...... 144
- 习题6 ...... 144

# 第 7 章 微服务的容错保护机制

- 7.1 Spring Cloud Hystrix概述 ...... 146
  - 7.1.1 熔断器的工作原理 ...... 146
  - 7.1.2 Spring Cloud Hystrix的工作原理 ...... 147
- 7.2 准备服务提供者实例环境 ...... 148
  - 7.2.1 对User服务进行适当的改造 ...... 148
  - 7.2.2 为User服务部署多个实例 ...... 149
- 7.3 Spring Cloud Hystrix编程 ...... 149
  - 7.3.1 在项目中启用Hystrix组件 ...... 149
  - 7.3.2 在Ribbon中应用Hystrix ...... 150
  - 7.3.3 在Feign中应用Hystrix ...... 153
- 本章小结 ...... 155
- 习题7 ...... 156

# 第 8 章 API网关

- 8.1 Spring Cloud Zuul概述 ...... 157
- 8.2 Spring Cloud Zuul编程 ...... 158
  - 8.2.1 在项目中启用Zuul组件 ...... 158
  - 8.2.2 在application.yml中配置Zuul ...... 158
  - 8.2.3 Zuul过滤器 ...... 159
  - 8.2.4 通过Zuul服务器调用服务 ...... 162
  - 8.2.5 设置Zuul网关的白名单 ...... 164
  - 8.2.6 记录访问日志 ...... 168
- 8.3 应用程序通过API网关调用服务接口 ...... 171
  - 8.3.1 在应用程序中以GET方式调用接口 ...... 171
  - 8.3.2 在应用程序中以POST方式调用接口 ...... 174
- 本章小结 ...... 179
- 习题8 ...... 179

# 第 9 章 微服务配置中心

- 9.1 Spring Cloud Config概述 ...... 180
- 9.2 Git基础 ...... 181
  - 9.2.1 Git的工作流程 ...... 181
  - 9.2.2 注册GitHub账号 ...... 182
  - 9.2.3 创建GitHub仓库 ...... 182
  - 9.2.4 在STS中上传代码至GitHub仓库 ...... 182
- 9.3 开发配置中心的服务器 ...... 185
  - 9.3.1 在项目中启用Spring Cloud Config Server组件 ...... 185
  - 9.3.2 共享Config Server的本地配置文件 ...... 186
  - 9.3.3 使用Git管理配置文件 ...... 188
  - 9.3.4 部署ConfigServerGit项目 ...... 190
- 9.4 开发配置中心的客户端 ...... 191
  - 9.4.1 pom依赖和启动类 ...... 191
  - 9.4.2 配置中心客户端程序的配置文件 ...... 192
  - 9.4.3 配置中心的客户端程序案例 ...... 193
- 本章小结 ...... 195
- 习题9 ...... 195

# 第 10 章 微服务架构的消息机制

- 10.1 应用程序的消息机制 ...... 196
  - 10.1.1 单机应用程序的消息机制 ...... 196
  - 10.1.2 分布式应用程序的消息机制 ...... 197
  - 10.1.3 基于Redis实现分布式消息队列 ...... 199
  - 10.1.4 Spring Boot集成RabbitMQ消息队列 ...... 204
- 10.2 Spring Cloud Bus ...... 213

|       |        |                                              |
|-------|--------|----------------------------------------------|
| 10.2.1 | Spring Cloud Bus的工作原理 | 213 |
| 10.2.2 | 开发Spring Cloud Bus应用程序 | 215 |
| 10.2.3 | 在配置中心中实现自动刷新配置功能 | 215 |
| 10.3  | 通过Spring Cloud Stream收发消息 | 219 |
| 10.3.1 | Spring Cloud Stream应用程序模型 | 219 |
| 10.3.2 | 利用Spring Cloud Stream集成RabbitMQ实现消息处理 | 220 |
| 10.4  | 消息队列在秒杀抢购场景中的应用 | 224 |
| 10.4.1 | 秒杀抢购应用场景解析 | 225 |
| 10.4.2 | 传统架构的高并发瓶颈 | 225 |
| 10.4.3 | 秒杀抢购解决方案 | 226 |
| 10.4.4 | 限流算法及其实现 | 228 |
| 10.4.5 | 秒杀抢购案例 | 230 |

本章小结 ................................................. 243
习题10 ................................................... 243

# 第 11 章
# 利用Docker容器化部署微服务应用

| 11.1 | 容器化概述 | 244 |
|------|------------|-----|
| 11.1.1 | Docker概述 | 244 |
| 11.1.2 | Docker的基本概念 | 245 |
| 11.1.3 | Docker与虚拟机的对比 | 246 |
| 11.2 | Docker基础 | 247 |
| 11.2.1 | 在CentOS中安装Docker | 247 |
| 11.2.2 | 使用Docker容器 | 249 |
| 11.2.3 | 搭建Docker Registry私服 | 253 |
| 11.2.4 | 使用Docker部署Spring Boot应用程序 | 255 |
| 11.2.5 | 以Docker镜像的形式运行Eureka服务应用程序 | 259 |
| 11.2.6 | 在Docker中使用自定义的配置文件 | 260 |
| 11.2.7 | 修改Docker容器中的配置文件 | 262 |
| 11.2.8 | 容器中日志的持久化 | 264 |
| 11.3 | Docker Compose | 267 |
| 11.3.1 | Docker Compose的特性 | 267 |
| 11.3.2 | 在CentOS中安装Docker Compose | 267 |
| 11.3.3 | Docker Compose中的层次概念 | 268 |
| 11.3.4 | docker-compose.yml配置文件 | 268 |
| 11.3.5 | Docker Compose的常用命令 | 270 |
| 11.3.6 | 通过Docker Compose 搭建微服务项目 | 271 |

本章小结 ................................................. 282
习题11 ................................................... 282

# 第1章 微服务架构概述

微服务架构是目前流行的软件系统架构之一,它是在互联网应用高速发展、广泛普及的背景下产生的。随着Web应用程序的体量越来越大,用户访问Web应用程序的并发量持续增高,传统单体架构的弊端凸显,越来越多的互联网公司选择使用微服务架构。本章介绍微服务架构的由来,主流微服务架构解决方案,以及本书所使用的开发环境与测试环境。

## 1.1 软件系统架构

计算机诞生于20世纪40年代,随着硬件的发展,软件的系统架构也经历了由简到繁的演变过程。

### 1.1.1 计算机硬件发展对软件系统架构的影响

软件是运行在硬件上的,因此计算机硬件的体系结构决定了软件系统架构。

**1. Mainframe时代**

20世纪60年代,计算机主要是指Mainframe。Mainframe是体积非常大的大型机。IBM的System/360是Mainframe的经典代表,如图1.1所示。

图 1.1 System/360

在Mainframe时代，软件运行在主机上，用户通过终端连接到主机，共享主机资源，轮流运行主机上的软件。终端没有CPU（central processing unit，中央处理器），不能运行软件，只能输入数据和显示主机传送回来的信息。Mainframe体系结构如图1.2所示。

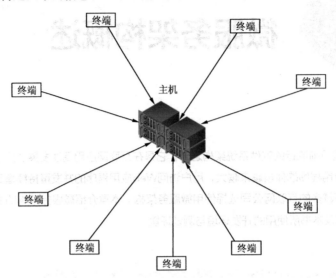

图1.2　Mainframe 体系结构

在Mainframe体系结构中，软件都是在单机上运行的，而且所有任务都是串行执行的，只有执行完一项任务才能开始执行另一项任务。想要一边编辑文章一边听音乐，是做不到的。

**2．PC时代**

PC（personal computer，个人计算机）诞生于20世纪80年代。在PC时代，用户可以独享计算机的所有资源。在主机互联的网络诞生之前，软件仍然是在单机上运行的，但是任务已经可以并行执行了。

**3．网络时代**

网络的诞生远比我们认为的要早，早在20世纪60年代网络就已经存在了。网络最开始用于主机和终端间的连接，后来还用于主机间的互联。

20世纪80年代，随着TCP/IP（transmission control protocol/internet protocol，传输控制协议/互联网协议）的诞生和普及，不同厂商生产的计算机可以方便地实现互联、通信，这也催生了新的软件系统架构——C/S（client/server，客户/服务器）架构和B/S（browser/server，浏览器/服务器）架构。

在C/S架构中，软件可以分为客户端程序和服务器程序2个部分。客户端程序负责显示用户界面，与用户进行交互，将用户的请求发送至服务器程序，并处理和显示服务器返回的数据；服务器程序通常是DBMS（database management system，数据库管理系统），负责数据库的查询和管理。

C/S架构软件的工作原理如图1.3所示。

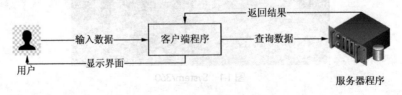

图1.3　C/S 架构软件的工作原理

随着"互联网时代"的来临，B/S架构已经成为主流的软件系统架构。B/S架构可以被看作特殊的C/S架构，只不过客户端程序是浏览器，而服务器程序是部署在Web服务器上的用户软件。在B/S架构中，软件可以分为前端程序和后端程序2个部分。前端程序符合HTML（hypertext markup language，超文本标记语言）规范，主要用来显示用户界面和处理浏览器与用户的交互；后端程序处理业务逻辑，实现需求设计所约定的具体功能，访问数据库并存取数据。

B/S架构软件的工作原理如图1.4所示。

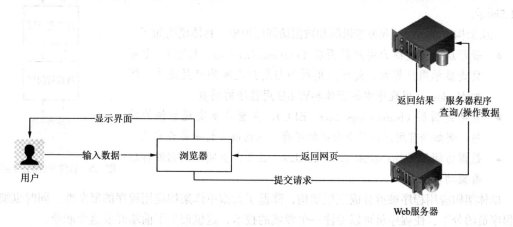

图1.4　B/S架构软件的工作原理

## 1.1.2　软件系统架构的演进

影响软件系统架构演进的因素主要如下。
- 业务需求的不断深入、细化、扩展导致软件系统的体量越来越大。
- 互联网时代软件系统的并发访问量激增，从最初的个人独自操作到组织内部的几十人、几百人同时使用，再到数万人同时在线，甚至"双11"的亿级并发，给应用程序和服务器硬件都带来了很大的挑战。
- 由廉价服务器集群组成的分布式系统，既可以获得很强的处理能力，与使用大型机相比又可以降低成本，而且可以根据需求灵活增减服务器的数量，从而促进了软件被拆分并被分布部署的系统架构的发展。

软件系统架构的演进经历了单体架构、水平扩展架构和垂直拆分架构、SOA（service-oriented architecture，面向服务的架构）和微服务架构等阶段。

**1．单体架构**

单体架构是最简单的软件系统架构，即应用程序的所有功能都包含在一个项目中，发布时被打包到一起，比如Java应用程序的War包或Jar包、Windows应用程序的安装包等。单体架构简单易行，各模块间通信和共享数据都非常方便，适合中小型项目。无论是在Mainframe时代、PC时代还是网络时代，最初的应用程序都是单体架构的。

随着业务需求的增长，软件系统的体量越来越大，业务逻辑越来越复杂，致使单体架构的弊端凸显，具体表现如下。
- 模块越来越多。模块之间的耦合度比较高，修改一个模块往往会带来连锁反应，影响其他模块的稳定性，从而导致项目难以维护，也很难扩展。

- 项目的代码量越来越大，比较大的项目通常由多人共同开发。代码质量参差不齐，编码风格比较杂乱，致使代码可读性很差，越来越难维护。
- 项目是一个庞大的整体，这使得应用新技术的成本很高，因为应用过程中必须对整个项目进行重构，这通常是不可能实现的。

为了解决上述问题，单体架构在发展中演变出了三层架构，如图1.5所示。

三层架构由表示层、业务逻辑层和数据访问层组成。具体说明如下。

- 表示层，又被称为用户界面层（user interface layer，UIL），主要负责显示用户界面、处理应用程序与用户之间的交互操作，例如Windows应用程序中的窗体和Web应用程序的网页。
- 业务逻辑层（business logic layer，BLL），主要负责实现系统的功能，例如检查用户订单中商品的库存，从而确定订单是否有效。
- 数据访问层（data access layer，DAL），主要负责实现数据库存取数据功能。

图 1.5 软件系统的三层架构

单体架构应用程序被拆分成三层架构，降低了大型单体架构应用程序的复杂性，同时也细化了程序员的分工，使程序员可以专注一个领域的技术，这也催生了前端开发这个职业。

**2．水平扩展架构与垂直拆分架构**

在互联网时代，Web应用程序的访问量比传统的C/S应用程序高很多。以旅游类App为例，2019年5月国内旅游出行综合类App的活跃人数统计如表1.1所示。

**表1.1　　　　　　　2019年5月国内旅游出行综合类App的活跃人数统计**

| 排名 | App | 活跃人数/万人 |
| --- | --- | --- |
| 1 | 携程旅行 | 7 013.12 |
| 2 | 去哪儿旅行 | 4 369.7 |
| 3 | 同程旅行 | 1 933.3 |
| 4 | 飞猪旅行 | 1 152.1 |
| 5 | 马蜂窝旅游 | 1 004.4 |
| 6 | 途牛旅游 | 725.5 |
| 7 | 艺龙旅行 | 272.6 |
| 8 | TripAdvisor猫途鹰 | 141.3 |
| 9 | 百度旅游 | 69.1 |
| 10 | 驴妈妈旅游 | 32.5 |

以上统计数字仅供参考。旅游类App并不是人们日常生活中必需的。与淘宝、京东、微信、微博、抖音等热门App相比，其活跃用户数会少很多。即便这样，其活跃用户数也有几十万到数千万之多。海量的访问和高并发给Web应用程序的体系结构和Web服务器硬件带来了很大的挑战。

最常见的解决高并发的方案是将应用程序部署在多个服务器上，从而分担访问负载。可以采用两种方式将应用程序部署在多个服务器上：水平扩展和垂直拆分。水平扩展的实现原理相对简单，即保持应用程序的单体架构，将整个应用程序的备份独立部署在多个Web服务器上，构成Web服务器集群，在集群的前面再部署一个网关设备，其会根据一定的策略将用户的访问请求分配给集群中的某一台服务器处理，从而实现负载均衡。软件系统的水平扩展架构如图1.6所示。

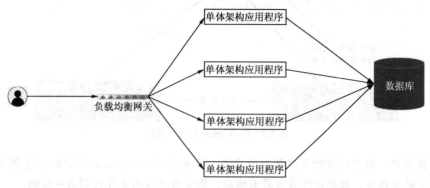

图1.6　软件系统的水平扩展架构

水平扩展的方法看似不需要对应用程序做任何改动，简单易行，但是无形中放大了单体架构应用程序的缺点，程序进行任何修改后都需要重新部署集群中的所有服务器，这增加了系统运维和测试的复杂度。

垂直拆分架构指将单体架构应用程序拆分成若干个独立的子系统。例如一个简易的电商网站包含用户管理、商品管理、订单管理等模块，在单体架构中，这些模块包含在一个应用程序中。如果采用垂直拆分架构，则可以将电商网站拆分为用户管理系统、商品管理系统和订单管理系统3个独立的子系统。这些子系统可以由独立的开发团队开发，可以独立部署，可以通过API（application program interface，应用程序接口）或数据库共享数据。

### 3．SOA

在SOA应用程序中，可以将业务功能抽象、封装成服务单元（也被称为服务提供者），为系统中的其他组件提供服务。每个服务单元都是独立存在的。我们通常会根据业务逻辑来定义（拆分）服务单元，例如电商网站可以拆分成管理用户的user服务、管理商品的goods服务、管理订单的orders服务和提供公共功能的common服务。

服务单元通过API对外提供服务，其他组件通过网络服务调用API。调用服务的组件被称为服务消费者。

SOA具备如下特性。

- 服务的注册和发现。在SOA中，服务是可以分布部署的。那么服务消费者如何定位服务呢？SOA中包含服务注册中心，用于接收服务提供者的注册信息，管理服务的状态，接受服务消费者的查询。比较常用的服务注册中心是ZooKeeper，它的工作流程如图1.7所示。
- 服务提供者启动时会自动向服务注册中心注册服务，注册信息包括服务名称、服务部署的IP地址和端口号、请求服务的URL（uniform resource locator，统一资源定位符）以及服务的权重等。
- 服务消费者启动时会从服务注册中心获取服务注册信息，然后定期监听服务的变化。服务注册中心也会向服务消费者发送服务变更通知。这样，服务消费者就可以掌握服务提供者的准确信息，从而使用URL调用服务。

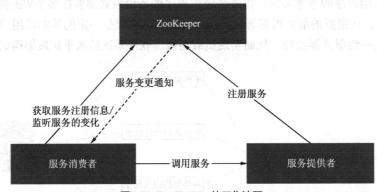

图1.7 ZooKeeper的工作流程

- 心跳检测，是及时更新服务状态的机制。服务注册中心会启动后台线程定期向服务提供者发送心跳包，如果连续多次没有响应，则会将其从服务注册列表中移除。
- 负载均衡。在SOA中同一个服务提供者可以多地部署，进而构成服务集群。负载均衡指调用服务时按照一定的策略选择集群中的一个服务提供者。可以通过硬件设备（如F5）实现负载均衡，这样配置简单但成本较高；也可以通过软件进行负载均衡。软件负载均衡包括中心控制（如Nginx）和客户端控制2种方式。客户端控制负载均衡最简单的方法就是根据服务提供者的权重随机选择一个在线的服务提供者。
- RPC，是remote procedure call（远程过程调用）的缩写，是进程间调用的一种常用方式。在SOA中，可以通过RPC调用服务API。RPC的过程如图1.8所示。

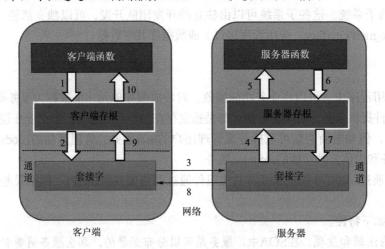

图1.8 RPC的过程

RPC架构中包含客户端、客户端存根（client stub）、服务器和服务器存根（server stub）。客户端相当于服务消费者，服务器相当于服务提供者。RPC的过程如下。

（1）客户端以本地调用的方式调用服务。

（2）客户端存根在调用服务时负责将方法和参数等封装成可以进行网络传输的消息体。

（3）消息体通过套接字（socket）进行传输，并被发送至服务器。

（4）服务器存根对收到的消息进行解码。

（5）服务器根据解码的结果调用本地的服务器函数。
（6）服务器函数将结果返回给服务器存根。
（7）服务器存根将返回结果封装成可以进行网络传输的消息体。
（8）返回结果消息体通过套接字进行传输，并被发送至客户端。
（9）客户端存根对收到的消息进行解码。
（10）客户端函数得到调用服务结果。

**4．微服务架构**

微服务架构其实并没有明确的定义。从字面意思理解，它也是基于服务的架构，而且服务的体量比较小，一个应用程序可能包含数十个微服务。每个微服务都可以独立部署，当然也可以独立运行。下面介绍微服务架构的一些特性。

（1）通过服务实现组件化。

设计软件系统的一个原则是使用组件构建系统。组件是可以独立替换和升级的软件单元。我们可以使用库实现软件系统的组件化，但是主要的组件化方式是将软件拆分成服务。库的调用通常是指内存中的函数调用；而服务的调用则是指进程之外的、通过Web Service请求或RPC进行的调用。

之所以通过服务来实现组件化，而不是通过库来实现，最重要的原因是服务可以独立部署。如果一个应用程序由多个库组成，则任何组件的变化都会导致整个应用程序的重新部署。但是如果应用程序被拆分成若干个服务，则每个服务的变化都不会影响其他服务，只要服务的接口参数和返回值类型不发生变化，服务的变化就不会影响其他服务和应用，只须独立重新部署。

（2）根据业务逻辑进行组织。

一个开发团队通常由UI（user interface，用户界面）组、前端开发组、后端开发组和数据库组构成。他们互相配合完成一个项目的开发。一个简单的需求变化可能会导致跨组讨论和新的预算审批，而微服务架构可以将需求变化的影响限制在很小的范围内。微服务有一个（建议的）设计原则，就是尽量提供标准的、通用的功能服务，而把业务逻辑放在上层应用中。举个例子，微服务就好像是一个自来水公司，只提供标准的市政自来水，我们如果想喝水可以自己加热，如果想拖地可以自己加入消毒液。这都属于具体的业务逻辑，建议不在微服务中实现，这样可以保证服务不依赖特定的应用场景，提高复用率。当然，微服务中具体实现什么功能也是根据需要来设计的。

（3）去中心化管理。

随着分布式系统的普及，去中心化的概念也越来越被人们所接受。集中部署应用程序的优势在于便于部署和维护，但是一旦发生故障，恢复环境和数据的成本也是不小的。在微服务架构中，服务可以独立部署，同一个服务也可以多次部署在不同的服务器上，互为备份，共同承担访问负载。

在单体架构中，各模块都使用一个集中的数据库来存储数据；而在微服务架构中，服务既可以共享一个数据库，也可以使用专有的数据库（此时数据库被拆分），如图1.9所示。

（4）提供安全的服务，保障数据安全。

微服务架构多与OAuth 2.0相结合，提供微服务的鉴权和访问控制，以保障数据安全。

（5）提供服务的高并发和高可用性支持。

因为微服务架构属于分布式系统，所以服务可以分布式地部署在多个服务器上。这可以作为高并发解决方案，从而提高系统的负载能力。同时，一个服务可以部署多个实例，即使个别实例出现异常，也不会影响系统的稳定运行，从而提高系统的可用性。

当然，微服务架构的特性和优势还有很多，在本书后面的章节中会结合具体技术和案例进行介绍。

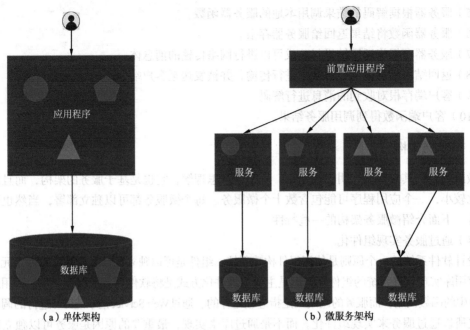

图 1.9 微服务架构的去中心化管理

## 1.2 主流微服务架构解决方案

2014年有"软件开发教父"之称的马丁·福勒（Martin Fowler）发表了一篇文章 *Microservices*（微服务），其中系统论述了微服务架构的理念。该理念很快就被很多软件开发者所接受，进而掀起了一股微服务架构解决方案的热潮。很多公司都推出了开源微服务架构的开发框架。目前国内主流微服务架构解决方案包括Spring Boot+Spring Cloud+Docker、Dubbo和Dubbox等。

**1. Spring Boot+Spring Cloud+Docker**

Spring Boot和Spring Cloud都是基于Spring框架的，这也是目前流行的Java开发框架。

2002年，罗德·约翰逊（Rod Johnson）在 *Expert One-on-One J2EE Design and Development*（专家一对一：J2EE设计与开发）一书中对Spring框架的设计理念进行了系统的描述。随后，在2004年，罗德·约翰逊及其团队发布了Spring 1.0。关于Spring框架的基本情况，本书将在2.1节中进行介绍。

2013年，Pivotal公司成立。随后，所有Spring应用程序都被移交至Pivotal公司。2014年，Pivotal公司发布了Spring Boot 1.0，对Spring开发框架进行了系统的升级，使开发过程更加简洁、方便。2017年，Spring Boot 2.0发布。本书将在2.2节中对Spring Boot框架进行介绍。

Spring Cloud是Pivotal公司于2015年推出的分布式系统开发框架，其中包含服务注册与治理、API网关、负载均衡、分布式系统配置中心、消息总线等子项目，可以构建一个完整的微服务架构应用程序。本书将在2.3节中对Spring Cloud开发框架进行介绍。

Docker是一个开源引擎，其能以任何应用创建轻量级的、便于移植的、自包含的容器，是部署微服务架构应用程序的常用解决方案。

可以说Spring Boot+Spring Cloud+Docker是目前国内流行的微服务架构解决方案之一。一方面它基于流行的Java开发框架——Spring，方便读者入门学习；另一方面它几乎提供了微服务架构关注的各种问题的解决方案。

因为Spring Boot+Spring Cloud+Docker是本书介绍的主题，所以这里就不赘述了，留待读者在后面的章节中学习、体会。

### 2. Dubbo

Dubbo是阿里巴巴集团推出的开源分布式服务框架，可以与Spring无缝集成，也是国内比较流行的微服务架构解决方案，主要提供服务的注册和治理功能，其工作原理如图1.10所示。

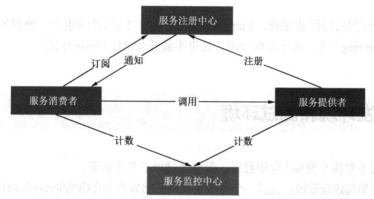

图1.10　Dubbo 提供服务注册和治理的工作原理

Dubbo框架包含服务注册中心（registry）、服务提供者（provider）、服务消费者（consumer）和服务监控中心（monitor）4个角色。Dubbo服务的注册和治理的流程如下。

（1）在初始化阶段，服务提供者向服务注册中心注册自己的服务地址、端口号；服务消费者向服务注册中心订阅服务事件。当服务列表发生变化时，服务注册中心将通知服务消费者。

（2）服务消费者根据从服务注册中心获取的服务提供者列表，可以定位到服务提供者，从而调用自己所需要的服务。

（3）服务监控中心提供日志服务，负责记录日志，统计服务的调用次数和调用时间。

本书将在第3章介绍Spring Cloud的服务注册组件Eureka。读者在阅读第3章时会发现Dubbo与Spring Cloud的服务注册和治理机制是类似的。但是Dubbo只实现了服务治理，而通过后面的学习读者可以发现Spring Cloud提供了微服务架构的全方位解决方案。它们的主要功能对比如表1.2所示。

表1.2　　　　　　　　　　　Dubbo和Spring Cloud的主要功能对比

| 功能 | Dubbo | Spring Cloud |
| --- | --- | --- |
| 服务注册中心 | ZooKeeper、Redis | Eureka，在第3章介绍 |
| 微服务的容错保护 | 目前没有相关组件，但提供了多种容错方案 | Hystrix，在第7章介绍 |
| API网关 | 目前没有相关组件，可以自行开发 | Zuul，在第8章介绍 |
| 配置中心 | 目前没有相关组件，可以与第三方工具（如携程旅行的Apollo）集成以实现配置中心 | Spring Cloud Config，在第9章介绍 |

续表

| 功能 | Dubbo | Spring Cloud |
|---|---|---|
| 消息总线 | 目前没有相关组件 | Spring Cloud Bus，在第10章介绍 |
| 数据流 | 目前没有相关组件 | Spring Cloud Stream，在第10章介绍 |
| 监控中心 | monitor | 目前没有相关组件，但可以结合Spring Boot Actuator组件和API网关Zuul的过滤器机制自行开发 |

**3．Dubbox**

目前Dubbo框架已经停止更新。Dubbox是基于Dubbo 2.x的升级版本，兼容原有框架，升级了ZooKeeper和Spring版本。由于篇幅所限，这里不展开介绍Dubbox的情况。

## 1.3 开发环境和测试环境

要基于微服务架构开发Web应用程序，需要经过以下几个步骤。

（1）微服务架构建设阶段：选择一个微服务架构（例如本书介绍的Spring Boot+Spring Cloud），然后基于微服务架构开发自己的微服务架构应用程序。这属于Web平台的底层架构建设，也是本书介绍的主要内容。

（2）服务开发阶段：根据具体应用将业务功能拆分成服务，然后由程序员开发服务的功能。此阶段取决于具体的应用需求。

（3）测试阶段：无论是微服务架构应用程序、Web应用程序还是实现业务逻辑的服务，它们都是程序员开发的程序，都可能存在bug。在一个Web应用程序中，服务属于底层应用，负责给前端用户直接操作的上层应用提供服务，而微服务架构应用程序则是底层的底层，因此它们都需要经过大量测试。

（4）上线运行阶段：首先，需要将微服务架构应用程序部署上线，但它并没有实现任何业务功能，只是实现了一套完整的开发和运维的机制；然后，每个实现具体业务功能的服务也需要被部署到微服务架构中。近几年DevOps这个词非常流行，它是Development和Operations的组合词，代指在系统运营过程中开发人员和运维人员之间的协作。随着Web应用程序的规模越来越大，开发人员和运维人员之间的界限也越来越模糊。当线上应用程序出现问题时，经常有开发人员会说"这是运维人员的事情，程序已经做完了，不关我的事"，而运维人员也会抱怨"程序又不是我做的，我怎么知道该怎么配置"。事实上，很多问题需要开发人员和运维人员配合分析、协作解决。

本书的目标读者是对开发基于微服务架构的应用程序感兴趣的程序员。程序员首先要对自己开发的应用程序进行测试，然后在系统上线后，还要配合运维人员解决系统运行过程中所遇到的问题。因此，本书读者需要了解3种工作环境，即开发环境、测试环境和生产环境。测试环境通常是生产环境的简化版。根据系统的规模和负载能力不同，生产环境需要考虑服务器集群、负载均衡等情况，而测试环境一般不需要那么复杂。

为了方便读者学习，本节介绍本书所使用的开发环境和测试环境，在阅读本书的过程中，读者会接触到开发环境和测试环境中使用的工具和软件。

## 1.3.1 开发环境

要开发Spring Boot应用程序，需要安装JDK、Maven和集成开发环境。本小节介绍搭建开发环境的具体方法。

**1. 安装和配置JDK**

JDK是Java develop kit的缩写，也就是Java开发工具包。JDK分为Java SE、Java EE和Java ME这3个版本，它们的区别如下。

- Java SE是Java platform,standard edition的缩写，也就是Java标准版，可用于开发桌面、服务器、嵌入式环境和实时环境中所使用的 Java 应用程序。
- Java EE是Java platform,enterprise edition的缩写，也就是Java企业版，它是基于Java SE构建的，常用于开发Web应用或移动应用的服务器程序。
- Java ME是Java platform,micro edition的缩写，也就是Java "迷你" 版，它是为机顶盒、移动电话和PDA（personal digital assistant，个人数字助理）之类的嵌入式消费电子设备提供的Java语言平台。

本书代码基于Java SE Development Kit 8编写而成。

Java SE Development Kit 8最初由Sun公司开发，后来Oracle公司收购了Sun公司，也就获得了JDK的维护权。读者可以在Oracle官网下载Java SE Development Kit 8。

在Oracle官网中找到并下载其Windows 64位安装包，下载前需要使用Oracle账户登录。

运行所下载的安装包，根据安装程序的引导完成安装，然后参照如下步骤配置环境变量。

（1）打开"环境变量"对话框。针对不同版本的Windows操作系统，配置方法略有不同。

（2）添加环境变量为JAVA_HOME、值为JDK的安装目录，例如编者的安装目录为C:\Program Files\Java\jdk1.8.0_241，如图1.11所示。

（3）在Path环境变量中添加如下代码，结果如图1.12所示。

```
%JAVA_HOME%\bin;%JAVA_HOME%\jre\bin;
```

添加环境变量CLASSPATH，值如下：

```
.;%JAVA_HOME%\lib;%JAVA_HOME%\lib\tools.jar
```

注意，最前面有一个"."。

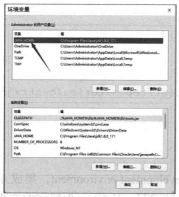

图1.11　设置环境变量 JAVA_HOME

图1.12　设置环境变量 Path

配置好后,打开命令提示符窗口,执行如下命令,可以查看JDK的版本。

```
java -version
```

编者的计算机环境下返回了如下信息:

```
Java(TM) SE Runtime Environment (build 1.8.0_241-b07)
Java HotSpot(TM) 64-Bit Server VM (build 25.241-b07, mixed mode)
```

这说明JDK已经安装成功。

**2. 安装和配置Maven**

Maven是Apache公司开发的软件项目管理工具。POM(project object model,项目对象模型)是Maven进行项目管理的重要概念。在pom.xml文件中可以通过一小段文字描述管理项目的构建、报告和文档。Maven可以根据pom.xml文件自动下载项目所依赖的Jar包。

访问Maven官网的下载页面,可以下载最新的Maven安装包。Maven官网的URL参见本书配套资源中提供的"本书相关网址"文档。

Windows下的安装包是ZIP格式的,编者下载的文件是apache-maven-3.6.3-bin.zip。将其解压到C:\apache-maven-3.6.3文件夹下,然后设置环境变量Path,添加一行C:\apache-maven-3.6.3\bin\。

配置完成后,打开命令提示符窗口,执行下面的命令。

```
mvn -v
```

如果返回图1.13所示的结果,则说明Maven已经成功安装。

图1.13 查看Maven的版本号

由于网络原因,有时候下载Jar包很慢。针对该问题,可以配置国内镜像,例如阿里云,即可以在配置文件中设置使用阿里云镜像。Maven的配置文件是conf文件夹下的settings.xml,在其中的<mirror></mirror>中添加如下代码,可以配置Maven使用阿里云镜像。

```xml
<mirror>
  <id>alimaven</id>
  <mirrorOf>central</mirrorOf>
  <name>aliyun maven</name>
  <url>http://maven.aliyun.com/nexus/content/repositories/central/</url>
</mirror>
```

**3. 安装和配置集成开发环境**

用于开发Spring应用程序的常用IDE(integrated development environment,集成开发环境)包括Eclipse、IDEA和STS。其中STS是Spring Tool Suite的缩写,是Spring框架官方推荐的开发工

具。因此编者建议读者使用STS作为Spring Boot+Spring Cloud微服务应用程序的开发工具。

STS是基于Eclipse的,访问Spring官网的工具下载页面可以下载STS。具体URL参见本书配套资源中提供的"本书相关网址"文档。

在Spring官网中下载Windows 64位安装包。编者下载的是spring-tool-suite-4-4.6.0.RELEASE-e4.15.0-win32.win32.x86_64.self-extracting.jar。这是一个自解压的压缩包。双击此文件后其会自动解压到当前文件夹中的sts-4.6.0.RELEASE文件夹,双击其中的SpringToolSuite4.exe,即可运行STS开发工具。运行STS时会弹出图1.14所示的对话框,在该对话框中选择保存Java项目的工作空间。

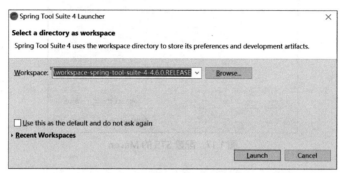

图 1.14 运行 STS 时选择保存 Java 项目的工作空间

选择后单击Launch按钮,打开编辑器窗口。

首先,参照如下方法在STS中配置JDK。

(1)在系统菜单中,依次选择Window/Preferences,打开Preferences窗口。在左侧窗格中选择Java/Installed JRE,选中默认的JRE记录,单击Remove按钮将其删除,然后单击Add按钮,打开Add JRE窗口,如图1.15所示。

(2)选中Standard VM,单击Next按钮,进入JRE Definition;然后单击Directory按钮,选择前面安装JDK的文件夹,如图1.16所示;最后单击Finish按钮。

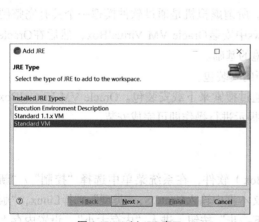

图 1.15 Add JRE 窗口

图 1.16 配置 STS 的 JDK

在Preferences窗口的左侧窗格中选择Maven/User Settings,如图1.17所示。在User Settings文本框中选择前面配置好的settings.xml,确认无误后单击Apply按钮即可。

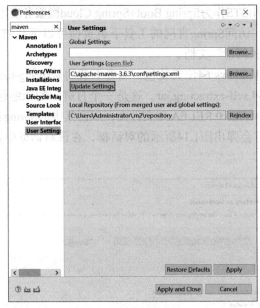

图 1.17　配置 STS 的 Maven

> **注意**
> 默认的本地资源仓库位置为C:\Users\Administrator\.m2\repository，读者可以根据需要修改。

### 1.3.2　测试环境

　　测试环境是测试人员与开发人员共用的环境。Spring Boot + Spring Cloud微服务应用程序通常部署在Linux操作系统上，本书采用虚拟机+ CentOS来搭建测试环境。

#### 1. 安装Oracle VM VirtualBox

　　Oracle VM VirtualBox是一款开源虚拟机软件。所谓虚拟机是通过软件模拟一个具有完整硬件系统功能的独立运行的计算机系统。在Windows中安装Oracle VM VirtualBox，然后在Oracle VM VirtualBox中安装CentOS，这就是本书测试环境的基础。

　　访问Oracle VM VirtualBox的官网可以下载最新的安装包。

　　如果因为网络原因而无法访问官网，则可以通过搜索来下载安装包。Oracle VM VirtualBox的安装包是经典的Windows安装程序，只需要按照提示进行操作即可完成安装。

#### 2. 在Oracle VM VirtualBox中安装CentOS

　　运行Oracle VM VirtualBox（后文简称VirtualBox）软件，在系统菜单中选择"控制"/"新建"，打开"新建虚拟电脑"对话框。在"名称"文本框中输入CentOS，"类型"选择Linux，"版本"选择Red Hat (64-bit)，如图1.18所示。单击"下一步"按钮，进入"内存大小"，设置内存大小，如图1.19所示。建议以计算机的物理内存容量的一半作为虚拟机的内存。

　　单击"下一步"按钮，进入"设置虚拟硬盘"。选择"现在创建虚拟硬盘"，然后单击"创建"按钮，进入"虚拟硬盘文件类型"，选择"VDI（VirtualBox）磁盘映像"，然后根据提示设置虚拟硬盘的大小。建议根据物理硬盘的容量进行设置，至少为30GB。创建完成后，在VirtualBox的左侧窗格中会出现了一个CentOS图标，如图1.20所示。

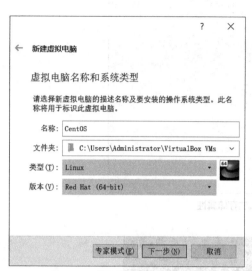

图1.18 "新建虚拟电脑"对话框

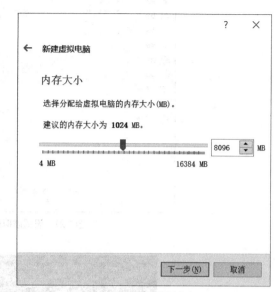

图1.19 设置内存大小

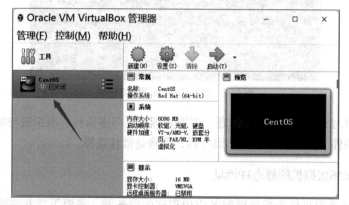

图1.20 新建的CentOS

这只是一个空的虚拟机，还没有安装操作系统。下面介绍在虚拟机中安装CentOS的过程。首先要选择一个CentOS的安装镜像，例如CentOS-7-x86_64-Minimal-1810.iso。

右击CentOS虚拟机图标，在快捷菜单中选择"设置"，打开"CentOS-设置"对话框。在左侧列表中选中"存储"，在"存储介质"中可以看到控制器IDE还没有盘片，如图1.21所示。

选中"没有盘片"，在右侧的"分配光驱"下拉列表框右侧单击图标，选中CentOS-7-x86_64-Minimal-1810.iso，加载CentOS安装包虚拟光盘。然后双击CentOS图标，运行虚拟机系统，此时系统会自动从CentOS的安装镜像引导启动，并运行安装程序。根据安装程序的提示安装CentOS，过程比较简单，由于篇幅所限，这里不做具体介绍。最后一步要设置超级管理员root的密码，记住密码，以备在下次登录时使用。安装成功后，可以重启虚拟机。使用root用户名和密码登录，然后执行下面的命令，可以查看CentOS的版本信息，如图1.22所示。

```
cat /etc/redhat-release
```

图 1.21 设置虚拟机的存储属性

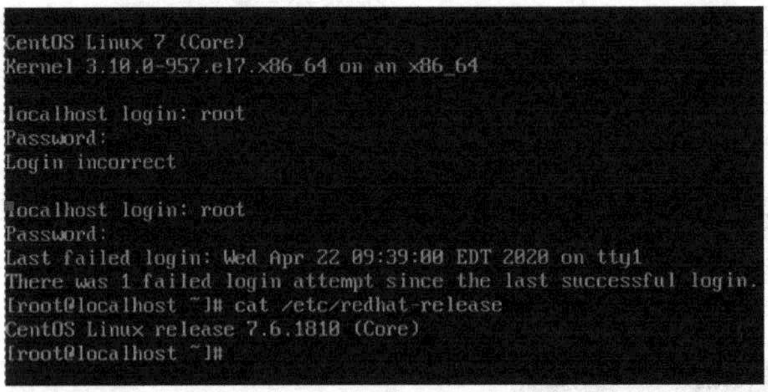

图 1.22 查看 CentOS 的版本信息

在使用虚拟机时经常会出现各种问题，主要是虚拟机与虚拟机、虚拟机与实体机间的网络通信问题。如果有条件准备实体的CentOS服务器，那将是最佳选择。

### 3．设置CentOS虚拟机的静态IP地址

本书将CentOS虚拟机作为部署微服务应用程序的服务器，需要下载并安装相关软件，也需要从客户端上传和部署程序包。这些都离不开网络通信。因此在安装好CentOS后，第一件事就是设置CentOS虚拟机的静态IP地址。

在设置IP地址之前，首先打开VirtualBox，右击CentOS虚拟机图标，在快捷菜单中选择"设置"，打开"CentOS-设置"对话框。在左侧列表中选中"网络"，在右侧的"网卡1"选项卡中选中"启用网络连接"复选框，然后在"连接方式"处选择"桥接网卡"，单击OK按钮。配置好后，启动CentOS虚拟机，登录后执行下面的命令，以查看CentOS的网卡名字。

```
ip addr
```

运行结果如图1.23所示，enp0s3就是CentOS的网卡名字。执行下面的命令可以编辑默认网卡上的配置信息。如果需要，可将enp0s3替换成自己的网卡名字。

```
cd /etc/sysconfig/network-scripts
vi ifcfg-enp0s3
```

默认的网络配置参数如图1.24所示。

图1.23　查看 CentOS 的网卡名字　　　　图1.24　默认的网络配置参数

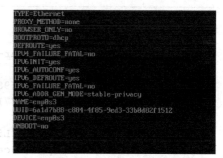

vi是Linux操作系统的文本编辑工具。与Windows环境下的记事本相比，其使用方法有很大的区别。由于篇幅所限，这里不对其展开介绍。

设置如下的配置参数。

- 将BOOTPROTO设置为static，表示使用静态IP地址。默认值为dhcp，表示使用由系统分配的动态IP地址。
- 新增IPADDR=192.168.1.102，设置虚拟机的静态IP地址为192.168.1.102。读者需要根据自己的网络环境进行设置。
- 设置NETMASK为子网掩码，通常为255.255.255.0。
- 设置GATEWAY为网关的IP地址。读者需要根据自己的网络环境进行设置。
- 将ONBOOT设置为yes，表示网卡启动方式为开机启动。

设置好后，按Esc键，然后输入:wq并按Enter键，以保存配置文件。

若要连接互联网，则还需要配置DNS（domain name system，域名系统）。执行命令vi /etc/resolv.conf，并添加如下内容：

```
nameserver 202.106.0.20
nameserver 8.8.8.8
```

保存后，执行下面的命令，重新启动网络。

```
service network restart
```

执行下面的命令，如果可以ping通百度，则说明IP地址配置成功了。

```
ping www.baidu.com
```

### 4．设置CentOS虚拟机的主机名

使用hostnamectl set-hostname命令可以设置CentOS虚拟机的主机名。例如，执行以下命令可将CentOS虚拟机的主机名设置为server1。

```
hostnamectl set-hostname server1
```

执行以下命令可以查看主机名。

```
hostnamectl status
```

返回的结果为:

```
hostnamectl   status
   Static hostname: server1
         Icon name: computer-vm
           Chassis: vm
        Machine ID: 62dd296983872c48a9f9f154208d13f5
           Boot ID: 9669b977195047b0a50c70b5d02fb26d
    Virtualization: kvm
  Operating System: CentOS Linux 7 (Core)
       CPE OS Name: cpe:/o:centos:centos:7
            Kernel: Linux 3.10.0-1127.el7.x86_64
      Architecture: x86-64
[root@localhost ~]#
```

在CentOS中测试一下通信效果:

```
ping server1
```

如果正常,则可以ping通。

但是,在Windows下可能会ping不通。原因是需要安装Samba。Samba是在Linux和UNIX系统上实现SMB(server messages block,服务器信息块)协议的一个免费软件,由服务器及客户端程序构成。SMB协议是一种在局域网上共享文件和打印机的通信协议,它为局域网内的不同计算机之间提供文件及打印机等资源的共享服务。SMB协议是C/S型协议,客户端通过该协议可以访问服务器上的共享文件、打印机及其他资源。执行下面的命令可以安装Samba。

```
yum install samba
```

然后启动nmb服务:

```
systemctl start nmb
systemctl enable nmb
```

配置并重启防火墙:

```
firewall-cmd --permanent --zone=public --add-service=samba
firewall-cmd --reload
```

最后即可在Windows里面ping通CentOS虚拟机。

### 5. 使用PuTTY工具远程连接CentOS虚拟机

直接在VirtualBox虚拟机里输入命令比较麻烦,无法粘贴命令,而且字体也比较小。为了方便操作,建议使用一些远程连接工具来操作CentOS,例如本节要介绍的PuTTY。PuTTY是一款免费的、基于SSH和Telnet的远程连接工具。

安装PuTTY的过程很简单,只需要根据提示单击Next按钮即可。安装成功后不会自动创建桌面快捷方式,但读者可以在安装目录下找到putty.exe以创建桌面快捷方式。

在远程连接CentOS之前,要先在虚拟机上做一些准备工作。

首先为远程连接建立一个通道。打开VirtualBox,右击CentOS图标,在快捷菜单中选择"设置",打开"CentOS-设置"对话框。在左侧列表中选中"网络",在右侧的"网卡2"选项卡中选中"启用网络连接"复选框,在"连接方式"处选择"仅主机(Host-Only)网络",然后单击OK按钮。配置好后,在宿主机(安装VirtualBox的计算机)中可以看到一个名为VirtualBox Host-Only Ethernet Adapter的虚拟网络连接,如图1.25所示。右击它,在快捷菜单中选择"属性",可以查看它的IP地址,如图1.26所示。此IP地址可以作为虚拟机系统的网关(假定为192.168.56.1)。这个虚拟网络连接就是远程连接CentOS的专用通道,而前面介绍的enp0s3网卡则是用来与外界网络进行通信的,比如连接互联网。

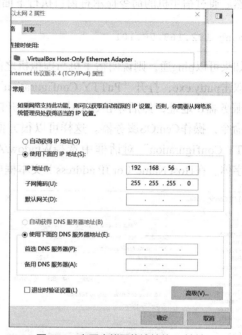

图1.25　虚拟网络连接　　　　图1.26　查看虚拟网络连接的IP地址

接下来为第2块网卡配置静态IP地址。将ifcfg-enp0s3复制为ifcfg-enp0s8,参照前面的方法配置IP地址(本书假定为192.168.56.101),将网关设置为前面在宿主机中看到的虚拟网络连接的IP地址(本书假定为192.168.56.1)。编者的虚拟机中ifcfg-enp0s8的内容如下:

```
TYPE=Ethernet
PROXY_METHOD=none
BROWSER_ONLY=no
BOOTPROTO=static
IPADDR=192.168.56.101
NETMASK=255.255.255.0
DNS1=202.106.0.20
DNS2=8.8.8.8
GATEWAY=192.168.56.1
DEFROUTE=yes
IPV4_FAILURE_FATAL=no
IPV6INIT=yes
IPV6_AUTOCONF=yes
IPV6_DEFROUTE=yes
IPV6_FAILURE_FATAL=no
IPV6_ADDR_GEN_MODE=stable-privacy
```

```
NAME=enp0s8
UUID=b86ee2d0-57a8-4e49-8eaf-803edd59d4df
DEVICE=enp0s8
ONBOOT=yes
```

配置好后，执行下面的命令重启network服务，以应用新的网络配置。

```
systemctl restart network
```

然后通过宿主机的命令提示符窗口执行下面的命令：

```
ping 192.168.56.101
```

如果可以ping通，则说明宿主机与虚拟机之间的通信通道已经建立。

双击putty.exe，打开"PuTTY Configuration"对话框，如图1.27所示。在文本框中输入要连接的服务器IP地址，然后单击Open按钮，打开PuTTY终端窗口，如图1.28所示。登录后就可以输入命令，操作CentOS服务器。这样可以很方便地复制和粘贴文本。如果觉得字体小，可以在"PuTTY Configuration"对话框中选择Window/Appearance，单击Font settings中的Change按钮，设置字体。在Host Name（or IP address）文本框中填入第2块网卡的IP地址（192.168.56.101）。

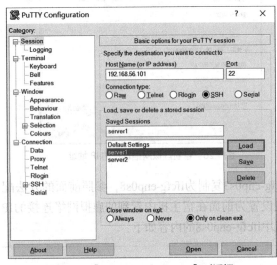

图1.27 "PuTTY Configuration"对话框

图1.28 PuTTY终端窗口

如果PuTTY不能连接到CentOS，则可以执行下面的命令来安装OpenSSH组件：

```
yum install openssh-server
```

然后启动sshd服务并关闭防火墙：

```
systemctl restart sshd
systemctl disable firewalld
```

### 6. 使用WinSCP工具实现向CentOS服务器上传文件的功能

在阅读本书的过程中，读者经常需要向CentOS服务器上传我们编写的程序包文件，推荐大家使用WinSCP工具通过图形界面实现上传功能。可以通过WinSCP官网下载WinSCP，具体网址参见本书配套资源中提供的"本书相关网址"文档。

安装WinSCP的过程很简单，只需要根据提示单击Next按钮即可。安装成功后不会创建桌面快捷方式。

启动CentOS服务器后，运行WinSCP，首先会弹出登录对话框。在对话框中输入CentOS服务器的IP地址（这里需要使用虚拟机与宿主机通信的IP地址，如192.168.56.101）、用户名和密码，单击"登录"按钮，即可打开WinSCP主窗口，如图1.29所示。

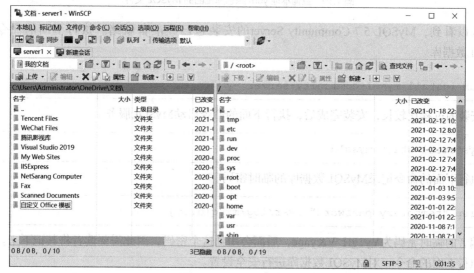

图 1.29　WinSCP 主窗口

WinSCP主窗口分为左、右两个部分，可以分别选择双方的文件，并在左、右两个窗格间拖曳文件，以实现Windows与CentOS服务器之间的文件传递。

### 7．在CentOS虚拟机上安装MySQL数据库

本书使用MySQL数据库存储数据，读者可以参照如下步骤在CentOS虚拟机上安装和配置MySQL数据库。

首先需要访问MySQL官网以下载MySQL数据库的.rpm安装包。编者下载的是mysql57-community-release-el7-11.noarch.rpm。

RPM是Red Hat package manager的缩写，即Red Hat软件包管理器。Red Hat是Linux的一个分支产品，CentOS是Red Hat Linux企业版的克隆，但其不需要付费。虽然名字里包含Red Hat，但是.rpm文件格式已经成为很多Linux产品都接受的行业标准。

下载后通过WinSCP将其上传至CentOS服务器的/usr/local/src文件夹下，然后登录CentOS服务器，执行下面的命令，解压缩MySQL数据库安装包。

```
cd /usr/local/src
rpm -Uvh mysql57-community-release-el7-11.noarch.rpm
```

cd命令用于切换当前所在的目录。然后执行下面的命令，查询本地yum源仓库里面都有哪些MySQL文件。yum是CentOS使用的Shell前端软件包管理器，它可以从指定的服务器自动下载RPM包然后安装，并且可以自动下载安装程序包所依赖的软件。

```
yum repolist enabled | grep "mysql.*-community.*"
```

查询结果如图1.30所示。

图1.30　查询本地yum源仓库里面的MySQL文件

可以看到，MySQL 5.7 Community Server的安装包已经准备就绪。执行下面的命令安装MySQL数据库。

```
yum install mysql-community-server -y
```

安装的过程比较长，安装完成后，执行下面的命令启动MySQL服务。

```
systemctl start mysqld
```

执行下面的命令记录MySQL数据库的临时密码。

```
grep "temporary password" /var/log/mysqld.log
```

编者的临时密码为Yy1gH_V&yage，后面会用到这个密码，因此需要读者将其记下来。

执行下面的命令，对MySQL数据库进行安全设置。

```
mysql_secure_installation
```

首先使用前面的临时密码登录MySQL数据库，并根据提示输入新密码。注意，尽量使用包含字母、数字和特殊字符（如_）的复杂密码，例如Abc_123456，否则将无法通过系统的安全检查。然后系统会询问"Change the password for root ? (Press y|Y for Yes, any other key for No) :"，输入y并按Enter键。最后系统会提示再次输入新密码，并再次询问是否继续，输入y并按Enter键。

接下来系统会询问是否删除匿名用户，内容如下：

```
Remove anonymous users? (Press y|Y for Yes, any other key for No):
```

输入n（只要不是y就可以）并按Enter键，保留匿名用户。

接下来系统会询问是否禁止远程访问，内容如下：

```
Disallow root login remotely? (Press y|Y for Yes, any other key for No):
```

输入n（只要不是y就可以）并按Enter键，允许远程访问。

接下来系统会询问是否删除test数据库，内容如下：

```
Remove test database and access to it? (Press y|Y for Yes, any other key for No):
```

输入n（只要不是y就可以）并按Enter键，不删除test数据库。

接下来系统会询问是否刷新权限，内容如下：

```
Reload privilege tables now? (Press y|Y for Yes, any other key for No):
```

输入y并按Enter键，完成安装和配置MySQL数据库。

执行下面的命令，然后输入root用户的密码，可以登录到MySQL数据库。

```
mysql -u root -h localhost -p
```

执行下面的命令，开通任何IP地址都可以远程连接到MySQL数据库。

```
use mysql;
update user set host='%' where user='root' and host='localhost';
flush privileges;
```

%代表任何IP地址，localhost代表本地地址。在默认情况下，root用户只能从本地连接到MySQL数据库。

### 8．使用Navicat工具远程连接MySQL数据库

Navicat是很流行的图形化MySQL数据库管理工具。下载和安装Navicat的过程很简单，这里不再具体介绍。运行Navicat主窗口，单击工具栏中的连接图标，在下拉菜单中选择MySQL，弹出连接MySQL数据库对话框，如图1.31所示。输入连接名和MySQL数据库的IP地址，默认的端口号为3306，输入MySQL数据库的用户名和密码，最后单击"确定"按钮。连接数据库后的Navicat主窗口如图1.32所示。

图 1.31　连接 MySQL 数据库对话框

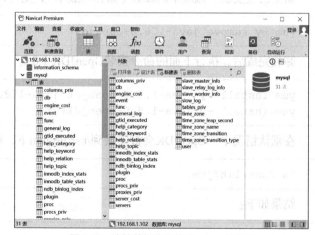

图 1.32　连接数据库后的 Navicat 主窗口

Navicat主窗口分左、右两个窗格，左侧窗格以树状结构显示数据库中的对象，包括表、视图、函数、事件、查询、报表、备份等。在左侧窗格中双击一个数据库对象，在右侧窗格中可以查看其详情。在工具栏中单击"新建查询"，可以打开查询窗口，在里面可以执行SQL语句以查询数据库。例如在查询窗口中输入如下SQL语句：

```
SELECT * FROM user
```

单击 ▶运行，运行结果如图1.33所示。

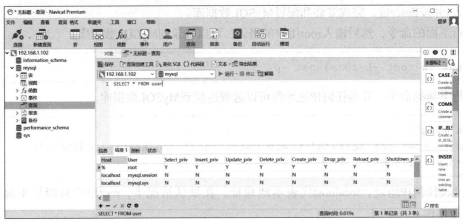

图 1.33 在查询窗口中运行 SQL 语句的结果

### 9．在CentOS虚拟机上安装JDK

要在CentOS虚拟机上部署和运行Spring Boot+Spring Cloud微服务应用程序，需要有JDK的支持。通常CentOS会默认安装JDK。首先执行下面的命令，查看安装情况。

```
yum list installed | grep [java][jdk]
```

如果已经安装了低版本的JDK（如1.6.0版本），则可以执行下面的命令将其卸载。

```
yum -y remove java-1.6.0-openjdk*
```

卸载完成后，执行下面的命令安装OpenJDK 1.8.0。

```
yum install -y java-1.8.0-openjdk java-1.8.0-openjdk-devel
yum install -y java-1.8.0-openjdk*
```

在默认情况下，OpenJDK会被安装到/usr/lib/jvm下，可以执行下面的命令查看目录结构。

```
ls /usr/lib/jvm
```

结果如下：

```
java
java-1.8.0
java-1.8.0-openjdk
java-1.8.0-openjdk-1.8.0.242.b08-0.el7_7.x86_64
java-1.8.0-openjdk-1.8.0.242.b08-0.el7_7.x86_64-debug
java-openjdk
jre
jre-1.8.0
jre-1.8.0-openjdk
jre-1.8.0-openjdk-1.8.0.242.b08-0.el7_7.x86_64
jre-1.8.0-openjdk-1.8.0.242.b08-0.el7_7.x86_64-debug
```

参照下面的方法可以配置JDK的环境变量。

执行下面的命令。

```
vi /etc/profile
```

将下面的代码添加到文件最后,其中文件名需要根据实际情况进行修改。读者进行安装时JDK的版本也许会发生变化。

```
# set java environment
JAVA_HOME=/usr/lib/jvm/java-1.8.0-openjdk-1.8.0.242.b08-0.el7_7.x86_64
PATH=$PATH:$JAVA_HOME/bin
CLASSPATH=.:$JAVA_HOME/lib/dt.jar:$JAVA_HOME/lib/tools.jar
export JAVA_HOME   CLASSPATH   PATH
```

保存并退出后,执行下面的命令可以使配置生效。

```
source /etc/profile
```

执行下面的命令以查看JDK的版本:

```
java -version
```

结果如下:

```
openjdk version "1.8.0_242"
OpenJDK Runtime Environment (build 1.8.0_242-b08)
OpenJDK 64-Bit Server VM (build 25.242-b08, mixed mode)
```

可以看到OpenJDK 1.8.0已经安装成功。

## 本章小结

本章首先介绍了软件系统架构的演变历程,对比了各种软件系统架构的特点、优势和不足,分析了微服务架构的特性和产生背景;然后通过对3个主流微服务架构进行介绍,简要分析了本书选择Spring Boot+Spring Cloud作为主题的原因;最后为了方便读者学习,还讲解了搭建本书所使用的开发环境和测试环境的方法。

本章的主要目的是让读者认识微服务架构,了解微服务架构的主流解决方案。通过学习本章的内容,读者可以初步掌握微服务架构的背景知识和软硬件环境,为进一步学习微服务架构中的各个组件编程方法奠定基础。

## 习题 1

### 一、选择题

1. C/S架构中的C代表(  )。
   A. 客户端                         B. 计算机

C. 浏览器　　　　　　　　　　　D. 云端
2. BLL的中文全称为（　　）。
   A. 表示层　　　　　　　　　　B. 业务逻辑层
   C. 数据访问层　　　　　　　　D. 以上都不是
3. 下面关于软件系统水平扩展的描述错误的是（　　）。
   A. 水平扩展保持应用程序的单体架构，将整个应用程序备份独立部署在多个Web服务器上。
   B. 水平扩展增加了系统运维和测试的复杂度。
   C. 水平扩展在Web服务器集群的前面部署一个网关设备，根据一定的策略将用户的访问请求分配到集群中的某一台服务器进行处理，从而实现负载均衡。
   D. 水平扩展指将单体架构应用程序拆分成若干个独立的子系统。
4. 下面开源框架目前是由当当网负责维护的是（　　）。
   A. Spring Boot　　　　　　　　B. Spring Cloud
   C. Dubbo　　　　　　　　　　D. Dubbox
5. 下面属于虚拟机软件的是（　　）。
   A. CentOS　　　　　　　　　　B. VirtualBox
   C. MySQL　　　　　　　　　　D. PuTTY

## 二、填空题

1. 在C/S架构中，应用程序可以分为　【1】　程序和　【2】　程序两个部分。
2. 　【3】　是阿里巴巴集团推出的开源分布式服务框架，其可以与Spring无缝集成。
3. JDK分为　【4】　、　【5】　和　【6】　这3个版本。
4. Maven可以根据　【7】　文件自动下载项目所依赖的Jar包。

## 三、简答题

1. 简述单体架构应用程序的弊端。
2. 简述SOA中服务注册中心的工作流程。

# 第 2 章 Spring Boot和Spring Cloud编程基础

Spring Boot+Spring Cloud是目前非常流行的微服务架构，也是本书介绍的主要内容。本章介绍Spring Boot和Spring Cloud编程的基础知识，为读者学习后面章节的内容奠定基础。Spring Boot和Spring Cloud都是基于Java语言的技术框架，因此本书的读者须具备基本的Java编程经验。

## 2.1 Spring框架

Spring是开源的Java开发框架，可以为开发Java应用程序提供全面的基础功能支持，从而使Java开发变得简单、快捷。本书所介绍的Spring Boot和Spring Cloud都是Spring框架的扩展。本节介绍Spring编程的基本方法。

### 2.1.1 Spring框架的体系结构

Spring框架可以为所有企业级应用程序提供一站式底层支持。Spring框架是模块化的，开发者可以选择使用需要的模块，而无须导入其他模块。Spring框架的体系结构如图2.1所示。

图 2.1　Spring 框架的体系结构

1. 核心容器

核心容器层由Beans、Core、Context和SpEL等模块组成，介绍如下。
- Beans模块提供BeanFactory功能，是工厂模式实现的基础。
- Core模块提供框架的基础部分，具有IoC（inversion of control，控制反转）和DI（dependency injection，依赖注入）等特性。
- Context模块建立在Core模块和Beans模块的基础上，是访问对象的中介。
- SpEL（Spring expression language，Spring表达式语言）模块可以在运行时查询和操作数据。

2. 数据访问/集成

数据访问/集成层由JDBC、ORM、OXM、JMS和事务等模块组成，介绍如下。
- JDBC（Java database connectivity，Java数据库连接）模块负责数据库资源管理和错误处理，大大简化了开发人员对数据库的操作。
- ORM是object relational mapping（对象关系映射）的缩写，是一种将对象自动映射到关系数据库中的方法。
- OXM模块提供对象和XML（extensible markup language，可扩展标记语言）之间的映射。
- JMS（Java message service，Java消息服务）模块提供Java消息服务，具有生产和消费消息的能力。
- 事务模块通过在POJO（plain ordinary Java object，简单的Java对象）中实现指定的接口，提供对类的事务管理服务。

3. Web

Web层由Web、Web-MVC、Web-Socket和Web-Portlet等模块组成，介绍如下。
- Web模块提供面向Web的基础技术支持，例如文件上传、使用Servlet监听器和基于Web的应用程序上下文初始化IoC容器。关于IoC容器将在2.1.3小节中进行介绍。
- Web-MVC 模块包含Spring对MVC（model-view-controller，模型-视图-控制器）开发模式的实现。关于MVC开发模式将在2.2节中进行介绍。
- Web-Socket模块提供对基于Web-Socket的客户端与服务器双向通信的Web应用程序的支持。
- Web-Portlet模块是基于Web-MVC模块的Portlet实现。Portlet是一种Web组件。由于篇幅所限，本书不展开介绍其相关内容。

4. 其他

- AOP是aspect oriented programming（面向切面编程）的缩写，其是一种通过预编译方式和运行期间动态代理实现程序功能的、统一维护的开发技术。由于篇幅所限，本书不展开介绍其相关内容。
- Aspects模块集成AspectJ。AspectJ是一个强大的AOP框架。
- Instrumentation模块提供类的instrumentation支持，以及在特定应用服务器中的类加载器实现。Instrumentation模块为JVM（Java virtual machine，Java虚拟机）上运行的程序提供测量手段。由于篇幅所限，本书不展开介绍其相关内容。
- Messaging模块支持基于Web-Socket的消息机制，以及通过注解编程模型从Web-Socket客户端路由消息。由于篇幅所限，本书不展开介绍其相关内容。

- 测试模块包含JUnit和TestNG等Spring测试组件。

可以看到，Spring是一个功能强大、组件完备的开发框架，几乎提供了应用程序开发所需的各种技术的底层框架支持。当然，本书只讲解其中的部分功能。之所以全面介绍Spring框架的体系结构，是因为本书的读者对象是程序员，作为程序员应该对使用的开发框架有全面的了解，以便在需要的时候选择使用其提供的底层支持。由于篇幅所限，这里不展开介绍所有技术细节。如果读者对本节内容中涉及的基本概念不理解，可以查阅相关资料深入学习。本书在后面应用到Spring的具体模块时会结合具体情况进行介绍。

### 2.1.2 一个简单的Maven项目案例

本章所有的案例都是基于Maven的。Maven是非常流行的Java项目构建系统，可以利用Maven项目对象模型（project object model，POM）来管理项目的构建、报告和文档。本小节通过一个简单的案例演示开发Maven项目的方法。

**1．新建Maven项目**

运行STS，在系统菜单中选择File/New/Project，打开选择项目类型的窗口，如图2.2所示。

在项目的类型树中，选择Maven/Maven Project，然后单击Next按钮，打开选择项目名称和位置的窗口，如图2.3所示。

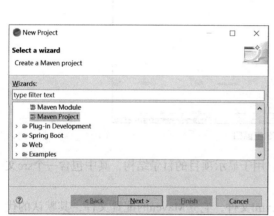

图2.2　选择项目类型的窗口

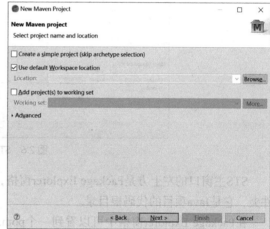

图2.3　选择项目名称和位置的窗口

保持默认设置，单击Next按钮，打开选择Archetype的窗口，如图2.4所示。Archetype 插件的作用是生成 Maven 项目骨架（项目的目录结构和pom.xml）。

这里选择maven-archetype-quickstart插件，这是一个快速创建简单Maven项目的Archetype插件。单击Next按钮，打开输入Group Id和Artifact Id的窗口，如图2.5所示。Group Id用于标识公司，这里填写com.example。Artifact Id用于标识项目，这里填写HelloWorld。默认的包名（Package）为com.example.HelloWorld。

单击Finish按钮可以创建Maven项目，打开STS主窗口，如图2.6所示。

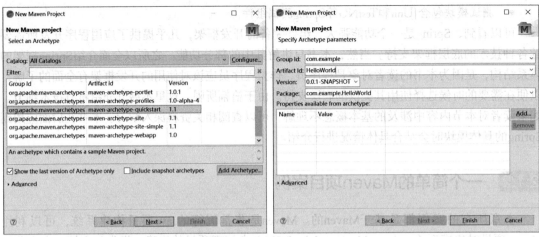

图 2.4 选择 Archetype 的窗口　　图 2.5 输入 Group Id 和 Artifact Id 的窗口

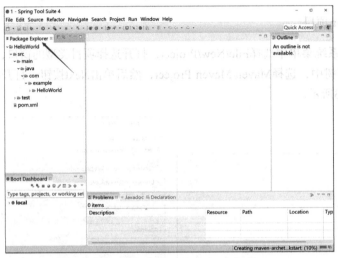

图 2.6 STS 主窗口

STS主窗口的左上方是Package Explorer窗格，用于显示项目的目录结构，其中包含一个src文件夹，它是Java项目的代码根目录。

在Package Explorer窗格中可以看到一个pom.xml文件，它是Maven的配置文件，其默认的代码如下：

```
<project xmlns="    maven.apache.org/POM/4.0.0" xmlns:xsi="         w3.org/
2001/XMLSchema- instance"xsi:schemaLocation="    maven.apache.org/POM/4.0.0
http://maven.apache.org/xsd/maven-4.0.0.xsd">
    <modelVersion>4.0.0</modelVersion>
    <groupId>com.example</groupId>
    <artifactId>HelloWorld</artifactId>
    <version>0.0.1-SNAPSHOT</version>
    <packaging>Jar</packaging>
    <name>HelloWorld</name>
    <url>    maven.apache.org</url>
    <properties>
        <project.build.sourceEncoding>UTF-8</project.build.sourceEncoding>
```

```xml
      </properties>
      <dependencies>
        <dependency>
          <groupId>junit</groupId>
          <artifactId>junit</artifactId>
          <version>3.8.1</version>
          <scope>test</scope>
        </dependency>
      </dependencies>
</project>
```

pom.xml文件中的部分标签说明如下。

- <modelVersion>：指定POM文件所遵从的项目描述符的版本，这里使用4.0.0。
- <groupId>：指定项目的Group Id。
- <version>：指定项目的版本，默认值为0.0.1-SNAPSHOT，表示快照0.0.1。
- <packaging>：指定项目的打包格式，默认值为Jar，也就是说使用package命令进行打包时会得到.jar文件。
- <name>：指定项目名。
- <url>：指定Maven的官网网址。
- <project.build.sourceEncoding>：指定项目的编码。
- <dependencies>：指定项目所依赖的插件库。
- <dependency>：是dependencies的子节点，用于指定项目所依赖的一个插件。

### 2．新建Java Bean对象

在Java项目中，类是按照包来分类的。包类似于文件夹，以树状目录结构管理、组织和存储类。本案例中默认的包是com.example.HelloWorld。

右击com.example.HelloWorld包，在快捷菜单中选择New/Class，打开新建Java类的窗口，如图2.7所示。

添加Java类HelloWorld，代码如下：

图 2.7　新建 Java 类的窗口

```java
package com.example.HelloWorld;
public class HelloWorld {
    String msg;
    public void setMsg(String msg) {
        this.msg = msg;
    }
    public void getMsg() {
        System.out.println("Your Message : " + msg);
    }
}
```

这是一个简单的Java Bean，其中包含一个私有变量msg，以及设置msg值的setMsg方法与获取msg值的getMsg方法。

项目中默认创建一个Java类App，其中定义一个main()函数。这是项目的主函数。修改main()

函数，代码如下：

```
public static void main(String[] args) {
    HelloWorld  h = new HelloWorld();
    h.setMsg("Hello World!");
    h.getMsg();
}
```

创建一个HelloWorld对象h，然后调用h.setMsg()方法设置变量msg的值，最后调用h.getMsg()方法输出变量msg的值。

在Package Explorer窗格中右击HelloWorld项目，在快捷菜单中选择Run As/Java Application，打开要运行的应用程序的窗口，如图2.8所示。

选择App - com.example.HelloWorld，运行应用程序，结果如下：

```
Your Message:Hello World!
```

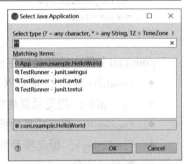

图2.8　要运行的应用程序的窗口

本案例是一个典型的Java程序，但并不具备Spring风格。本章后面的内容将使用Spring框架来完善本案例。

### 2.1.3　IoC容器

容器是Spring框架的核心，它可以创建对象、将对象关联在一起、管理对象从创建到销毁的整个生命周期。Spring框架使用DI来管理应用程序中的组件。Java对象被称为Spring Bean。IoC是面向对象编程中的一种设计原则。下面介绍DI的基本概念和IoC容器的工作原理。

**1．DI**

DI是Spring框架的重要特性。每个Java应用程序都会定义一些对象，这些对象在一起工作，最终即会呈现出终端用户所看到的应用程序的样子。在比较复杂的应用程序中，类应该尽可能地独立于其他类，以便提高类的复用性并在单元测试时不依赖其他类而对其进行单独的测试。DI有助于将类组合在一起，同时保持它们的独立性。例如，下面的代码在类A和类B之间建立了一个依赖。

```
public class A {
   private B b;
   public A(B b) {
       this.b = b;
   }
}
```

在Spring框架中，类A不用关心类B是否实现。类B会独立地实现并在类A实例化时提供给类A。类B的整个控制从类A中移除了，被保存在了其他地方（例如XML文件）。整个过程由Spring框架控制，具体方法将在后文介绍。

**2．IoC容器的工作原理**

IoC容器从配置元数据中获取实例化、配置、组装对象的指令。配置元数据可以是XML文件、Java注解等。

IoC容器的工作原理如图2.9所示。

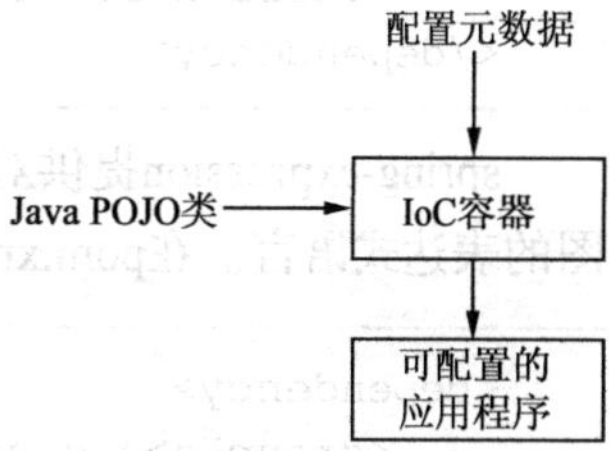

Spring提供BeanFactory和ApplicationContext两种容器。

BeanFactory容器是支持DI的最简单的容器。可以通过org.springframework.beans.factory.BeanFactory接口来定义BeanFactory容器。最常用的Bean Factory容器是XmlBeanFactory，它可以从XML文件读取配置元数据，从而实现可配置的应用程序。

图2.9 IoC容器的工作原理

【例2.1】参照2.1.2小节创建Maven项目HelloWorld2，并在HelloWorld2项目中应用BeanFactory容器。

（1）添加Spring框架的Maven依赖。

通常，要基于Spring框架进行开发，需要引用commons-logging、spring-beans、spring-context、spring-core和spring-expression等。

commons-logging是第三方日志库。在pom.xml中添加如下代码可以在项目中引入commons-logging库。

```xml
<dependency>
    <groupId>commons-logging</groupId>
    <artifactId>commons-logging</artifactId>
    <version>1.2</version>
</dependency>
```

这里引用的实际上是spring-core库，也就是说spring-core库中包含commons-logging库。

spring-beans负责Spring框架的IoC模块。在pom.xml中添加如下代码可以在项目中引入spring-beans库。

```xml
<dependency>
    <groupId>org.springframework</groupId>
    <artifactId>spring-beans</artifactId>
    <version>5.2.5.RELEASE</version>
</dependency>
```

spring-context负责Bean的创建和组装。在pom.xml中添加如下代码可以在项目中引入spring-context库。

```xml
<dependency>
    <groupId>org.springframework</groupId>
    <artifactId>spring-context</artifactId>
    <version>5.2.5.RELEASE</version>
</dependency>
```

spring-core是Spring框架的核心库。在pom.xml中添加如下代码可以在项目中引入spring-core库。

```xml
<dependency>
    <groupId>org.springframework</groupId>
```

```xml
        <artifactId>spring-core</artifactId>
        <version>5.2.5.RELEASE</version>
</dependency>
```

spring-expression提供对SpEL的支持。SpEL是一种支持查询而且可以在运行时操纵一个对象图的表达式语言。在pom.xml中添加如下代码可以在项目中引入spring-expression库。

```xml
<dependency>
        <groupId>org.springframework</groupId>
        <artifactId>spring-expression</artifactId>
        <version>5.2.5.RELEASE</version>
</dependency>
```

（2）参照2.1.2小节创建HelloWorld类。

（3）修改类App的代码。

在类App的main()函数中通过元数据配置文件（XML文件）实现对象的创建和初始化，代码如下：

```java
import org.springframework.context.ApplicationContext;
import org.springframework.context.support.ClassPathXmlApplicationContext;

/**
 * HelloWorld!
 *
 */
public class App
{
    public static void main( String[] args )
    {
ApplicationContext context = new ClassPathXmlApplicationContext("beans.xml");
        HelloWorld obj = (HelloWorld) context.getBean("helloWorld");
        obj.getMsg();
    }
}
```

这里使用了一个框架API ClassPathXmlApplicationContext()来创建应用程序的上下文。ClassPathXmlApplicationContext()会从配置文件beans.xml中加载Bean，并负责创建和初始化对象。

然后调用context.getBean()函数，根据Bean ID（helloWorld）来生成对应的对象实例obj。

最后即可调用obj对象的方法getMsg()。

（4）创建beans.xml。

beans.xml是Bean的配置文件。在src/main/java文件夹下创建beans.xml。读者可以根据个人习惯对其进行命名。beans.xml的代码如下：

```xml
<?xml version = "1.0" encoding = "UTF-8"?>
<beans xmlns = "    www.springframework.org/schema/beans"
    xmlns:xsi = "    www.w3.org/2001/XMLSchema-instance"
    xsi:schemaLocation = "http://www.springframework.org/schema/beans
```

```
          http://www.springframework.org/schema/beans/spring-beans-3.0.xsd">

    <bean id = "helloWorld" class = "com.example.HelloWorld2.HelloWorld">
        <property name = "msg" value = "Hello World!!"/>
    </bean>
</beans>
```

在配置文件中使用唯一的ID来标识不同的Bean，例如，本案例中在<bean>节点中使用"helloWorld"来标识com.example.HelloWorld2.HelloWorld类。在<property>节点中，定义变量的初始值，例如，本案例中指定com.example.HelloWorld2.HelloWorld类中msg变量的初始值为"Hello World！！"。

运行项目，结果如下：

```
Your Message : Hello World!!
```

ApplicationContext容器是Spring的高级容器。与BeanFactory相似，ApplicationContext容器可以加载Bean的定义、将Bean连接在一起、根据请求分配Bean，而且它还集成了一些上层应用的功能，例如从配置文件中读取文本信息、将应用程序的事件发给事件监听者。ApplicationContext容器由 org.springframework.context.ApplicationContext 接口定义。

ApplicationContext容器有下面3种实现方法。
- FileSystemXmlApplicationContext，容器从XML文件中加载Bean的定义。在构造函数中需要提供XML文件的完整路径。
- ClassPathXmlApplicationContext，容器从XML文件中加载Bean的定义。在构造函数中不需要提供XML文件的完整路径，但是需要确保CLASSPATH正确配置，并将XML文件放置在CLASSPATH 目录中。
- WebXmlApplicationContext，容器从XML文件中加载Web应用中所有Bean的定义。

【例2.2】参照2.1.2小节创建Maven项目HelloWorld3，并在HelloWorld3项目中应用FileSystemXmlApplicationContext 容器。

（1）参照HelloWorld2在HelloWorld3中添加Spring框架的Maven依赖。
（2）参照2.1.2小节创建HelloWorld类。
（3）修改类App的代码。

在类App的main()函数中通过元数据配置文件（XML文件）实现对象的创建和初始化，代码如下：

```
import org.springframework.context.ApplicationContext;
import org.springframework.context.support.ClassPathXmlApplicationContext;

public class App
{
    public static void main( String[] args )
    {
    ApplicationContext context = new FileSystemXmlApplicationContext
        ("C:/beans.xml");

        HelloWorld obj = (HelloWorld) context.getBean("helloWorld");
```

```
        obj.getMsg();
    }
}
```

这里使用了一个框架API FileSystemXmlApplicationContext ()来创建应用程序的上下文。FileSystemXmlApplicationContext ()会从配置文件C:/beans.xml中加载Bean，并负责创建和初始化对象。

（4）创建beans.xml。

beans.xml是Bean的配置文件。在C:/下创建beans.xml，代码如下：

```xml
<?xml version = "1.0" encoding = "UTF-8"?>
<beans xmlns = "http://www.springframework.org/schema/beans"
    xmlns:xsi = "http://www.w3.org/2001/XMLSchema-instance"
    xsi:schemaLocation = "http://www.springframework.org/schema/beans
        http://www.springframework.org/schema/beans/spring-beans-3.0.xsd">
    <bean id = "helloWorld" class = "com.example.HelloWorld3.HelloWorld">
        <property name = "msg" value = "Hello World!!!"/>
    </bean>
</beans>
```

运行项目，结果如下：

```
Your Message : Hello World!!!
```

## 2.1.4 注解

从Spring 2.5开始，可以使用注解来取代XML文件实现DI配置。在类、方法和成员变量上使用注解可以将Bean的配置移入组件类。注解的格式为@xxx，通过使用注解可以大大减少配置文件的内容。

下面介绍几个常用的Spring注解的使用方法。

**1. @Autowired注解**

@Autowired 注解应用于Bean的setter方法，它可以实现Bean的自动装配。例如，定义一个类A，其中包含一个类B的属性b，在属性b的setter方法上应用@Autowired 注解，代码如下：

```
public class A {
    private B b;
    public B getB() {
        return b;
    }
    @Autowired
    public void setB(B b) {
        this.b = b;
    }
    public void Hellob() {
```

```
        b.sayHello();
    }
}
```

**【例2.3】** 参照2.1.2小节创建Maven项目example2_3，并在example2_3项目中应用@Autowired注解。

（1）参照HelloWorld2在example2_3中添加Spring框架的Maven依赖。
（2）在包com.example.example2_3下创建类B，代码如下：

```
package com.example.example2_3;
public class B {
    public B()
    {
        System.out.println("进入类B的构造函数");
    }
    public void sayHello()
    {
        System.out.println("Hello, 我是B! ");
    }
}
```

类B除了构造函数，还定义了一个sayHello()方法，用于输出"Hello, 我是B!"。
（3）在包com.example.example2_3下创建类A，代码如下：

```
package com.example.example2_3;
import org.springframework.beans.factory.annotation.Autowired;
public class A {
    private B b;
    public B getB() {
        return b;
    }
    @Autowired
    public void setB(B b) {
        this.b = b;
    }
    public  void Hellob() {
        b.sayHello();
    }
}
```

程序在setB()方法中应用@Autowired注解，在Hellob()方法中调用类B的sayHello()方法。
（4）修改类App的代码。
在类App的main()函数中通过元数据配置文件（XML文件）实现对象的创建和初始化，代码如下：

```
import org.springframework.context.ApplicationContext;
import org.springframework.context.support.ClassPathXmlApplicationContext;
public class App
{
    public static void main( String[] args )
```

```
        {
            ApplicationContext context = new ClassPathXmlApplicationContext
            ("beans.xml");
            A a = (A) context.getBean("a");
            a.Hellob();
        }
    }
```

这里使用了一个框架API ClassPathXmlApplicationContext()来创建应用程序的上下文。ClassPathXmlApplicationContext()会从配置文件beans.xml中加载Bean，并负责创建和初始化对象。程序从上下文中根据ID（a）获得一个类A的实例a，然后调用a.Hellob()方法。

（5）创建beans.xml。

beans.xml是Bean的配置文件。在C:/下创建beans.xml，代码如下：

```xml
<?xml version = "1.0" encoding = "UTF-8"?>
<beans xmlns = "http://www.springframework.org/schema/beans"
    xmlns:xsi = "http://www.w3.org/2001/XMLSchema-instance"
    xmlns:context = "http://www.springframework.org/schema/context"
    xsi:schemaLocation = "http://www.springframework.org/schema/beans
        http://www.springframework.org/schema/beans/spring-beans.xsd
        http://www.springframework.org/schema/context
        http://www.springframework.org/schema/context/spring-context.xsd">
    <context:annotation-config/>
    <bean id = "a" class = "com.example.example2_3.A">
    </bean>
    <bean id = "b" class = "com.example.example2_3.B">
    </bean>
</beans>
```

<context:annotation-config/>节点用于指定在Spring项目中使用注解。在<bean>节点中指定a标识类com.example.example2_3.A和b标识类com.example.example2_3.B。

运行项目，结果如下：

```
进入类B的构造函数
Hello，我是B!
```

注意，在整个项目中，程序并没有实例化类A中的属性b，但是从运行结果看，程序运行进入了类B的构造函数，b.sayHello()方法也被成功调用。这说明属性b被自动装配了。

如果注释掉setB()方法上面的@Autowired注解，则运行程序会返回下面的异常信息：

```
Exception in thread "main" java.lang.NullPointerException
    at com.example.example2_3.A.Hellob(A.java:17)
    at com.example.example2_3.App.main(App.java:13)
```

在调用com.example.example2_3.A.Hellob时抛出异常，说明属性b没有被实例化。

@Autowired注解还可以直接应用在属性上。例如，在例2.3中，将类A的代码修改如下，程序的运行效果是一样的。

```java
public class A {
    @Autowired
```

```
    private B b;
    public B getB() {
        return b;
    }
    public void setB(B b) {
        this.b = b;
    }
    public void Hellob() {
        b.sayHello();
    }
}
```

可见，在属性上应用@Autowired注解和在setter方法上应用@Autowired注解，作用一样。

**2．@Configuration注解和@Bean注解**

@Configuration注解用于定义配置类。配置类可以被Spring容器用来作为Bean定义的源。在配置类中通常包含一个或多个被@Bean注解的方法。被@Bean注解的方法会返回一个注册到Spring应用程序上下文的Bean对象。下面是一个简单的配置类定义。

```
@Configuration
public class TestConfiguration {
    @Bean
    public HelloWorld helloWorld(){
        return new HelloWorld();
    }
}
```

上面的代码相当于XML文件中的如下代码：

```
<beans>
    <bean id = "helloWorld" class = "com.tutorialspoint.HelloWorld" />
</beans>
```

使用@Bean注解的方法名相当于Bean ID，方法会创建并返回Bean对象。

定义配置类后，可以使用AnnotationConfigApplicationContext()将配置类传递给 Spring容器，方法如下：

```
public static void main(String[] args) {
    ApplicationContext ctx = new AnnotationConfigApplicationContext(TestConfiguration.class);
    HelloWorld helloWorld = ctx.getBean(HelloWorld.class);
    helloWorld.setMessage("Hello World!");
    helloWorld.getMessage();
}
```

如果有多个配置类，则可以通过AnnotationConfigApplicationContext类的register()函数来将它们注册到Spring容器。例如：

```
public static void main(String[] args) {
    AnnotationConfigApplicationContext ctx = new AnnotationConfigApplicationContext();
```

```
        ctx.register(AppConfig.class, OtherConfig.class);
        ctx.register(AdditionalConfig.class);
        ctx.refresh();
        MyService myService = ctx.getBean(MyService.class);
        myService.doStuff();
    }
```

【例2.4】参照2.1.2小节创建Maven项目example2_4,并在example2_4项目中应用@Configuration注解和@Bean注解。

(1)参照HelloWorld2在example2_4中添加Spring框架的Maven依赖。

(2)在包com.example.example2_4下创建配置类MyBean,代码如下:

```
package com.example.example2_4;
public class MyBean {
    private String name;
    public void setName(String name){
        this.name = name;
    }
    public void getName(){
        System.out.println("你的名字 : " + name);
    }
}
```

(3)在包com.example.example2_4下创建配置类MyConfig,代码如下:

```
package com.example.example2_4;
import org.springframework.context.annotation.Bean;
import org.springframework.context.annotation.Configuration;
@Configuration
public class MyConfig {
    @Bean
    public MyBean myBean(){
        return new MyBean();
    }
}
```

配置类MyConfig中包含一个被@Bean注解的方法myBean(),它创建并返回一个MyBean对象。

(4)修改类App的代码。

在类App的main()函数中通过元数据配置文件(XML文件)实现对象的创建和初始化,代码如下:

```
package com.example.example2_4;
import org.springframework.context.ApplicationContext;
import org.springframework.context.annotation.AnnotationConfigApplicationContext;
public class App {
    public static void main(String[] args) {
        ApplicationContext ctx = new AnnotationConfigApplicationContext(MyConfig.class);
        MyBean mnbean = ctx.getBean(MyBean.class);
        mnbean.setName("张三");
```

```
        mnbean.getName();
    }
}
```

这里使用了一个框架API AnnotationConfigApplicationContext()来创建应用程序的上下文。AnnotationConfigApplicationContext()会从配置类中装配类MyBean，以创建和初始化对象MyBean。最后调用MyBean对象的方法。

运行项目，结果如下：

你的名字 : 张三

注意，本项目中没有包含前面项目中都包含的XML文件，因为它被配置类取代了。

## 2.2 Spring Boot编程基础

本书内容基于Spring Boot开发框架。为了方便读者阅读，本节介绍Spring Boot编程的基础知识。

### 2.2.1 Spring与Spring Boot的关系

Spring框架要进行大量的配置，由于篇幅所限，2.1节中并没有详细介绍Spring框架配置文件的具体情况，但是大量的配置已经给开发者造成了很大的负担。Spring Boot基于Spring框架，属于Spring框架的扩展，它不需要做复杂的XML配置，这使得开发过程变得更简单、更高效。

Spring Boot具有如下特性。
- 可以创建独立的Spring应用程序。
- 可以直接内置Tomcat、Jetty、Undertow等Web服务器软件，而不再需要将War包部署在其他Web服务器软件中。可以将Spring Boot应用程序打包成Jar包，直接通过命令行运行，从而实现轻量级的部署。
- 提供一系列starter依赖包，通过对Spring依赖进行整合，简化了开发配置。
- 很方便地实现对Spring和第三方库的自动配置。
- 提供production-ready（生产就绪）特性。所谓production-ready是指将应用程序部署上线、可以稳定运行、可以方便运维。production-ready特性包括对应用程序的性能指标进行检测、健康检查、日志记录以及从应用程序的外部对其进行配置。
- 不需要做XML配置，也没有代码生成，这使整个开发过程非常简洁、清晰。

本章后面的内容将会结合案例来介绍这些特性的具体体现。

### 2.2.2 开发一个简单的Spring Boot应用程序

**1. 创建项目**

运行STS，在系统菜单中选择File/New/Spring Starter Project，打开创建Spring Starter项目的窗

口，如图2.10所示。

图 2.10 创建 Spring Starter 项目的窗口

在该窗口中需要选择和填写的项目说明如下。

- Service URL：指定Spring官网网址，该网站提供创建Spring Boot项目的基本模板，并会根据用户的设置创建一个基础的Spring Boot项目，然后下载到本地以供用户使用。
- Name：指定项目名，这里将其设置为SpringBootHelloWorld。
- Location：指定保存项目的位置。
- Type：选择项目构建工具，可选项为Maven、Gradle(Buildship 2.x)和Gradle(Buildship 3.x)，这里选择Maven。
- Packaging：选择项目的打包格式，可以选择Jar或War，这里选择Jar。
- Java Version：选择JDK的版本，这里选择8，表示选择Java SE Development Kit 8。
- Language：选择项目使用的开发语言，可选项为Java、Kotlin和Groovy，这里选择Java。
- Group：指定项目的Group Id，用于标识公司，这里填写com.example。如果公司的英文名为abc，则可以将Group Id设置为com.abc。
- Artifact：指定项目的Artifact Id，用于标识项目，与前面的Name字段一致，这里填写SpringBootHelloWorld。
- Version：指定项目的版本号，默认值为0.0.1-SNAPSHOT。SNAPSHOT表示快照。
- Description：指定项目的描述信息，根据情况填写。
- Package：指定项目的默认包名，这里填写com.example.SpringBootHelloWorld。

设置好后，单击Next按钮，打开设置项目依赖的窗口，如图2.11所示。

根据需要选择项目要引用的依赖，这里只是一个简单的案例，因此不选择任何依赖，直接单击Finish按钮。

在Package Explorer窗格中可以看到SpringBootHelloWorld项目的目录结构，如图2.12所示。确认下面2个文件夹存在。

- src/main/java：保存项目源代码的文件夹。
- src/test/java：保存项目测试类的文件夹。

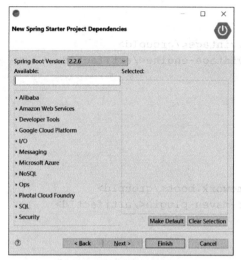

图 2.11 设置项目依赖的窗口

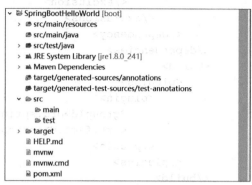

图 2.12 完整的 Spring Boot 项目的目录结构

#### 2. 默认的pom.xml代码

这是一个简单的Spring Boot项目，在创建项目时没有选择任何依赖。默认的pom.xml代码如下：

```xml
<?xml version="1.0" encoding="UTF-8"?>
<project xmlns="    maven.apache.org/POM/4.0.0" xmlns:xsi="    www.w3.org/
2001/XMLSchema- instance"xsi:schemaLocation="    maven.apache.org/POM/4.0.0
    maven.apache.org/xsd/maven-4.0.0.xsd">
    <modelVersion>4.0.0</modelVersion>
    <parent>
        <groupId>org.springframework.boot</groupId>
        <artifactId>spring-boot-starter-parent</artifactId>
        <version>2.2.6.RELEASE</version>
        <relativePath/> <!-- lookup parent from repository -->
    </parent>
    <groupId>com.example</groupId>
    <artifactId>SpringBootHelloWorld</artifactId>
    <version>0.0.1-SNAPSHOT</version>
    <name>SpringBootHelloWorld</name>
    <description>Demo project for Spring Boot</description>
    <properties>
        <java.version>1.8</java.version>
    </properties>
    <dependencies>
        <dependency>
            <groupId>org.springframework.boot</groupId>
            <artifactId>spring-boot-starter</artifactId>
        </dependency>
        <dependency>
```

```xml
            <groupId>org.springframework.boot</groupId>
            <artifactId>spring-boot-starter-test</artifactId>
            <scope>test</scope>
            <exclusions>
                <exclusion>
                    <groupId>org.junit.vintage</groupId>
                    <artifactId>junit-vintage-engine</artifactId>
                </exclusion>
            </exclusions>
        </dependency>
    </dependencies>
    <build>
        <plugins>
            <plugin>
                <groupId>org.springframework.boot</groupId>
                <artifactId>spring-boot-maven-plugin</artifactId>
            </plugin>
        </plugins>
    </build>
</project>
```

pom.xml文件中的部分标签说明如下。

- <modelVersion>：指定支持的POM模型版本，一般为4.0.0，即Maven 4。
- <parent>：指定此项目的父项目。Spring Boot项目的父项目是spring-boot-starter-parent。本案例中使用的Spring Boot版本号为2.2.6.RELEASE。
- <groupId>：指定项目的Group Id。
- <artifactId>：指定项目的Artifact Id。
- <version>：指定项目的版本号。
- <name>：指定项目名。
- <description>：指定项目的描述信息。
- <properties>：指定项目的属性，默认情况下只是指定了项目使用的JDK版本为1.8。
- <dependencies>：指定项目的组件依赖。
- <build>：指定项目的打包模式。spring-boot-maven-plugin是Spring Boot的Maven插件，默认使用Maven进行打包。

本项目所依赖的组件说明如下。

- spring-boot-starter：Spring Boot的核心组件，包括自动配置支持、日志和YAML。
- spring-boot-starter-test：提供对常用测试组件的支持，包括JUnit、Hamcrest、Mockito和spring-test模块等。
- junit-vintage-engine：JUnit组件，即Java单元测试框架。

### 3．启动类

每个Spring Boot项目都包含一个启动类，创建项目时会被自动创建。默认启动类的名字为<项目名>Application，本例中为SpringBootHelloWorldApplication，代码如下：

```
import org.springframework.boot.SpringApplication;
import org.springframework.boot.autoconfigure.SpringBootApplication;
@SpringBootApplication
public class SpringBootHelloWorldApplication{
    public static void main(String[] args) {
        SpringApplication.run(SpringBootHelloWorldApplication.class, args);
    }
}
```

@SpringBootApplication注解用于指定Spring Boot项目的启动类,它相当于@Configuration、@EnableAutoConfiguration和@ComponentScan注解的组合。这3个注解的作用介绍如下。

- @Configuration:用于定义配置类,具体用法参照2.1.4小节。
- @EnableAutoConfiguration:用于帮助Spring Boot应用程序将所有符合条件的@Configuration配置都加载到当前Spring Boot创建并使用的IoC容器中。
- @ComponentScan:用于自动扫描指定包下的所有组件,也可以通过添加属性值来指定扫描规则。

SpringApplication.run()函数的作用是初始化并启动Spring Boot应用程序。

为了测试程序的运行效果,修改main()函数,代码如下:

```
public static void main(String[] args) {
    SpringApplication.run(SpringBootHelloWorldApplication.class, args);
    System.out.println("Hello Spring Boot!!");
}
```

右击项目名,在快捷菜单中选择Run As / Spring Boot App,运行程序,结果如图2.13所示。

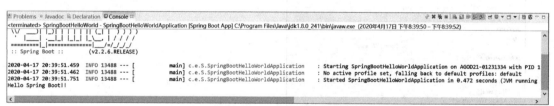

图2.13　程序的运行结果

可以看到在程序运行后,输出了"Hello Spring Boot!!"。

### 2.2.3 基于Spring Boot开发MVC Web应用程序

Spring Web MVC原本是基于Servlet API的Web应用程序开发框架,后来被包含在了Spring框架中,现在统称为Spring MVC。本小节介绍在Spring Boot框架中开发MVC Web应用程序的方法。

**1.MVC开发模式**

MVC开发模式是一种比较经典的垂直拆分架构,它将一个Web应用程序拆分为模型、视图和控制器3层,它们的关系如图2.14所示。

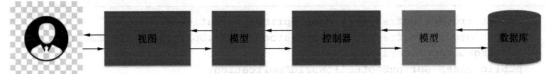

图 2.14 MVC 开发模式

模型、视图和控制器的具体作用介绍如下。
- 模型：由一组实体类组成，负责定义数据结构。模型类的结构取决于两个因素，即对应的数据库表的结构和用户界面中显示数据的内容。在很多情况下这两个因素是一致的，但是有时候用户界面中显示数据的内容来自多个数据库表。
- 视图：对应用户可见的界面，也就是HTML页面。视图模块由前端程序员负责开发。
- 控制器：负责处理业务逻辑，实现系统功能。一个经典的应用场景就是控制器接收从视图传递过来的用户输入的数据，然后根据业务逻辑利用模型类对数据库进行数据操作（处理），最后把处理的结果返回给视图。

### 2．创建项目

参照2.2.2小节创建一个Spring Starter项目，项目名为SpringBootMVCdemo。

在设置项目依赖窗口中，搜索Web并选中Spring Web，如图2.15所示。

单击Finish按钮。在Package Explorer窗格中可以看到SpringBootMVCdemo项目的目录结构，如图2.16所示。

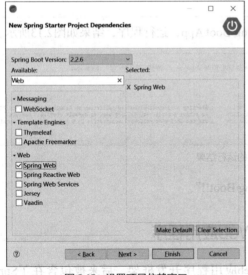

图 2.15 设置项目依赖窗口

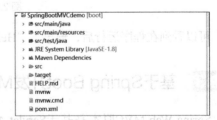

图 2.16 SpringBootMVCdemo 项目的目录结构

项目文件夹的作用如下。
- src/main/java：保存项目源代码的文件夹。
- src/main/resources：保存项目配置文件、静态资源（如图片、CSS、JavaScript等）、前端页面的文件夹。
- src/test/java：保存项目测试类的文件夹。
- target：保存构建项目输出的.war文件、.jar文件、.class文件等的文件夹。

### 3. pom.xml代码

本案例的pom.xml中引用的依赖代码如下：

```xml
<dependencies>
    <dependency>
        <groupId>org.springframework.boot</groupId>
        <artifactId>spring-boot-starter-thymeleaf</artifactId>
    </dependency>
    <dependency>
        <groupId>org.springframework.boot</groupId>
        <artifactId>spring-boot-starter-web</artifactId>
    </dependency>

    <dependency>
        <groupId>org.springframework.boot</groupId>
        <artifactId>spring-boot-starter-test</artifactId>
        <scope>test</scope>
        <exclusions>
          <exclusion>
              <groupId>org.junit.vintage</groupId>
              <artifactId>junit-vintage-engine</artifactId>
          </exclusion>
        </exclusions>
    </dependency>
</dependencies>
```

其中，spring-boot-starter-web组件提供Spring Web开发的全栈支持，包括Tomcat和spring-webmvc；spring-boot-starter-thymeleaf组件提供Thymeleaf模板引擎支持。Thymeleaf模板引擎可以处理页面中的HTML、XML、JavaScript、CSS代码。

### 4. 启动类

本案例的启动类为SpringBootMvCdemoApplication，代码如下：

```
@SpringBootApplication
public class SpringBootMvCdemoApplication {
    public static void main(String[] args) {
        SpringApplication.run(SpringBootMvCdemoApplication.class, args);
    }
}
```

与标准的Spring Boot启动类一样，需要使用@SpringBootApplication注解来定义本案例的启动类，而没有其他特殊的代码。

### 5. 控制器编程

在MVC开发模式中，大多数业务逻辑都在控制器中实现。这里介绍一个简单的控制器编程方法。

首先在src/main/java文件夹下创建包com.example.SpringBootHelloWorld.controllers，然后在其

下面创建一个类HelloController,代码如下:

```
package com.example.SpringBootHelloWorld.controllers;import org.
springframework.stereotype.Controller;
import org.springframework.web.bind.annotation.RequestMapping;@Controller
@RequestMapping ( "/mvc" )
public class HelloController {      @RequestMapping("/hello")
    public String Hello(){
        return "hello";
    }
}
```

@Controller注解用于定义控制器类。@RequestMapping注解用于将请求URL映射到类和方法上。通常访问网站URL的语法如下:

```
http://域名:端口号/子路径? 参数1=值1&参数2=值2……
```

子路径是可以分级的,例如/a/b/c。本案例中访问如下URL可以映射到Hello()方法。

```
http://域名:端口号/mvc/hello
```

在Hello()方法中,return "hello";语句用于指定对应的视图文件。本案例中,Hello()方法对应的视图文件为hello.html。

### 6. 视图文件

Spring Boot MVC项目中,视图文件保存在/src/main/resources/templates文件夹下。本案例中的视图文件为hello.html,代码如下:

```
<!DOCTYPE html>
<html lang="en"  xmlns:th="      www.thymeleaf.org">
    <head>
        <meta charset="UTF-8">
        <title>SpringBoot MVC demo</title>
    </head>
    <body>
        Hello World
    </body>
</html>
```

这是一个比较标准的HTML文件,唯一不同的是在<html>标签中使用了xmlns:th="    www.thymeleaf.org",用于指定在视图文件中使用Thymeleaf模板引擎来处理页面中的HTML、XML、JavaScript、CSS代码。关于Thymeleaf模板引擎的使用方法将在2.2.4小节中进行介绍。

运行项目,然后打开浏览器,访问如下URL可以看到图2.17所示的结果。

```
http://localhost:8080/mvc/hello
```

localhost代表本地计算机的域名,Spring Boot应用程序的默认端口号为8080;mvc/hello代表使用@RequestMapping注解定义的URL路由。

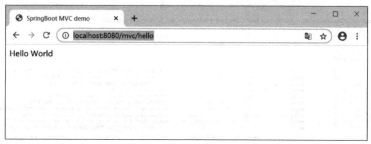

图 2.17　访问结果

### 7．YAML配置文件

Spring Boot支持2种格式的配置文件，即application.properties和application.yml。application.yml是YAML格式的配置文件，是一种接近程序语言数据结构的数据标记语言。

本书以application.yml为例介绍Spring Boot的配置文件。

默认的配置文件为application.properties，右击它，在快捷菜单中选择Convert.properties to .yaml，可以将配置文件转换为YAML格式。下面以一个简单的例子来演示YAML配置文件的具体使用方法。例如，设置应用程序端口号的配置项如下：

```
server.port= 8081
```

如果使用YAML配置文件，则上面的配置项将会是如下代码：

```
server:
  port: 8081
```

YAML的基本语法规则如下。

- 不区分大小写，Server和server的作用一样。
- 以缩进来界定层级关系，但是不接受Tab缩进，而只能使用空格来实现缩进。上面的例子中，port比server的缩进更深，说明port是server的下级。但是一定不能仅靠目测判断缩进，如果程序识别不出配置项，则可以通过移动光标的方法判断缩进中是否包含Tab缩进。
- 同级属性只要对齐即可，缩进的空格数量并不重要。例如，下面代码中在server的下面定义了port和name这2个下级配置项。

```
server:
  port: 8081
  name: SpringBootMVCdemo
```

- 属性名与属性值之间以：间隔，注意，冒号为半角字符，且后面一定要有空格，空格的数量并不重要。

参照上面的代码修改application.yml，将server.port设置为8081。运行项目，可以在输出信息中看到，项目的端口号变成了8081，如图2.18所示。

打开浏览器，访问下面的URL，可以看到本案例的页面。

```
http://localhost:8081/mvc/hello
```

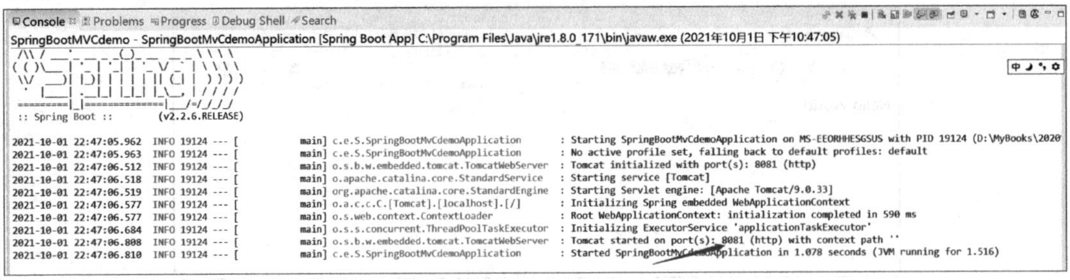

图 2.18　配置项目的端口号

## 2.2.4　利用Thymeleaf模板引擎实现动态页面

Thymeleaf是一种服务器的Java模板引擎，它可以将后端传递过来的数据渲染到前端页面中。2.2.3小节中已经介绍了在Spring Boot项目中引用Thymeleaf依赖的方法。本小节将继续介绍利用Thymeleaf模板引擎实现动态页面的方法。Thymeleaf模板引擎的功能很强大，由于篇幅所限，这里只做简单介绍，更多应用方法将在本书配套资源（大作业）中结合具体应用进行介绍。

**1．Thymeleaf 的配置项**

常用的Thymeleaf的配置项如下：

```
spring.thymeleaf.prefix=classpath:/templates/
spring.thymeleaf.suffix=.html
spring.thymeleaf.mode=HTML5
spring.thymeleaf.encoding=UTF-8
spring.thymeleaf.content-type=text/html
spring.thymeleaf.cache=false
```

配置项说明如下。

- spring.thymeleaf.prefix：指定存放模板（视图）文件的文件夹，默认为/src/main/resources/templates/。
- spring.thymeleaf.suffix：指定前端视图文件的扩展名。在控制器的方法中，将返回值后面加上该配置值就是对应的视图文件名。例如，hello()方法返回hello，按照上面的设置，对应的视图文件为hello.html。
- spring.thymeleaf.mode：指定模板的模式，默认为HTML5模式。
- spring.thymeleaf.content-type：指定模板网页的content-type值，默认为text/html。
- spring.thymeleaf.cache：指定是否启用模板缓存。启用模板缓存会提高加载页面的效率，但是有时候修改页面的效果不能及时体现在页面中。

**2．向前端页面传递数据**

在控制器中可以通过ModelMap对象向前端页面传递数据。例如，向hello.html模板中传递变量name的代码如下：

```
@RequestMapping("/hello")
    public String hello(ModelMap map){
```

```
        map.addAttribute("name","张三");
        return "thymeleaf/index";
    }
```

在HTML前端页面中可以通过EL表达式将变量绑定在HTML元素上。例如，使用下面的代码，可以将变量name绑定在span元素上。

```
<span th:text="${name}"></span>
```

【例2.5】参照2.2.3小节创建Spring Starter项目example2_5，并在example2_5项目中应用Thymeleaf模板引擎，将数据绑定在HTML元素上。

（1）参照2.2.3小节在example2_5项目中添加spring-boot-starter-web、spring-boot-starter-thymeleaf等Maven依赖。

（2）在src/main/java文件夹下创建包com.example.example2_5.controllers，然后在其下面创建一个类TestController，代码如下：

```
@Controller
@RequestMapping("/test")
public class TestController {
    @RequestMapping("/hello")
    public String hello(ModelMap map){
        map.addAttribute("name","张三");
        return "hello";
    }
}
```

程序通过ModelMap对象map向前端页面传递一个变量name，值为"张三"。
（3）/test/hello对应的HTML文件为hello.html，代码如下：

```
<!DOCTYPE html>
<html lang="en"   xmlns:th="http://www.thymeleaf.org">
    <head>
        <meta charset="UTF-8">
        <title>SpringBoot MVC demo</title>
    </head>
    <body>
        <span th:text="${'Hello,' + name}"></span>
    </body>
</html>
```

在该文件中使用th:text将变量name的值绑定在span元素上。
运行项目，然后打开浏览器，访问如下URL：

```
http://localhost:8080/test/hello
```

结果如图2.19所示，可以看到变量name的值显示在页面中。

图 2.19 例 2.5 的访问结果

### 3．接收并显示URL参数

在访问网页时，可以在URL中带上参数。Spring Boot MVC支持2种带参数的方法，具体如下。

（1）直接在路径上带参数，例如：

```
http://localhost/mvc/hello/{name}
```

在@RequestMapping注解中可以指定路径参数，在函数的参数中可以使用@PathVariable注解指定接收路径参数的变量，例如：

```
@RequestMapping("/hello/{name}")
public String hello(ModelMap map, @PathVariable("name") String name){
    map.addAttribute("name",name);
    return "hello";
}
```

**【例2.6】**参照2.2.3小节创建Spring Starter项目example2_6，在example2_6项目中读取路径参数，并将其显示在页面中。

参照2.2.3小节在example2_6项目中添加spring-boot-starter-web、spring-boot-starter-thymeleaf等Maven依赖。

在src/main/java文件夹下创建包com.example. example2_6.controllers，然后在其下面创建一个类TestController，代码如下：

```
@Controller
@RequestMapping("/test")
public class TestController {
    @RequestMapping("/hello/{name}")
    public String hello(ModelMap map, @PathVariable("name") String name) {
        map.addAttribute("name", name);
        return "hello";
    }
}
```

/test/hello对应的HTML文件为hello.html，代码如下：

```
<!DOCTYPE html>
<html lang="en"  xmlns:th="    www.thymeleaf.org">
    <head>
        <meta charset="UTF-8">
        <title>SpringBoot MVC demo</title>
    </head>
```

```html
    <body>
        <span th:text="${'Hello,' + name}"></span>
    </body>
</html>
```

运行项目，然后打开浏览器，访问如下URL：

```
http://localhost:8080/test/hello/小明
```

结果如图2.20所示，可以看到路径参数name的值显示在页面中。

图2.20　例2.6的访问结果

（2）在URL中使用"键值对"传递参数，例如：

```
http://localhost/mvc/hello?name=小强
```

在函数的参数中可以使用@RequestParam注解指定接收"键值对"参数的变量，例如：

```
@RequestMapping("/hello")
public String hello(ModelMap map, @RequestParam(value="name",required=true,
defaultValue="张三") String name){
    map.addAttribute("name",name);
    return "hello";
}
```

value指定"键值对"参数中的键名，required指定参数是否为必需的，defaultValue指定参数的默认值。

【例2.7】参照2.2.3小节创建Spring Starter项目example2_7，在example2_7项目中读取"键值对"参数，并将其显示在页面中。

参照2.2.3小节在example2_7项目中添加spring-boot-starter-web、spring-boot-starter-thymeleaf等Maven依赖。

在src/main/java文件夹下创建包com.example.example2_7.controllers，然后在其下面创建一个类TestController，代码如下：

```
@Controller
@RequestMapping("/test")
public class TestController {
    @RequestMapping("/hello")
    public String hello(ModelMap map, @RequestParam(value = "name",
    required = true, defaultValue = "张三") String name) {
        map.addAttribute("name", name);
        return "hello";
    }
}
```

hello.html的代码与例2.6中相同。

运行项目，然后打开浏览器，访问如下URL：

```
http://localhost:8080/test/hello?name=小红
```

结果如图2.21所示，可以看到"键值对"参数name的值显示在页面中。

图 2.21　例 2.7 的访问结果

### 2.2.5　记录日志

在Spring Boot项目中，可以使用logback组件记录日志。

**1．引用依赖**

在pom.xml中只要引入Spring Boot的基本依赖spring-boot-starter-parent，就可以自动引入logback的相关依赖。因此，可以说在Spring Boot项目中使用logback组件记录日志是不需要考虑引用依赖的。

**2．在application.yml中配置logback属性**

在application.yml中可以使用logging节点配置logback属性。logging.file.path用于指定保存日志文件的路径。例如，下面的代码指定将日志文件保存在logs文件夹下。

```
logging:
  file:
    path: ../logs
```

默认的日志文件名是spring.log。

logging.pattern用于指定日志的格式；logging.pattern.console用于指定控制台日志的格式；logging.pattern.file用于指定文件日志的格式。例如：

```
logging:
  pattern:
    console: "%d - %msg%n"
    file: '%d{yyyy-MMM-dd HH:mm:ss.SSS} %-5level %logger{15} - %msg%n'
```

日志格式的占位符说明如下。

- %d：输出记录日志的日期和时间。
- %d{yyyy-MMM-dd HH:mm:ss.SSS}：指定记录日志的日期和时间格式为年-月-日 时:分:秒.毫秒。
- %msg：输出日志信息。

- %-5level：输出日志级别，-5表示左对齐并且固定输出5个字符，如果字符不足5个则在右边补0。
- %logger：输出logger的名字。

**3．日志的级别**

logback日志可以分为如下几个级别。
- trace：很低级别的日志，记录很多系统底层运行的细节。
- debug：调试日志。
- info：一般日志。
- warn：警告日志，可能包含潜在的错误。
- error：错误日志，可能导致程序退出。

可以在配置文件中通过logging.level.root属性定义记录全局日志的级别，高于或等于此级别的日志将被输出，其他日志将被忽略。可以将root替换成一个包名，设置该包下面的所有类的日志级别。

logging.level属性的可选值如下。
- debug：将会记录debug、info、warn、error等级别的日志，不建议在生产环境中使用，会产生很多日志。
- info：将会记录info、warn、error等级别的日志。
- warn：将会记录warn、error等级别的日志。
- error：将会记录error等级别的日志。
- all：将会记录所有级别的日志，不建议在生产环境中使用，会产生大量垃圾日志。
- off：关闭日志功能，不记录任何日志。

使用下面的代码可以指定记录info及以上级别的日志。

```
logging:
  level:
    root: info
```

**4．记录日志**

在Spring Boot代码中可以通过Logger对象记录日志，具体方法如下：

```
private Logger logger = LoggerFactory.getLogger.(ClassA.class);
logger.debug("调试日志");
logger.info("一般日志");
logger.warn("警告日志");
logger.error("错误日志");
```

其中ClassA代表记录日志的类。

**【例2.8】** 参照2.2.3小节创建Spring Starter项目example2_8，并在项目example2_8中添加spring-boot-starter-web、spring-boot-starter-thymeleaf等Maven依赖。

在src/main/java文件夹下创建包com.example.example2_8.controllers。然后在其下面创建一个类TestController，代码如下：

```
@Controller
@RequestMapping("/test")
```

```
public class TestController {
    @RequestMapping("/hello")
    public String hello(ModelMap map, @RequestParam(value = "name",
    required = true, defaultValue = "张三") String name) {
        Logger logger = LoggerFactory.getLogger(TestController.class);
        logger.debug("调试日志");
        logger.info("一般日志");
        logger.warn("警告日志");
        logger.error("错误日志");
        map.addAttribute("name", name);
        return "hello";
    }
}
```

hello.html的代码与例2.6中的相同。

在application.yml中添加如下代码以设置日志属性。

```
Server:
  port: 8080
logging:
  file:
    path: ../logs
  pattern:
    console: "%d - %msg%n"
    file: '%d{yyyy-MMM-dd HH:mm:ss.SSS} %-5level %logger{15} - %msg%n'
  level:
    root: info
```

运行项目，然后打开浏览器，访问如下URL：

```
http://localhost:8080/test/hello?name=小红
```

打开文件资源管理器，找到工作空间文件夹，可以看到logs文件夹（与example2_8文件夹同级），其中存在一个日志文件spring.log，查看其内容，如图2.22所示。可以看到日志文件中包含程序运行的系统日志和程序自身记录的日志。因为logging.level.root属性被设置为info，所以debug日志并没有出现在日志文件中。

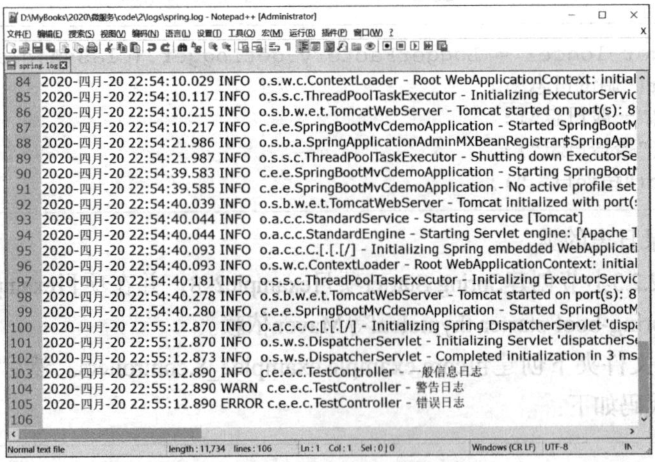

图2.22　日志文件 spring.log 的内容

## 2.2.6 通过MyBatis访问MySQL数据库

绝大多数应用程序都需要访问数据库。本书案例中的数据保存在MySQL数据库中，并通过MyBatis访问数据。很多关于MyBatis的资料中都提到，MyBatis是一个采用Java编写的持久层框架。持久层框架并不是本书关注的主题，由于篇幅所限，这里不展开介绍。

**1．MyBatis可以实现什么功能**

传统的通过JDBC访问数据库的流程如图2.23所示。

图 2.23 传统的通过 JDBC 访问数据库的流程

其中的每个环节都需要程序员亲自编码实现，且在访问不同的数据库表时存在大量重复工作。MyBatis的作用就是帮助程序员简化访问数据库的流程。

通过MyBatis访问数据库的流程如图2.24所示。

图 2.24 通过 MyBatis 访问数据库的流程

每个环节说明如下。

- 编写POJO类：为了便于从数据库中获取和处理数据，需要为每个数据库表创建一个对应的POJO类，类的属性对应数据库表的字段。此环节在通过JDBC访问数据库的流程中也是需要的，但是利用工具可以自动生成。
- 编写数据库表对应的映射文件：为了方便地使用SQL语句访问数据库表，MyBatis支持为每个数据库表创建一个映射文件（XML文件），在其中可以使用自定义SQL语句访问数据库。此环节可以利用工具自动生成。
- 编写映射接口：映射接口相当于DAO（data access object，数据访问对象）接口。映射接口中的每个方法都会在映射文件中定义对应的SQL语句。此环节可以利用工具自动生成。
- 编写Service类：定义访问数据库的业务层实现，也就是在应用程序中可以直接调用的访问数据库的类。
- 调用Service类访问数据库，返回POJO：此环节发生在控制器中，从数据库中获取的数据直接是POJO或POJO的列表，且可以很方便地处理它们。

可以看到，在通过MyBatis访问数据库的流程中，有很多环节是可以利用工具自动生成代码的，而且程序员完全无须了解连接数据库、执行SQL语句和处理返回结果集等访问所有数据库表时须重复操作的编码。

**2．本小节使用的演示数据库**

为了演示通过MyBatis访问MySQL数据库的方法，需要使用CREATE DATABASE语句创建数据库microservice，语句如下：

```
CREATE DATABASE IF NOT EXISTS microservice;
```

```
DEFAULT CHARACTER SET utf8;
DEFAULT COLLATE utf8_general_ci;
```

DEFAULT CHARACTER子句用于指定数据库使用的字符集；DEFAULT COLLATE子句用于指定数据库使用的校对规则。

本小节的演示数据保存在用户表user中。表user的结构如表2.1所示。

表2.1　　　　　　　　　　　　　　表user的结构

| 编号 | 字段名称 | 数据结构 | 说明 |
| --- | --- | --- | --- |
| 1 | username | VARCHAR2(20) | 用户名 |
| 2 | password | VARCHAR2(20) | 密码 |
| 3 | name | VARCHAR2(50) | 用户姓名 |

创建表user的脚本如下：

```
USE microservice;
CREATE TABLE user (
  username VARCHAR(20) PRIMARY KEY,
  password VARCHAR(20),
  name VARCHAR(50)
);
INSERT INTO user VALUES('xiaoming','password','小明');
```

### 3. 在application.yml中配置数据源和MyBatis属性

在application.yml中，可以通过如下代码配置数据源和MyBatis属性。

```
spring:
  datasource:
    type: com.alibaba.druid.pool.DruidDataSource
    url: jdbc:mysql://192.168.1.102:3306/ microservice?serverTimezone=UTC &useUnicode=true&characterEncoding=utf-8&useSSL=true
    username: root
    password: Abc_123456
    driver-class-name: com.mysql.cj.jdbc.Driver
#MyBatis mapper文件的位置
mybatis:
  mapper-locations: classpath*:mapper/**/*.xml
#扫描POJO类的位置，在此处指明扫描实体类的包，在mapper中就可以不用写POJO类的全路径名
  type-aliases-package: com.example.SpringBootMyBatis.entity
```

配置项的具体说明如下。

- spring.datasource.type：配置数据源的类型，这里使用阿里巴巴集团开发的连接池产品Druid来管理数据源。
- spring.datasource.url：配置数据库连接。
- spring.datasource.username：配置连接数据库的用户名。
- spring.datasource.password：配置连接数据库的用户密码。

- spring.datasource.driver-class-name：配置连接数据库的驱动名称。
- mybatis.mapper-locations：指定MyBatis的mapper文件的位置，这里指定为/src/main/resources/mapper，也可以在mapper文件夹下创建子文件夹。
- mybatis.type-aliases-package：配置扫描POJO类的位置，该位置用于存储对应数据库表的实体类。

### 4．配置MyBatis数据库访问的相关组件依赖

使用MyBatis Generator代码生成工具可以自动生成MyBatis访问数据库的相关代码。因为本书所讲内容基于MySQL数据库，所以需要添加如下依赖：

```xml
<!--数据库连接-->
<dependency>
    <groupId>mysql</groupId>
    <artifactId>mysql-connector-java</artifactId>
    <scope>runtime</scope>
</dependency>
<!--使用Druid连接池的依赖-->
<dependency>
    <groupId>com.alibaba</groupId>
    <artifactId>druid-spring-boot-starter</artifactId>
    <version>1.1.1</version>
</dependency>
<!-- MyBatis -->
<dependency>
    <groupId>org.mybatis.spring.boot</groupId>
    <artifactId>mybatis-spring-boot-starter</artifactId>
    <version>2.1.2</version>
</dependency>
```

Druid是阿里巴巴集团推出的数据库连接池组件，mysql-connector-java是连接MySQL数据库的组件，通过它们的配合可以实现对MySQL数据库的高效访问。mybatis-spring-boot-starter是集成MyBatis的starter依赖包。

### 5．本案例项目的目录结构

本案例是一个Spring Boot MVC Web项目，项目名为SpringBootMyBatis，项目的目录结构如下。

- /src/main/java/com/example/SpringBootMyBatis：保存项目的启动类。
- /src/main/java/com/example/SpringBootMyBatis/controllers：保存项目的控制器类。
- /src/main/java/com/example/SpringBootMyBatis/dao：保存项目的数据访问接口类。
- /src/main/java/com/example/SpringBootMyBatis/entity：保存项目的POJO类。
- /src/main/java/com/example/SpringBootMyBatis/service：保存项目的服务类。
- /src/main/resources/generator：保存MyBatis Generator配置文件。
- /src/main/resources/mappers：保存MyBatis mapper文件。

### 6．使用MyBatis Generator生成数据库访问代码

要在Spring Boot项目中集成MyBatis Generator，还需要在pom.xml中添加如下代码：

```xml
<!--MyBatis Generator 自动生成代码插件-->
<plugin>
    <groupId>org.mybatis.generator</groupId>
    <artifactId>mybatis-generator-maven-plugin</artifactId>
    <version>1.3.2</version>
        <dependencies>
            <dependency>
                <groupId>mysql</groupId>
                <artifactId>mysql-connector-java</artifactId>
                <version>5.1.38</version>
            </dependency>
        </dependencies>
    <configuration>
    <configurationFile>${basedir}/src/main/resources/generator/generatorConfig.xml</configurationFile>
    <overwrite>true</overwrite>
    <verbose>true</verbose>
    </configuration>
</plugin>
```

代码中指定了MyBatis Generator的配置文件为${basedir}/src/main/resources/generator/generatorConfig.xml，可以在其中配置生成MyBatis代码的规则。generatorConfig.xml的内容很多，可以参照源代码中的注释进行理解。下面介绍几个关键点。

（1）指定MyBatis Generator的基本属性。

下面的代码指定了MyBatis Generator的基本配置文件generator/mybatisGeneratorinit.properties：

```xml
<!--引入配置文件-->
<properties resource="generator/mybatisGeneratorinit.properties"/>
```

generator/mybatisGeneratorinit.properties在/src/main/resources/generator/文件夹下，内容如下：

```
#MyBatis Generator configuration
#DAO类和实体类的位置
project =src/main/java
#mapper文件的位置
resources=src/main/resources
#连接数据库的属性
jdbc_driver =com.mysql.jdbc.Driver
jdbc_url=jdbc:mysql://192.168.1.102:3306/microservice
jdbc_user=root
jdbc_password=Abc_123456
```

其中指定了生成代码文件的保存位置和连接数据库的属性。

（2）在generatorConfig.xml中指定生成POJO类所在的包名，代码如下：

```xml
<javaModelGenerator targetPackage="com.example.SpringBootMyBatis.entity" targetProject="${project}" >
    <property name="enableSubPackages" value="false"/>
    <property name="trimStrings" value="true"/>
</javaModelGenerator>
```

（3）在generatorConfig.xml中指定生成DAO接口所在的包名，代码如下：

```xml
<javaClientGenerator targetPackage="com.example.SpringBootMyBatis.dao"
targetProject="${project}" type="XMLMAPPER" >
    <property name="enableSubPackages" value="false" />
</javaClientGenerator>
```

（4）在generatorConfig.xml中指定生成mapper XML文件的路径，代码如下：

```xml
<sqlMapGenerator targetPackage="mappers" targetProject="${resources}" >
    <property name="enableSubPackages" value="false" />
</sqlMapGenerator>
```

（5）在generatorConfig.xml中指定生成代码的表，代码如下：

```xml
<table tableName="user" enableCountByExample="false"
enableUpdateByExample="true" enableDeleteByExample="false"
enableSelectByExample="false" selectByExampleQueryId="false">
    <property name="useActualColumnNames" value="false" />
    <!--数据库表主键-->
    <generatedKey column="username" sqlStatement="Mysql"identity= "true" />
</table>
```

这里只为表user生成代码，并指定表的主键为username列。

右击项目名SpringBootMyBatis，在快捷菜单中选择Run As / Run Configurations，打开Run Configurations窗口，如图2.25所示。在左侧窗格中双击Maven Build，新建一个运行配置项，并在右侧窗格中配置如下几项。

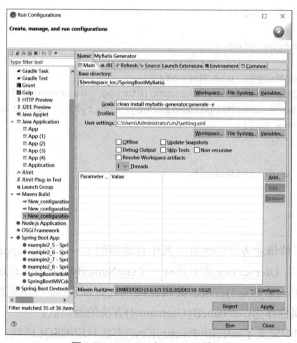

图2.25　Run Configurations 窗口

- Name：运行配置名，可以自定义，这里填写MyBatis Generator。

- Base directory：运行项目所在的路径，可以单击Workspace按钮选择项目，这里填写${workspace_loc:/SpringBootMyBatis}。
- Goals：运行的命令，这里填写下面的命令。

```
clean install mybatis-generator:generate -e
```

这条命令相当于3个命令，即mvn clean、mvn install和mvn mybatis-generator:generate -e。

配置完成后，单击Run按钮。如果运行成功，则可以刷新/src/main/java/com/example/SpringBootMyBatis/entity、/src/main/java/com/example/SpringBootMyBatis/dao和/src/main/resources/mappers文件夹，并确认相关的文件是否生成。这里生成了如下3个文件。

- /src/main/java/com/example/SpringBootMyBatis/entity/User.java：表user对应的POJO类。
- /src/main/java/com/example/SpringBootMyBatis/dao/UserMapper.java：定义访问表user的接口，其中包含对表user的增、删、改、查等操作。注意，需要手动在UserMapper.java类上添加@Mapper注解，否则在注入时会报错。
- /src/main/resources/mappers/UserMapper.xml：定义操作表user的SQL语句，实际上是UserMapper.java中定义接口的实现。

由于篇幅所限，这里不展开介绍生成代码的具体内容，读者可以查看源代码并结合后面的案例进行理解。

**7．通过MyBatis访问MySQL数据库**

可以通过定义Service类调用DAO接口，实现对数据库的操作。例如可以在/src/main/java/com/example/SpringBootMyBatis/service/下创建一个UserService类，用于对表user进行操作，代码如下：

```java
@Service
public class UserService {
    @Autowired
    private UserMapper userMapper;
    public String GetNameByUsername(String _username) {
        User user= userMapper.selectByPrimaryKey(_username);
        if(user== null)
        return "";
        else {
        return user.getName();
        }
    }
}
```

@Service注解用于修饰业务层的组件，其中自动装配了一个userMapper对象，我们可以通过它实现对表user的操作。UserService类中只有一个GetNameByUsername()方法，该方法中通过调用userMapper.selectByPrimaryKey()方法，并根据用户名查询表user可以返回对应的User对象。最后将User对象的name属性作为GetNameByUsername()方法的返回值。

在UserMapper.xml中定义了selectByPrimaryKey()方法对应的SQL语句，代码如下：

```
<select id="selectByPrimaryKey" parameterType="java.lang.String"
resultMap="BaseResultMap">
```

```
    select username, 'password', 'name'
    from user
    where username = #{username,jdbcType=VARCHAR}
</select>
```

resultMap="BaseResultMap"用于指定返回结果集的类型,它的定义代码如下:

```
<resultMap id="BaseResultMap" type="com.example.SpringBootMyBatis.entity.User">
    <id column="username" jdbcType="VARCHAR" property="username" />
    <result column="password" jdbcType="VARCHAR" property="password" />
    <result column="name" jdbcType="VARCHAR" property="name" />
</resultMap>
```

BaseResultMap对应的POJO类为com.example.SpringBootMyBatis.entity.User,其中通过column(数据库表中的列名)和property(POJO类中的属性)定义了数据库表和POJO类的对应关系。

为了演示访问数据库的效果,这里在/src/main/java/com/example/SpringBootMyBatis/controllers/文件夹下创建一个控制器类TestController,代码如下:

```
@Controller
@RequestMapping("/test")
public class TestController {
    @Resource
    UserService userService;
    @RequestMapping("/hello")
    public String hello(ModelMap map, @RequestParam(value="username", required=true) String username){
    String name = userService.GetNameByUsername(username);
    map.addAttribute("username", username);
    map.addAttribute("name", name);
        return "hello";
    }
}
```

在hello()方法中通过调用userService.GetNameByUsername()方法并根据URL参数username查询用户的姓名name,然后把name和username一起传递至前端页面进行显示。前端页面hello.html的代码如下:

```
<!DOCTYPE html>
<html lang="en" xmlns:th="www.thymeleaf.org">
    <head>
        <meta charset="UTF-8">
        <title>SpringBoot MVC demo</title>
    </head>
    <body>
        <span th:text="${'用户'+username+'的姓名为: ' + name}"></span>
    </body>
</html>
```

运行项目,然后打开浏览器,访问如下URL:

```
http://localhost:8080/test/hello?username=xiaoming
```

结果如图2.26所示，可以看到，程序从数据库中读取到了用户xiaoming的姓名为小明。

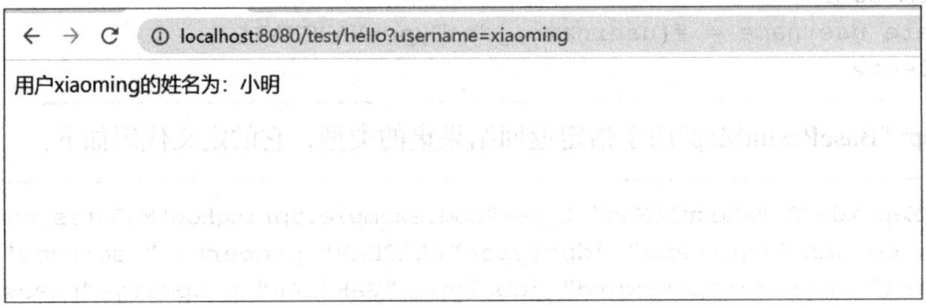

图 2.26　访问结果

## 2.2.7　以Jar包形式运行Spring Boot应用程序

可以将Spring Boot应用程序打包成.jar文件，然后通过命令行形式运行，而无须借助Tomcat等Web服务器。

### 1．将项目打包成Jar包

在创建Spring Boot项目时可以选择打包的类型。

在pom.xml中，可以在maven-source-plugin插件中定义打包的选项，代码如下：

```xml
<plugin>
    <groupId>org.apache.maven.plugins</groupId>
    <artifactId>maven-compiler-plugin</artifactId>
    <configuration>
        <source>1.8</source>
        <target>1.8</target>
    </configuration>
</plugin>
<plugin>
    <groupId>org.springframework.boot</groupId>
    <artifactId>spring-boot-maven-plugin</artifactId>
    <executions>
        <execution>
            <goals>
                <goal>repackage</goal>
            </goals>
        </execution>
    </executions>
</plugin>
```

\<goal\>repackage\</goal\>用于创建一个可自动执行的.jar或.war文件。

以2.2.6小节的项目SpringBootMyBatis为例，右击项目名，在快捷菜单中选择Run As / Run Configurations，打开Run Configurations窗口。在左侧窗格中双击Maven Build，新建一个运行配置项，并在右侧窗格中配置如下几项。

- Name：运行配置名，可以自定义，这里填写MyBatis Generator Package。
- Base directory：运行项目所在的路径，可以单击Workspace按钮选择项目。

- Goals：运行的命令，这里填写package。

配置完成后，单击Run按钮。如果运行成功，则可以刷新target文件夹；如果看到SpringBootMyBatis-0.0.1-SNAPSHOT.jar文件，则说明打包成功了。文件名是由项目名和版本号组合起来而得的。

### 2．运行Spring Boot应用程序

打开命令提示符窗口，切换到项目SpringBootMyBatis的target文件夹下，执行如下命令，可以运行Jar包里面的程序。

```
java -jar Jar包文件名
```

运行SpringBootMyBatis-0.0.1-SNAPSHOT.jar的效果如图2.27所示。

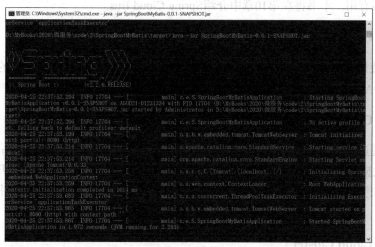

图 2.27　以 Jar 包形式运行 Spring Boot 应用程序的效果

Jar包里包含application.yml文件。如果想随时修改应用程序的配置，则可以将application.yml文件复制到Jar包的同目录下，也可以在命令行里使用--spring.config.location参数指定application.yml文件的位置，方法如下：

```
java -jar demo.jar --spring.config.location=application.yml文件路径
```

# 2.3　Spring Cloud概述

Spring Cloud开发框架为开发者提供了一系列工具，可以快速构建分布式系统。本节介绍Spring Cloud开发框架的基本情况，使读者对本书的结构有整体的印象。

## 2.3.1　Spring Cloud家族的成员

Spring Cloud开发框架中包含很多子项目，可以解决微服务架构应用程序所涉及的各种技术问题。具体如下。

### 1. Spring Cloud Config

该子项目是一个基于GitHub仓库的集中配置管理系统。配置资源可以直接映射到Spring环境。如果需要，也可以在非Spring应用程序中使用。本书将在第9章中介绍Spring Cloud Config。

### 2. Spring Cloud Netflix

该子项目是各种Netflix组件的集成，包括Eureka（将在第3章中介绍）、Hystrix（将在第7章中介绍）、Zuul（将在第8章中介绍）等。

### 3. Spring Cloud Bus

该子项目是使用分布式消息将服务与服务实例连接在一起的时间总线，它对于传播集群间的状态变化情况很有用。本书将在第10章中介绍Spring Cloud Bus。

### 4. Spring Cloud for Cloud Foundry

该子项目使用Pivotal Cloud Foundry将应用程序集成在一起，提供服务发现的功能，并可通过单点登录和OAuth 2.0来保护资源。由于篇幅所限，本书不介绍其相关内容。

### 5. Spring Cloud Open Service Broker

该子项目通过实现Open Service Broker API来构建一个服务代理者（Service Broker）。Service Broker是基于数据库引擎提供的一个强大的异步编程模型。通过Service Broker，开发人员无须编写复杂的通信和消息程序即可在数据库实例之间实现高效、可靠的异步通信。本书不介绍其相关内容。

### 6. Spring Cloud Cluster

该子项目通过对ZooKeeper、Redis、Hazelcast和Consul等产品进行抽象，实现分布式集群管理，并提供针对集群的领导选举功能和通用状态模式的支持。本书不介绍其相关内容。

### 7. Spring Cloud Consul

该子项目通过Hashicorp Consul实现服务发现和配置管理。

### 8. Spring Cloud Security

该子项目通过实现Spring Cloud的OAuth 2.0安全认证机制，可以对服务消费者的身份认证提供支持。本书将在第6章中介绍Spring Cloud Security的具体应用情况。

### 9. Spring Cloud Sleuth

该子项目为Spring Cloud应用程序提供分布式追踪（tracing）功能，同时可以兼容Zipkin、HTrace和基于日志的追踪（例如ELK）。本书不介绍其相关内容。

### 10. Spring Cloud Data Flow

该子项目提供基于微服务的数据管道功能。本书不介绍其相关内容。

## 11. Spring Cloud Stream

该子项目一个轻量级的事件驱动的微服务架构,可以快速构建与外部系统连接的应用程序。借助Apache Kafka或RabbitMQ消息队列可以实现在Spring Boot应用程序之间收发消息。本书将在第10章中介绍Spring Cloud Stream。

## 12. Spring Cloud Stream App Starters

该子项目基于Spring Boot,实现与外部系统的集成。本书不介绍其相关内容。

## 13. Spring Cloud ZooKeeper

该子项目通过Apache ZooKeeper实现服务发现和配置管理。

## 14. Spring Cloud Connectors

该子项目使各种平台下的PaaS(platform as a service,平台即服务)应用程序可以更方便地连接后端服务,例如数据库和消息代理。本书不介绍其相关内容。

## 15. Spring Cloud CLI

该子项目是Spring Boot的CLI(command line interface,命令行界面)插件,其使用Groovy可以快速创建Spring Cloud组件应用程序。本书不介绍其相关内容。

这只是Spring Cloud家族的部分成员,而且成员还在持续增加中。由于篇幅所限,本书不可能介绍Spring Cloud的所有子项目。这里只介绍了搭建微服务应用程序必须用到和常用的组件。

### 2.3.2 Spring Cloud与Spring Boot的关系

Spring Cloud和Spring Boot都是Pivotal公司推出的开源开发框架,都是从Spring框架发展和演变而来的。Spring Cloud又是基于Spring Boot的,因此它们的关系如图2.28所示。

图2.28 Spring、Spring Boot和Spring Cloud 的关系

离开Spring Cloud,Spring Boot可以独立开发单体应用,但是Spring Cloud不能离开Spring Boot而进行独立开发,它相当于为Spring Boot提供了分布式系统开发的扩展能力。微服务架构中的很多组件都被Spring Cloud封装好了,开发者只需要使用Spring Boot进行简单编码和配置就可以构建微服务应用。

### 2.3.3 Spring Boot与Spring Cloud的版本

在创建微服务项目时,需要指定Spring Boot与Spring Cloud的版本。本小节介绍Spring Boot与Spring Cloud的版本定义规则以及它们版本之间的对应关系,以便在日后的开发中选择版本。

**1. Spring Boot的版本**

在2.2.2小节介绍的SpringBootHelloWorld项目中,使用的Spring Boot版本号为2.2.6. RELEASE。

可以看到，Spring Boot版本号由4个部分组成，具体含义如图2.29所示。

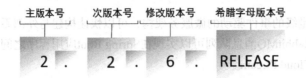

图2.29　Spring Boot 版本号各部分的具体含义

具体说明如下。
- 主版本号：用于标识比较大的功能模块或整体架构的更新。
- 次版本号：用于标识局部功能的更新。
- 修改版本号：用于标识对bug的修改或非常小的功能更新。
- 希腊字母版本号：用于标识当前版本所处的开发阶段，具体版本说明如表2.2所示。

表2.2　　　　　　　　　　希腊字母版本号的具体版本说明

| 版本号 | 说明 |
| --- | --- |
| Base | 设计阶段，还没有具体功能实现 |
| Alpha | 软件的初级阶段，实现了基本功能，但是存在明显的功能缺陷，需要完整的功能测试 |
| Bate | 修正了Alpha版本中存在的明显功能缺陷，但还存在bug，需要不断测试 |
| RELEASE | 软件的发布阶段，功能比较稳定，基本没有bug |

**2．Spring Cloud的版本**

本书第3章案例的Spring Cloud版本为Hoxton.SR3，其由2个部分组成，具体含义如图2.30所示。

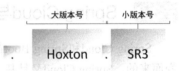

图2.30　Spring Cloud 版本号各部分的具体含义

Spring Cloud的大版本号很有意思，是一组伦敦地铁站的名称。之所以没有采用传统的数字版本号，是因为Spring Cloud由很多组件组成，每个组件的版本都使用数字版本号来标识。采用代号来标识Spring Cloud的大版本可以避免混淆。

每个Spring Cloud的大版本号对应一个阶段的Spring Boot，具体对应关系如表2.3所示。

表2.3　　　　　Spring Cloud的大版本号与Spring Boot的版本对应关系

| Spring Cloud的大版本号 | 对应的Spring Boot版本 |
| --- | --- |
| Angel | 1.2.x |
| Brixton | 1.3.x |
| Camden | 1.4.x |
| Dalston | 1.5.x |
| Edgware | 1.5.x |
| Finchley | 2.0.x |
| Greenwich | 2.1.x |
| Hoxton | 2.2.x |

在创建Spring Boot+Spring Cloud项目时，如果没有选择匹配的版本，则项目将会报错，因此一定要注意。本书案例多采用Spring Boot 2.2.x+Spring Cloud Hoxton构建。

Spring Cloud小版本号的可选值如表2.4所示。

表2.4　　　　　　　　　　　Spring Cloud小版本号的可选值

| Spring Cloud的小版本号 | 说明 |
| --- | --- |
| SNAPSHOT | 快照版本，不稳定，随时可能被修改 |
| M（milestone） | 里程碑版本，指安装进度计划推出的实现计划功能的版本。M1指第一个里程碑版本 |
| SR（service release） | 正式版本。SR1指第一个正式版本 |
| GA（generally available） | 稳定版本 |

通常，在生产环境下需要选择GA版本的Spring Cloud。

## 本章小结

本章首先介绍了Spring框架的体系结构以及基本的编程方法；然后简要介绍了Spring与Spring Boot的关系，并进一步介绍了Spring Boot编程基础；最后对搭建微服务架构的Spring Cloud框架进行了介绍。

本章的主要目的是使读者对开发微服务架构应用程序的技术体系有大致了解。通过学习本章内容，读者可以初步掌握开发微服务架构所使用的技术框架，为进一步学习微服务架构中各组件的编程方法奠定基础。

## 习题2

### 一、选择题

1. 下面（　　）是Spring框架核心容器层的模块。
   A. Beans　　　　　　　　　　　　B. JDBC
   C. ORM　　　　　　　　　　　　D. Web-MVC
2. 在创建Spring项目时，需要指定Group Id。Group Id用于标识（　　）。
   A. 公司　　　　　　　　　　　　B. 项目
   C. 包　　　　　　　　　　　　　D. 类
3. pom.xml是（　　）的配置文件。
   A. 项目　　　　　　　　　　　　B. Maven
   C. 包　　　　　　　　　　　　　D. 类
4. （　　）注解应用于Bean的setter方法，它可以实现Bean的自动装配。
   A. @Bean　　　　　　　　　　　B. @Configuration
   C. @Autowired　　　　　　　　　D. @SpringBootApplication

5. （　　）注解用于定义配置类。配置类可以被Spring容器用来作为Bean定义的源。
   A. @Bean　　　　　　　　　　B. @Configuration
   C. @Autowired　　　　　　　　D. @SpringBootApplication

## 二、填空题

1. Spring Boot和Spring Cloud都是__【1】__框架的扩展。

2. __【2】__注解用于指定Spring Boot项目的启动类，它相当于@Configuration、@EnableAutoConfiguration和@ComponentScan注解的组合。

3. __【3】__组件提供Spring Web开发的全栈支持，包括Tomcat和spring-webmvc。spring-boot-starter-thymeleaf组件提供Thymeleaf模板引擎支持。

4. __【4】__模板引擎可以处理页面中的HTML、XML、JavaScript、CSS代码。

5. 利用Thymeleaf模板引擎实现动态页面时，在控制器中可以通过__【5】__对象向前端页面传递数据。

6. 在application.yml中可以使用logging节点配置logback属性。__【6】__用于指定保存日志文件的路径。

7. Druid是阿里巴巴集团推出的__【7】__组件。

## 三、简答题

1. 简述Spring Boot框架的特性。
2. 简述MVC开发模式的工作原理。
3. 简述logback日志的级别。
4. 简述Spring Cloud与Spring Boot的关系。
5. 简述Spring Boot版本号的组成及其各部分的含义。

# 第 3 章 服务注册中心程序开发

在微服务架构中,可以部署很多服务。为了对服务进行统一管理和定位,需要搭建服务注册中心。服务注册中心是微服务架构的一个重要组件,它的主要职责是发现服务并监测其状态。在Spring Cloud框架中,服务发现组件Spring Cloud Eureka负责实现服务注册中心的功能。

## 3.1 Spring Cloud Eureka的服务注册机制

Eureka是Netflix公司开发的服务注册和服务发现组件,现在已经被Spring Cloud集成在其子项目Spring Cloud Netflix中,用于实现服务注册中心的功能。

在Spring Cloud微服务架构中,服务的注册和调用过程如图3.1所示。

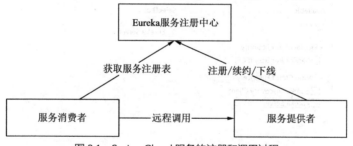

图 3.1 Spring Cloud 服务的注册和调用过程

在服务的注册和调用过程中包含3个主体,即Eureka服务注册中心、服务提供者和服务消费者。这3个主体分别属于2个角色:Eureka Server和Eureka客户端。

Eureka服务注册中心就是Eureka Server,它负责接受Eureka客户端的注册,维护一个服务注册表,并接受Eureka客户端对服务注册表的查询。

服务提供者和服务消费者都属于Eureka客户端,它们都需要注册到Eureka Server中。服务消费者在远程调用服务之前,需要从Eureka Server中获取服务注册表,从而得到相关的调用URL。除了获取服务注册表外,Eureka客户端与Eureka Server还存在下面3种操作。

- 注册:服务提供者将自己的服务ID、IP地址和端口号等信息提供给Eureka Server,Eureka Server会将这些信息保存到服务注册表中。

- 续约:为了让Eureka Server及时了解自己的在线状态,服务提供者需要定期(默认为30s)向Eureka Server发送心跳包。Eureka Server如果超过一定的时限(默认为90s)没有收到心跳包,就会将相关的服务提供者从服务注册表中删除。
- 下线:服务提供者关闭时会向Eureka Server发送下线消息,要求对方将自己从服务注册表中删除,以免再被服务消费者调用。

## 3.2 开发基于Eureka的服务注册中心程序

本节介绍使用Spring Boot+ Spring Cloud框架开发基于Eureka的服务注册中心程序的方法。

### 3.2.1 本章案例项目

参照2.2.2小节创建一个Spring Starter项目,项目名为eureka_server。
在设置项目依赖窗口中,搜索eureka,并选中Eureka Server,如图3.2所示。
单击Finish按钮。

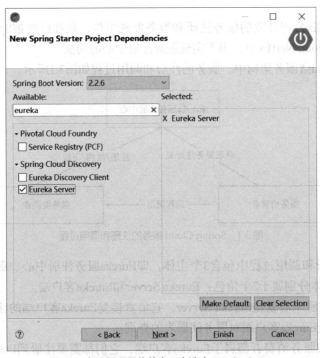

图 3.2 在设置项目依赖窗口中选中 Eureka Server

在pom.xml中,定义Spring Boot版本的代码如下:

```
<parent>
    <groupId>org.springframework.boot</groupId>
    <artifactId>spring-boot-starter-parent</artifactId>
    <version>2.2.6.RELEASE</version>
```

```
        <relativePath/> <!--lookup parent from repository-->
</parent>
```

本案例使用的Spring Boot版本为2.2.6.RELEASE。

在pom.xml中，定义Spring Cloud版本的代码如下：

```
<properties>
    <java.version>1.8</java.version>
    <spring-cloud.version>Hoxton.SR3</spring-cloud.version>
</properties>
```

本案例使用的Spring Cloud版本为Hoxton.SR3。

在pom.xml中，定义Eureka Server依赖的代码如下：

```
<dependency>
    <groupId>org.springframework.cloud</groupId>
    <artifactId>spring-cloud-starter-netflix-eureka-server</artifactId>
</dependency>
```

### 3.2.2 启动类

本案例的启动类为EurekaServerApplication，代码如下：

```
package com.example.eureka_server;
import org.springframework.boot.SpringApplication;
import org.springframework.boot.autoconfigure.SpringBootApplication;
import org.springframework.cloud.netflix.eureka.server.EnableEurekaServer;
@SpringBootApplication
@EnableEurekaServer
public class EurekaServerApplication {
    public static void main(String[] args) {
        SpringApplication.run(EurekaServerApplication.class, args);
    }
}
```

@EnableEurekaServer注解用于指定当前应用程序作为Eureka Server，以构建微服务架构的服务注册中心。

### 3.2.3 Eureka服务注册中心的主页

运行项目，打开浏览器，访问如下URL，可以进入Eureka服务注册中心的主页，如图3.3所示。

```
http://localhost:8080/
```

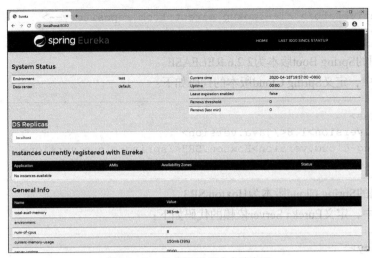

图 3.3  Eureka 服务注册中心的主页

Eureka服务注册中心的主页可以被划分为5个区域。

- System Status：显示Eureka服务注册中心的描述信息和状态。
- DS Replicas：Eureka服务注册中心可以配置为服务器集群，在这里可以显示集群中相邻的Eureka Server节点。
- Instances currently registered with Eureka：显示注册到Eureka服务注册中心的实例信息。
- General Info：显示Eureka服务注册中心的常规信息。
- Instance Info：显示当前Eureka服务注册中心的实例信息。

下面介绍各区域所包含的详细信息。

**1．System Status**

System Status区域中所包含的具体信息如下。

- Environment：Eureka服务注册中心的环境信息，默认为test，可以在配置文件中设置，具体方法参见3.2.4小节。
- Data center：对应的数据中心，默认为MyOwn，可以在配置文件中设置，具体方法参见3.2.4小节。
- Current time：当前系统时间。
- Uptime：Eureka服务注册中心的运行时长。
- Lease expiration enabled：是否启用租约过期机制。自我保护机制关闭时，该值默认是true；自我保护机制开启之后，该值为false。启用租约过期机制后，Eureka Server如果超过一定时长没有收到指定实例的心跳包，就会将该实例删除。关于Eureka服务注册中心的自我保护机制将在3.2.4小节中介绍。
- Renews threshold：每分钟最少续约数，即Eureka Server 期望每分钟收到客户端实例续约的总数。
- Renews (last min)：最近一分钟收到的客户端实例续约数。

**2．DS Replicas**

关于Eureka服务注册中心集群的配置方法将在3.2.5小节中介绍。配置好后，可以看到集群中的邻近节点会出现在DS Replicas区域中。

3．Instances currently registered with Eureka

此区域用于显示注册到Eureka服务注册中心的实例信息，具体情况将在第4章中结合服务提供者程序实例进行介绍。

4．General Info

General Info区域中包含的具体信息如下。

- total-avail-memory：可用内存总量。
- environment：Eureka服务注册中心的环境信息，默认为test。
- num-of-cpus：CPU的数量。
- current-memory-usage：内存使用率。
- server-uptime：服务启动时间。
- registered-replicas：集群中相邻的注册服务器。
- unavailable-replicas：集群中不可用的相邻注册服务器。
- available-replicas：集群中可用的相邻注册服务器。

5．Instance Info

Instance Info区域（如图3.4所示）位于Eureka服务注册中心主页的底部，用于显示当前Eureka服务注册中心的实例信息。

| Instance Info | |
| --- | --- |
| Name | Value |
| ipAddr | 192.168.1.106 |
| status | UP |

图 3.4　Instance Info 区域

Instance Info区域的主要项目说明如下。

- ipAddr：当前Eureka服务注册中心的IP地址。
- status：当前Eureka服务注册中心的状态。

## 3.2.4　配置文件

在application.yml中，可以对Eureka服务注册中心进行配置。

**1．配置端口号**

通过下面的代码可以配置Eureka服务注册中心的端口号为1111。

```
server:
  port: 1111
```

这样就可以通过如下的URL访问Eureka服务注册中心的主页。

```
http:// Eureka服务注册中心的IP地址:1111/
```

**2. 配置实例属性**

与Eureka实例有关的属性如下。

- eureka.instance.hostname：指定实例的主机名。
- eureka.instance.appname：指定实例的应用程序名。
- eureka.instance.instance-id：指定实例的ID。
- eureka.instance.prefer-ip-address：指定Eureka Server以IP地址而不是主机名注册到其他服务注册中心。

使用如下代码配置Eureka服务注册中心的实例属性。

```
eureka:
  instance:
    hostname: ${spring.cloud.client.ip-address}
    appname: eureka_1
    instance-id: ${spring.cloud.client.ip-address}:${server.port}
    prefer-ip-address: true
```

${spring.cloud.client.ip-address}代表客户端应用的IP地址。实例属性的作用目前还不能明确地体现出来，在3.2.5小节中将结合Eureka Server集群介绍实例属性的具体应用。

**3. 配置注册属性**

与Eureka注册有关的属性如下。

- eureka.client.register-with-eureka：指定是否将自己的信息注册到 Eureka Server上，一般设置为false。
- eureka.client.fetch-registry：指定是否到 Eureka Server中抓取注册信息。因为自身就是Eureka Server，所以一般设置为false。
- eureka.client.service-url.defaultZone：指定Eureka Server自身指向的默认注册服务URL。通常指向自己，配置值为http://${eureka.instance.hostname}:${server.port}/eureka/。

通常情况下，配置注册属性的代码如下：

```
eureka:
  client:
    # 指定是否将自己的信息注册到Eureka Server上
    register-with-eureka: false
    # 指定是否到Eureka Server中抓取注册信息
    fetch-registry: false
    service-url:
        defaultZone: http://${eureka.instance.hostname}:${server.port}/eureka/
```

**4. 配置系统状态属性**

与Eureka系统状态有关的属性如下。

- eureka.environment：Eureka服务注册中心的环境信息。
- eureka.datacenter：Eureka服务注册中心的数据中心描述信息。

配置注册属性的代码如下：

```
eureka:
  environment: 测试环境
  datacenter: 测试Eureka服务注册中心
```

然后访问Eureka服务注册中心的主页，如图3.5所示，可以看到System Status区域的内容随配置项的改变而发生了变化。

图 3.5　Eureka 服务注册中心的主页

**5．配置心跳机制属性**

在Spring Cloud服务的注册和调用过程中，有一个续约的过程，就是服务提供者需要定期（默认为30s）向Eureka Server发送心跳包。Eureka Server如果超过一定的时限（默认为90s）没有收到心跳包，就会将相关的服务提供者从服务注册表中删除。

可以在application.yml中配置心跳机制属性，具体如下。

- eureka.server.enable-self-preservation：指定是否启用Eureka Server的自我保护机制。所谓自我保护机制是防止在网络状况不好的情况下，Eureka Server误删除大量的注册实例。启用自我保护机制时Eureka Server会保护服务注册表中的信息，不再删除服务注册表中的数据。通常建议关闭自我保护机制。
- eureka.instance.eviction-interval-timer-in-ms：指定清理无效节点的时间间隔，单位为ms，默认值为60 000，也就是说Eureka Server每60s执行一次清理无效节点的操作。
- eureka.instance.lease-renewal-interval-in-seconds：指定Eureka客户端需要间隔多长时间发送心跳包给Eureka Server，单位为s，默认值为30。
- eureka.instance.lease-expiration-duration-in-seconds：指定Eureka客户端超过多长时间没有发送心跳包给Eureka Server，Eureka Server会将其删除，单位为s，默认值为90。

配置心跳机制属性的代码如下：

```
eureka:
  server:
    enable-self-preservation: false
  instance:
    eviction-interval-timer-in-ms: 50000
    lease-renewal-interval-in-seconds: 5
    lease-expiration-duration-in-seconds: 10
```

### 3.2.5 Eureka的高可用性

Eureka Server是微服务应用的核心，一旦出现故障，整个微服务应用将无法正常运行。因为服务消费者无法获取服务提供者的信息，也就无法调用服务提供者的接口。为了能够提供更稳定的服务，可以架设多个Eureka Server以构成服务注册中心服务器集群，集群中的Eureka Server会定期获取邻近服务器的服务注册表，互为备份，进而实现服务注册中心的高可用性。

**1．服务注册中心的分区**

如果一个应用系统的用户量很大，或者涉及的用户在地理上分布很广，则通常会建设多个机房。可以按地理位置对Eureka Server进行分区。

region和zone是分区中2个重要的概念。region代表地区，比如华北地区、华东地区等；zone代表机房，比如华北地区有2个机房，可以将它们分别命名为zone1和zone2。

**2．配置服务注册中心的分区**

在application.yml中，与分区有关的属性如下。

- eureka.client.region：指定Eureka Server所属的地区。
- eureka.client.availability-zones.region1：指定region1分区的所有机房列表，其中第一个机房是当前Eureka Server所在的机房。
- eureka.client.service-url.region1-zone2：指定机房zone2的所有Eureka Server列表。每个Eureka Server URL之间通过逗号分隔。Eureka Server URL的语法如下：

```
http:// Eureka Server的主机名和IP地址:端口号/eureka/
```

如果region1分区中的zone2机房有2个Eureka Server，则可以通过如下代码进行配置。

```
eureka:
  client:
    service-url:
      zone2: http://eurekaserver1:1111/eureka/, http://eurekaserver2:1111/eureka/
```

- eureka.client.prefer-same-zone-eureka：指定Eureka Server优先考虑从同一个机房的其他Eureka Server获取注册信息，通常设置为true。

在3.2.6小节中将搭建一个由2个Eureka Server组成的小型服务注册中心集群。

### 3.2.6 部署Eureka服务注册中心

本小节介绍如何在CentOS服务器上部署一个简单的、由2个Eureka Server组成的Eureka服务注册中心集群。

**1．发布和配置Eureka服务注册中心**

（1）参照2.2.7小节对本章项目进行打包，得到eureka_server-0.0.1-SNAPSHOT.jar文件。

（2）在CentOS服务器上，执行下面的命令，在/usr/local/src文件夹下创建一个子文件夹microservice，并在microservice下创建2个文件夹：eureka_server1和eureka_server2。

```
cd /usr/local/src
mkdir microservice
cd /usr/local/src/microservice
mkdir eureka_server1
mkdir eureka_server2
```

（3）使用WinSCP将eureka_server-0.0.1-SNAPSHOT.jar和application.yml分别上传至/usr/local/src/microservice/eureka_server1和 /usr/local/src/microservice/eureka_server2。

（4）eureka_server1文件夹下的application.yml内容如下。

```yaml
spring:
  application:
    name: eurekaserver-master
server:
  port: 1111
eureka:
  server:
    enable-self-preservation: false
  client:
    #指定是否将自己的信息注册到Eureka Server上
    register-with-eureka: true
    #指定是否到Eureka Server中抓取注册信息
    fetch-registry: true
    #地区
    region: beijing
    availability-zones:
      beijing: zone-1,zone-2
    service-url:
      zone-1: http://eurekaserver-master:1111/eureka/
      zone-2: http://eurekaserver-slave:2222/eureka/
      defaultZone: http://eurekaserver-master:1111/eureka/, http://eurekaserver-slave: 2222/eureka/
  environment: 测试环境
  datacenter:  测试Eureka服务注册中心
  instance:
    appname: eurekaserver-master
    eviction-interval-timer-in-ms: 50000
    lease-renewal-interval-in-seconds: 5
    lease-expiration-duration-in-seconds: 10
    hostname: eurekaserver-master
```

eureka_server1服务器的端口号为1111，在eureka.service-url.defaultZone属性中定义了2个默认的Eureka Server：一个是eurekaserver-master自身；另一个是http:// eurekaserver-slave:2222/eureka/，这是集群中的另一个Eureka Server，也就是eurekaserver-slave。在配置文件中定义了一个地区（region）beijing，在beijing中有2个机房zone1和zone2。机房zone1中有一个Eureka Server，即eurekaserver-master:1111；机房zone2中有一个Eureka Server，即eurekaserver-slave:2222。

（5）eureka_server2文件夹下的application.yml内容如下：

```yaml
spring:
  application:
    name: eurekaserver-slave
```

```yaml
server:
  port: 2222
eureka:
  server:
    enable-self-preservation: false
  client:
    #指定是否将自己的信息注册到Eureka Server上
    register-with-eureka: true
    #指定是否到Eureka Server中抓取注册信息
    fetch-registry: true
    #地区
    region: beijing
    availability-zones:
      beijing: zone1,zone2
    service-url:
      zone1: http://eurekaserver-master:1111/eureka/
      zone2: http://eurekaserver-slave:2222/eureka/
      defaultZone: http://eurekaserver-master:1111/eureka/, http://
        eurekaserver-slave: ${server.port}/eureka/
  environment: 测试环境
  datacenter:  测试Eureka服务注册中心
  instance:
    appname: eurekaserver-slave
    eviction-interval-timer-in-ms: 50000
    lease-renewal-interval-in-seconds: 5
    lease-expiration-duration-in-seconds: 10
    hostname: eurekaserver-slave
    instance-id: eurekaserver-slave:${server.port}
```

eureka_server2服务器的端口号为2222，在eureka.service-url.defaultZone属性中定义了2个默认的Eureka Server：一个是eurekaserver-slave自身；另一个是http:// eurekaserver-master:1111/eureka/，也就是eureka_server1文件夹下配置的Eureka Server。

配置文件中的地区和机房的配置与eureka_server1中一样。注意，在Eureka服务注册中心集群里的Eureka Server必须将eureka.instance.hostname配置成与CentOS服务器的主机名一致，而且在service-url中不能使用IP地址，否则可能无法在Eureka Server集群的主页中正常显示注册信息。

**2．配置CentOS虚拟机的主机名**

为了演示Eureka Server集群的效果，需要为CentOS虚拟机配置2个主机名：eurekaserver-master和eurekaserver-slave。执行如下命令：

```
vi /etc/hosts
```

在hosts文件中添加如下代码：

```
192.168.1.102    eurekaserver-master
192.168.1.102    eurekaserver-slave
```

192.168.1.102是CentOS虚拟机的IP地址。这里为CentOS虚拟机指定了2个主机名。保存后重启CentOS，并确认可以从宿主机ping通这2个主机。

```
ping eurekaserver-master
ping eurekaserver-slave
```

## 3. 运行Eureka Server集群

分别运行2个PuTTY，连接到CentOS虚拟机。

在第1个PuTTY中执行如下命令，运行eurekaserver-master。

```
cd /usr/local/src/microservice/eureka_server1
java -jar eureka_server-0.0.1-SNAPSHOT.jar
```

在第2个PuTTY中执行如下命令，运行eurekaserver-slave。

```
cd /usr/local/src/microservice/eureka_server2
java -jar eureka_server-0.0.1-SNAPSHOT.jar
```

打开浏览器，访问如下URL，进入eurekaserver-master的主页，如图3.6所示。

```
http://192.168.1.102:1111/
```

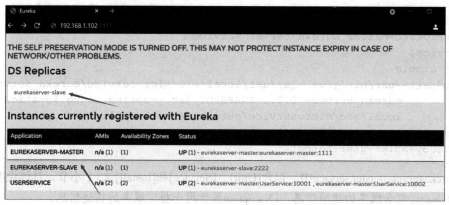

图3.6　eurekaserver-master 的主页

在DS Replicas区域中可以看到Eureka Server集群中的另一个实例eurekaserver-slave，在Instances currently registered with Eureka区域中可以看到2个Eureka Server都已经注册到了eurekaserver-master中。

访问如下URL，进入eurekaserver-slave的主页，如图3.7所示。

```
http://192.168.1.102:2222/
```

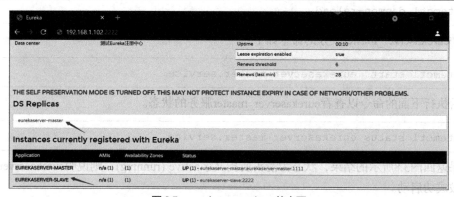

图3.7　eurekaserver-slave 的主页

同样，在DS Replicas区域中可以看到Eureka Server集群中的另一个实例eurekaserver-master，在Instances currently registered with Eureka区域中可以看到2个Eureka Server都已经注册到了eurekaserver-slave中。

## 3.2.7 以服务形式运行Eureka Server

在微服务应用上线后，Eureka Server需要长期运行。手动以Jar包形式运行显然是不合适的。为了方便管理，本小节介绍以服务形式运行Eureka Server的方法。

在CentOS中，可以通过.service文件来定义一个服务。.service文件保存在/etc/systemd/system文件夹中。执行下面的命令，编辑eurekaserver_master.service，定义主Eureka Server对应的服务。

```
cd /etc/systemd/system
vi eurekaserver_master.service
```

eurekaserver_master.service的内容如下：

```
[Unit]
Description=Master Eureka Server service
[Service]
Type=simple
ExecStart=/usr/bin/java -jar /usr/local/src/microservice/eureka_server1/
          eureka_server- 0.0.1-SNAPSHOT.jar --spring.config.location=/usr/
          local/src/microservice/eureka_server1/application.yml
[Install]
WantedBy=multi-user.target
```

在eurekaserver_master.service中，包含[Unit]、[Service]和[Install]这3个小节，具体说明如下。

- [Unit]：包含服务的通用信息，Description属性用于指定服务的描述信息。
- [Service]：包含服务的具体内容，ExecStart属性用于指定启动服务的命令。这里以Jar包形式运行/usr/local/src/microservice/eureka_server1/ eureka_server -0.0.1-SNAPSHOT.jar，也就是主Eureka Server应用程序。
- [Install]：包含服务的启用信息，WantedBy=multi-user.target用于指定当前服务是专用于多用户且为命令行模式下的服务。

保存并退出后，执行下面的命令以刷新服务配置文件。

```
systemctl daemon-reload
```

启动eurekaserver_master服务的命令如下：

```
systemctl start eurekaserver_master.service
```

然后执行下面的命令以查看eurekaserver_master服务的状态。

```
systemctl status eurekaserver_master.service
```

如果返回图3.8所示的结果，状态为箭头所指文字active (running)，则说明eurekaserver_master服务已被成功启动。

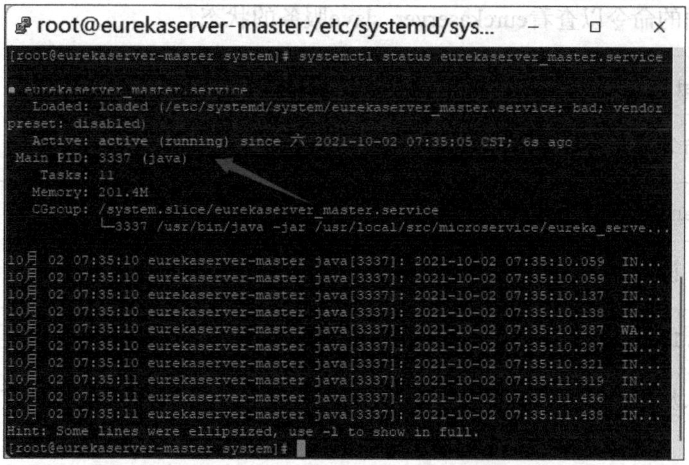

图 3.8 查看 eurekaserver_master 服务的状态

每次都手动启动服务显然比较麻烦。可以执行下面的命令设置自动启动 eurekaserver_master 服务。

```
systemctl enable eurekaserver_master.service
```

打开浏览器，访问如下URL：

```
http://192.168.1.102:1111/
```

如果可以进入主Eureka Server主页，则说明eurekaserver_master服务已经正常工作。

接下来执行下面的命令，定义从Eureka Server（相对于主Eureka Server）对应的服务eurekaserver_slave。

```
cd /etc/systemd/system
vi eurekaserver_slave.service
```

eurekaserver_slave.service的内容如下：

```
[Unit]
Description=Slave Eureka Server service
[Service]
Type=simple
ExecStart=/usr/bin/java -jar/usr/local/src/microservice/eureka_server2/
          eureka_server-0.0.1-SNAPSHOT.jar --spring.config.location=/usr/
          local/src/microservice/eureka_server2/application.yml
[Install]
WantedBy=multi-user.target
```

保存并退出后，执行下面的命令以刷新服务配置文件。

```
systemctl daemon-reload
```

启动eurekaserver_slave服务的命令如下：

```
systemctl start  eurekaserver_slave.service
```

然后执行下面的命令以查看eurekaserver_slave服务的状态。

```
systemctl status eurekaserver_slave.service
```

执行下面的命令设置自动启动eurekaserver_slave服务。

```
systemctl enable eurekaserver_slave.service
```

打开浏览器，访问如下URL：

```
http://192.168.1.102:2222/
```

如果可以进入从Eureka Server主页，则说明eurekaserver_slave服务已经正常工作。

## 本章小结

本章首先介绍了Spring Cloud Eureka的服务注册机制，其次介绍了开发和部署基于Eureka的服务注册中心程序的方法。

本章的主要目的是使读者了解Spring Cloud框架中服务发现组件Spring Cloud Eureka的工作原理和编程方法。通过学习本章内容，读者可以自己开发基于Spring Cloud Eureka的服务注册中心。

## 习题3

### 一、选择题

1. 在默认情况下，服务提供者需要间隔（　　）s向Eureka Server发送心跳包。
   A. 10　　　　　　　　　　　　　　B. 20
   C. 30　　　　　　　　　　　　　　D. 60
2. 在Eureka服务注册中心的主页中，可以显示集群中的相邻Eureka Server节点的区域是（　　）。
   A. System Status　　　　　　　　　B. DS Replicas
   C. General Info　　　　　　　　　　D. Instance Info
3. 在application.yml中，用于指定实例的主机名的属性为（　　）。
   A. eureka.instance.hostname　　　　B. eureka.instance.appname
   C. eureka.instance.instance-id　　　D. eureka.datacenter

### 二、填空题

1. Eureka客户端与Eureka Server之间存在　【1】　、　【2】　和　【3】　这3种操作。
2. 　【4】　注解用于指定当前应用程序作为Eureka Server，以构建微服务架构的服务注册中心。
3. 指定是否将自己的信息注册到Eureka Server上的属性是　【5】　。
4. 指定是否到Eureka Server中抓取注册信息的属性是　【6】　。

5. 指定Eureka Server自身指向的默认注册服务URL的属性是 __【7】__。
6. 在Eureka Server的配置中，region代表 __【8】__，zone代表 __【9】__。

## 三、简答题

1. 简述Spring Cloud微服务架构中服务的注册和调用过程。
2. 简述Eureka Server的自我保护机制。

# 第 4 章 服务提供者程序开发

在微服务架构中，服务提供者的作用是实现服务的具体功能，以及对外提供服务。本章介绍开发服务提供者程序的方法。

## 4.1 开发基于RESTful架构的Web服务

服务提供者程序本质上就是接口应用程序。在Spring Cloud框架中，服务提供者程序是基于RESTful架构的。

### 4.1.1 RESTful架构概述

REST（representational state transfer，表述性状态转移）是一种流行的软件系统架构风格。因为中文名称比较拗口，所以通常使用其英文简称。

软件系统架构风格指在开发系统组件和接口时所遵循的一组设计规则。在开发Web服务时，REST是非常关键的设计理念，是指在一个没有状态的C/S架构应用中，Web服务被视为资源，可以使用URL来标识。客户端应用通过调用一组远程方法来使用资源。对资源中方法的REST远程调用是基于HTTP（hypertext transfer protocol，超文本传输协议）的。支持REST设计理念的架构被称为RESTful架构。

RESTful架构是开发Web服务时经常使用的基础架构。在RESTful架构中，Web服务（应用程序）被分为客户端应用程序和接口应用程序两个部分。客户端应用程序通过REST远程调用与接口应用程序进行交互，并由接口应用程序访问数据库等资源。在开发接口应用程序时，需要指定调用接口所采用的HTTP方法。

常用的HTTP方法包括GET和POST两种，具体描述如下。
- GET：用于从指定资源请求数据。可以在URL中通过参数向资源提交少量数据，具体大小取决于浏览器，但通常都小于1MB。
- POST：用于向指定资源提交数据。POST提交数据的大小可以在Web服务器上配置。在Tomcat中，POST数据的默认大小为2MB。

除了GET和POST，还有2种HTTP方法：PUT和DELETE。HTTP方法分别对应软件系统中的CRUD操作。CRUD代表Create（新建记录）、Read（读取记录）、Update（更新记录）和Delete（删除记录）。

HTTP方法与SQL语句的对应关系如表4.1所示。

表4.1　　　　　　　　　　　HTTP方法与SQL语句的对应关系

| HTTP方法 | SQL语句 |
| --- | --- |
| POST | INSERT |
| GET | SELECT |
| PUT | UPDATE |
| DELETE | DELETE |

### 4.1.2 开发RESTful服务

在Spring Boot框架中，开发RESTful服务实际上就是开发MVC Web应用程序。开发MVC Web应用程序的方法参见2.2.3小节。

在RESTful服务项目中，可以使用@RestController注解来定义控制器。

【例4.1】开发一个简单的RESTful服务。

创建一个Spring Starter项目，项目名为Sample4_1。在pom.xml中引用spring-boot-starter-web组件，用于开发Web应用程序。

```
<dependency>
    <groupId>org.springframework.boot</groupId>
    <artifactId>spring-boot-starter-web</artifactId>
</dependency>
```

在com.example.Restdemo.controller包下创建类TestController。

```
@RestController
@RequestMapping("/test")
public class TestController {
    @RequestMapping("/hello")
    public String hello()
    {
        return "Hello world!!";
    }
}
```

运行项目，然后打开浏览器，访问如下URL，结果如图4.1所示。

```
http://localhost:8080/test/hello
```

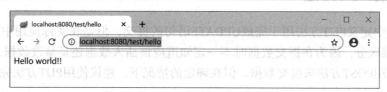

图 4.1　例 4.1 的访问结果

可以看到，在使用@RestController注解定义的控制器中，方法的返回值将不被当作对应的视图文件，而是当作接口的返回值直接输出。这正是服务提供者所要实现的功能。

### 4.1.3 实现POST方法

在@RequestMapping注解中，可以指定调用RESTful接口的HTTP方法，具体代码如下：

```
@RequestMapping(value = "/test ", method = RequestMethod.GET)
public String hello()
{
    return "Hello world!!";
}
```

method属性的默认值为RequestMethod.GET。例4.1中的hello()方法实际上是以GET方法调用的。

如果将method属性的值设置为RequestMethod.POST，则表示以POST方法调用接口。可以在接口中使用POJO接收提交过来的数据。例如，定义一个代表用户的类User，代码如下：

```
public class User {
    /** 用户名 */
    private String username;
    /** 密码 */
    private String password;
    /** 姓名 */
    private String name;
    /** 年龄 */
    private int age;
    // 由于篇幅所限，省略getter和setter方法
    ……
}
```

定义一个保存用户信息的方法，代码如下：

```
@RequestMapping(value = "/save", method = RequestMethod.POST)
public String save(User user)
{
    // 将user保存到数据库
    ……
}
```

客户端应用能以JSON字符串为参数，调用save()方法。具体方法将在4.1.6小节中介绍。

### 4.1.4 实现PUT方法

协议规范中定义PUT方法用于完成UPDATE语句的提交，但是在实际应用中，PUT方法和POST方法很难区分，因为在提交数据时不一定知道应该插入数据还是修改数据，所以很多时候都会统一使用POST方法来提交数据。但在确定的情况下，建议使用PUT方法完成UPDATE操作，代码如下：

```
@RequestMapping(value = "/update", method = RequestMethod.PUT)
public String update(User user)
{
    // 将user更新到数据库
    ……
}
```

### 4.1.5 实现DELETE方法

使用RequestMethod.DELETE可以指定实现DELETE方法，代码如下：

```
@RequestMapping(value = "/delete", method = RequestMethod.DELETE)
public String delete(int user_id)
{
    // 根据用户ID删除用户数据
    ……
}
```

### 4.1.6 以JSON格式传递数据

JSON（JavaScript object notation，JavaScript对象简谱）是一种轻量级的、以指定格式字符串来表示对象的方法。将对象转换为字符串的过程被称为序列化，这样做的原因是作为一种结构化的数据对象无法直接在网络中传输，通常可以使用对应的JSON字符串来完成对象的传输。接收到数据时再将JSON字符串转换为对象，这个过程被称为反序列化。

JSON字符串中包含如下特殊字符。
- 左方括号（[）：表示一个数组的开始。
- 右方括号（]）：表示一个数组的结束。
- 左花括号（{）：表示一个对象的开始。
- 右花括号（}）：表示一个对象的结束。
- 冒号（:）：表示属性名与值之间的分隔。
- 逗号（,）：表示属性名与值对之间的分隔。

下面是一个JSON字符串的例子。它是一个User对象的序列化的结果，username属性值为zhangsan，name属性值为张三，age属性值为18。

```
{"username":"zhangsan","name":"张三","age":18}
```

可以利用Gson组件实现Java对象和JSON数据之间的相互转换。在pom.xml中使用如下代码可以引入Gson依赖。

```
<dependency>
    <groupId>com.google.code.gson</groupId>
    <artifactId>gson</artifactId>
    <version>2.8.6</version>
</dependency>
```

对Java对象进行序列化操作的方法如下：

```
Gson gson = new Gson();
String json = gson.toJson(对象, 对象的类型);
```

【例4.2】一个简单的JSON序列化案例。

创建一个Spring Starter项目，在pom.xml中添加Gson依赖，然后直接在启动类的main()函数中添加如下代码：

```
User u = new User();
u.setAge(18);
u.setName("张三");
u.setUsername("zhangsan");
Gson gson = new Gson();
String json = gson.toJson(u, User.class);
System.out.print(json);
```

运行结果如下：

```
{"username":"zhangsan","name":"张三","age":18}
```

这就是User对象对应的JSON字符串。

对JSON字符串进行反序列化操作的方法如下：

```
Gson gson = new Gson();
类 对象 = gson.fromJson (JSON字符串, 对象的类型);
```

【例4.3】一个简单的JSON反序列化案例。

创建一个Spring Starter项目，在pom.xml中添加Gson依赖，然后直接在启动类的main()函数中添加如下代码：

```
String json ="{\"username\":\"zhangsan\",\"name\":\"张三\",\"age\":18,\
         "password\":\"pass\"}";
Gson gson = new Gson();
User u = gson.fromJson(json, User.class);
System.out.println("username="+u.getUsername());
System.out.println("name="+u.getName());
System.out.println("age="+u.getAge());
System.out.println("password="+u.getPassword());
```

运行结果如下：

```
username=zhangsan
name=张三
age=18
password=pass
```

这就是JSON字符串对应的User对象。

## 4.2 开发Spring Cloud资源服务

在微服务架构中，数据可以被视为一种资源。服务提供者也可以被称作资源服务。本节介绍开发Spring Cloud资源服务的方法。与普通的RESTful服务相比，Spring Cloud资源服务具有如下特性。

- Spring Cloud资源服务需要注册到Eureka Server，以便被服务消费者检索并调用。
- Spring Cloud资源服务应与认证中心关联，以保护其安全性。具体方法将在第6章中介绍。
- 每个Spring Cloud资源服务都有唯一的resouce id，用于在微服务架构中唯一标识这个资源服务。

### 4.2.1 注册到Eureka Server

在资源服务项目的pom.xml中添加如下代码，可以将当前项目作为Eureka客户端注册到Eureka Server：

```xml
<dependency>
    <groupId>org.springframework.cloud</groupId>
    <artifactId>spring-cloud-starter-netflix-eureka-client</artifactId>
</dependency>
```

在application.yml中，可以通过设置eureka.client.service-url.defaultZone的值来指定资源服务注册的Eureka Server。例如，下面的配置可以注册到3.2节介绍的Eureka Server集群。

```
eureka:
  client:
    service-url:
      defaultZone: http://eurekaserver-master:1111/eureka/, http://eurekaserver-slave:2222/eureka/
```

### 4.2.2 案例：开发用户系统服务

用户系统是几乎所有应用程序都包含的一个模块。本小节以开发用户系统服务为例，介绍一个完整的服务提供者案例的实现过程。

**1．项目概况**

本案例的项目名为UserService，在pom.xml中引入的主要依赖如下：

```xml
<dependencies>
    <dependency>
        <groupId>org.springframework.boot</groupId>
        <artifactId>spring-boot-starter-web</artifactId>
    </dependency>
```

```xml
<dependency>
    <groupId>org.springframework.cloud</groupId>
    <artifactId>spring-cloud-starter-netflix-eureka-client</artifactId>
</dependency>
<dependency>
    <groupId>com.google.code.gson</groupId>
    <artifactId>gson</artifactId>
</dependency>
<dependency>
    <groupId>org.springframework.boot</groupId>
    <artifactId>spring-boot-starter-test</artifactId>
    <scope>test</scope>
    <exclusions>
        <exclusion>
            <groupId>org.junit.vintage</groupId>
            <artifactId>junit-vintage-engine</artifactId>
        </exclusion>
    </exclusions>
</dependency>
<!--数据库连接-->
<dependency>
    <groupId>mysql</groupId>
    <artifactId>mysql-connector-java</artifactId>
    <scope>runtime</scope>
</dependency>
<!--使用Druid连接池的依赖-->
<dependency>
    <groupId>com.alibaba</groupId>
    <artifactId>druid-spring-boot-starter</artifactId>
    <version>1.1.1</version>
</dependency>
<!-- MyBatis -->
<dependency>
    <groupId>org.mybatis.spring.boot</groupId>
    <artifactId>mybatis-spring-boot-starter</artifactId>
    <version>2.1.2</version>
</dependency>
</dependencies>
```

因为要开发RESTful服务，所以引入spring-boot-starter-web组件；因为要注册Eureka服务，所以引入spring-cloud-starter-netflix-eureka-client组件；因为涉及对象的序列化和反序列化，所以引入Gson组件。

另外，pom.xml中还引入了MySQL数据库连接器和MyBatis数据库所访问的相关组件依赖。

**2．启动类**

本案例的启动类定义如下：

```java
@SpringBootApplication
public class UserServiceApplication {
    public static void main(String[] args) {
        SpringApplication.run(UserServiceApplication.class, args);
    }
}
```

因为本章还没有介绍微服务的安全机制,所以本案例只是一个普通的Spring Boot项目,任何人都可以随意调用其中的接口。关于微服务的安全机制的内容将在第6章中介绍。

**3．本案例使用的数据库和表**

本案例的数据存储在数据库test中,创建数据库test的SQL语句如下:

```
create database test
DEFAULT CHARACTER SET utf8 COLLATE utf8_general_ci;
```

数据库test中只包含一个表user,其结构如表4.2所示。

表4.2  表user的结构

| 字段名 | 数据类型 | 说明 |
| --- | --- | --- |
| username | varchar (255) | 主键,用户名 |
| password | varchar (255) | 密码 |
| name | varchar (255) | 用户姓名 |

在MySQL数据库中创建表user的SQL语句如下:

```
USE 'test';
DROP TABLE IF EXISTS 'user';
CREATE TABLE 'user' (
  'username' varchar(255) CHARACTER SET utf8 COLLATE utf8_general_ci NULL
  DEFAULT NULL,
  'password' varchar(255) CHARACTER SET utf8 COLLATE utf8_general_ci NULL
  DEFAULT NULL,
  'name' varchar(255) CHARACTER SET utf8 COLLATE utf8_general_ci NULL
  DEFAULT NULL,
  PRIMARY KEY ('username') USING BTREE
) ENGINE = InnoDB AUTO_INCREMENT = 2 CHARACTER SET = utf8 COLLATE = utf8_
general_ci ROW_FORMAT = Dynamic;
```

**4．在application.yml中配置数据源和MyBatis属性**

在application.yml中,可以通过如下代码配置数据源和MyBatis属性。

```
spring:
  datasource:
    type: com.alibaba.druid.pool.DruidDataSource
    url: jdbc:mysql://192.168.1.102:3306/test?serverTimezone=UTC &
    useUnicode=true& characterEncoding= utf-8&useSSL=true
    username: root
    password: Abc_123456
    driver-class-name: com.mysql.jdbc.Driver
#MyBatis mapper文件的位置
mybatis:
  mapper-locations: classpath*:mappers/**/*.xml
#扫描POJO类的位置,在此处指明扫描实体类的包,在mapper中就可以不用写POJO类的全路径名
  type-aliases-package: com.example.UserService.entity
```

配置文件中指定本案例使用的数据库为部署在IP地址为192.168.1.102的主机上的test。保存mapper文件的位置为classpath*:mappers/，也就是/src/main/resources/mappers。保存实体类的包为com.example.UserService.entity。

**5．本案例项目的目录结构**

本案例项目的目录结构如下。
- /src/main/java/com/example/UserService：保存项目的启动类。
- /src/main/java/com/example/UserService/controllers：保存项目的控制器类。
- /src/main/java/com/example/UserService/dao：保存项目的数据访问接口类。
- /src/main/java/com/example/UserService/entity：保存项目的POJO类。
- /src/main/java/com/example/UserService/service：保存项目的服务类。
- /src/main/resources/generator：保存MyBatis Generator配置文件。
- /src/main/resources/mappers：保存MyBatis mapper文件。

**6．使用MyBatis Generator生成数据库访问代码**

要在项目中集成MyBatis Generator，还需要在pom.xml中添加如下代码：

```xml
<!--MyBatis Generator 自动生成代码插件-->
<plugin>
    <groupId>org.mybatis.generator</groupId>
    <artifactId>mybatis-generator-maven-plugin</artifactId>
    <version>1.3.2</version>
        <dependencies>
            <dependency>
                <groupId>mysql</groupId>
                <artifactId>mysql-connector-java</artifactId>
                <version>5.1.38</version>
            </dependency>
        </dependencies>
    <configuration>
    <configurationFile>${basedir}/src/main/resources/generator/ generatorConfig.xml</configurationFile>
    <overwrite>true</overwrite>
    <verbose>true</verbose>
    </configuration>
</plugin>
```

代码中指定了MyBatis Generator的配置文件为${basedir}/src/main/resources/generator/generatorConfig.xml，可以在其中配置生成MyBatis代码的规则。generatorConfig.xml的内容很多，可以参照源代码中的注释进行理解，下面介绍几个关键点。

（1）指定MyBatis Generator的基本属性。

下面的代码指定了MyBatis Generator的基本配置文件generator/mybatisGeneratorinit.properties：

```xml
<!--引入配置文件-->
<properties resource="generator/mybatisGeneratorinit.properties"/>
```

generator/mybatisGeneratorinit.properties在/src/main/resources/generator/文件夹下，内容如下：

```
#MyBatis Generator configuration
#DAO类和实体类的位置
project =src/main/java
#mapper文件的位置
resources=src/main/resources
#连接数据库的属性
jdbc_driver =com.mysql.jdbc.Driver
jdbc_url=jdbc:mysql://192.168.1.102:3306/test
jdbc_user=root
jdbc_password=Abc_123456
```

其中指定了生成代码文件的保存位置和连接数据库的属性。

（2）在generatorConfig.xml中指定生成POJO类所在的包名为com.example.UserService.entity。

（3）在generatorConfig.xml中指定生成DAO接口所在的包名为com.example.UserService.dao。

（4）在generatorConfig.xml中指定生成mapper XML文件的路径为${resources}/mappers。

（5）在generatorConfig.xml中指定生成代码的表，代码如下：

```
<table tableName="user" enableCountByExample="false"
enableUpdateByExample="true" enableDeleteByExample="false"
enableSelectByExample="false" selectByExampleQueryId="false">
    <property name="useActualColumnNames" value="false" />
    <!--数据库表主键-->
    <generatedKey column="username" sqlStatement="Mysql" identity= "true" />
</table>
```

这里只为表user生成代码，并指定表的主键为username列。

右击项目名，在弹出的快捷菜单中选择Run As / Run Configurations，打开Run Configurations窗口。在左侧窗格中双击Maven Build，新建一个运行配置项，并在右侧窗格中配置如下几项。

- Name：运行配置名，可以自定义，这里填写MyBatis Generator。
- Base directory：运行项目所在的路径，可以单击Workspace按钮选择项目，这里填写${workspace_loc:/UserService}。
- Goals：运行的命令，这里填写下面的命令。

```
clean install mybatis-generator:generate -e
```

设置完成后，单击Run按钮。如果运行成功，则可以刷新/src/main/java/com/example/serService/entity、/src/main/java/com/example/UserService/dao和/src/main/resources/mappers文件夹，以确认相关的文件是否生成。这里生成了如下3个文件。

- /src/main/java/com/example/UserService/entity/User.java：表user对应的POJO类。
- /src/main/java/com/example/UserService/dao/UserMapper.java：定义访问表user的接口，其中包含对表user的增、删、改、查等操作。注意，需要手动在UserMapper.java类上添加@Mapper注解，否则在注入时会报错。
- /src/main/resources/mappers/UserMapper.xml：定义操作表user的SQL语句，实际上是UserMapper.java中定义接口的实现。

### 7. UserService类

UserService类用于对表user进行操作，代码如下：

```java
@Service
public class UserService {
    @Autowired
    private UserMapper userMapper;
    public User findUserByName(String _username) {
        User user = userMapper.selectByPrimaryKey(_username);
        if (user == null)
            return new User();
        else
            return user;
    }
    public boolean addUser(@RequestBody User u) {
        boolean result = false;
        try {
            userMapper.insert(u);
            result = true;
        } catch (Exception ex) {
        }
        return result;
    }
    public List<User> selectAll() {
        return userMapper.selectAll();
    }
    public boolean updateUser(@RequestBody User u) {
        boolean result = false;
        try {
            userMapper.updateByPrimaryKey(u);
            result = true;
        } catch (Exception ex) {
        }
        return result;
    }
    public boolean deleteUser(String _username) {
        boolean result = false;
        try {
            userMapper.deleteByPrimaryKey(_username);
            result = true;
        } catch (Exception ex) {
        }
        return result;
    }
}
```

其中定义了对表user的增、删、改、查等操作。

### 8. UserController类

在com.example.UserService.controllers包下定义一个控制器类UserController，代码如下：

```java
@RestController
@RequestMapping(value = "/user")
public class UserController {
    @Autowired
    private UserService userService;
    @RequestMapping(value = "/add", method = RequestMethod.POST)
    public boolean addUser(User user) {
        return userService.addUser(user);
    }
    @RequestMapping(value = "/update", method = RequestMethod.PUT)
    public boolean updateUser(User user) {
        return userService.updateUser(user);
    }
    @RequestMapping(value = "/delete", method = RequestMethod.DELETE)
    public boolean delete(@RequestParam(value = "userName", required = true) String _username) {
        return userService.deleteUser(_username);
    }
    @RequestMapping(value = "/details", method = RequestMethod.GET)
    public User findByUserName(@RequestParam(value = "userName", required = true) String userName) {
        System.out.println("开始查询...");
        return userService.findByUserName(userName);
    }
    @RequestMapping(value = "/userAll", method = RequestMethod.GET)
    public List<User> findByUserAge() {
        return userService.selectAll();
    }
}
```

UserController类中定义了5个RESTful接口，具体如下。

- /user/add：这是一个POST接口，用于添加用户。
- /user/update：这是一个PUT接口，用于修改用户信息。
- /user/delete：这是一个DELETE接口，用于删除用户。
- /user/getAll：这是一个GET接口，用于获取所有用户的信息。
- /user/details：这也是一个GET接口，用于根据用户名获取用户详情。

### 9．application.yml配置文件

本案例的application.yml的代码如下：

```yaml
server:
  port: 10001
spring:
  application:
    name: UserService
  datasource:
    type: com.alibaba.druid.pool.DruidDataSource
    url: jdbc:mysql://192.168.1.102:3306/test?serverTimezone=UTC &
    useUnicode=true& characterEncoding=utf-8&useSSL=true
```

```yaml
      username: root
      password: Abc_123456
      driver-class-name: com.mysql.jdbc.Driver
#MyBatis mapper文件的位置
mybatis:
  mapper-locations: classpath*:mappers/**/*.xml
#扫描POJO类的位置，在此处指明扫描实体类的包，在mapper中就可以不用写POJO类的全路径名
  type-aliases-package: com.example.UserService.entity
eureka:
  client:
    service-url:
      defaultZone:
      http://192.168.1.102:1111/eureka/,http://192.168.1.102:2222/eureka/
```

除了之前介绍的数据库连接配置和MyBatis相关配置，还设置了应用程序的端口号为10001，应用程序名为UserService，最后指定User服务注册到了（第3章介绍的）Eureka Server集群。注意根据实际的配置情况，修改Eureka Server的IP地址。

### 10. 部署User服务

本书后面的很多内容都以本小节介绍的User服务为例，为了便于演示，这里将本项目打包成Jar包，然后部署到CentOS虚拟机中。具体操作过程如下。

（1）参照2.2.7小节将本项目打包成Jar包，得到UserService-0.0.1-SNAPSHOT.jar。

（2）在CentOS虚拟机的/usr/local/src/microservice/下创建一个UserService文件夹，用于部署User服务。

（3）将UserService-0.0.1-SNAPSHOT.jar上传至CentOS虚拟机的/usr/local/src/microservice/UserService文件夹。

（4）远程连接CentOS虚拟机，执行下面的命令，运行User服务。

```
cd /usr/local/src/microservice/UserService
java -jar UserService-0.0.1-SNAPSHOT.jar
```

如果运行成功，进入主Eureka Server的主页，则可以看到UserService实例，如图4.2所示。

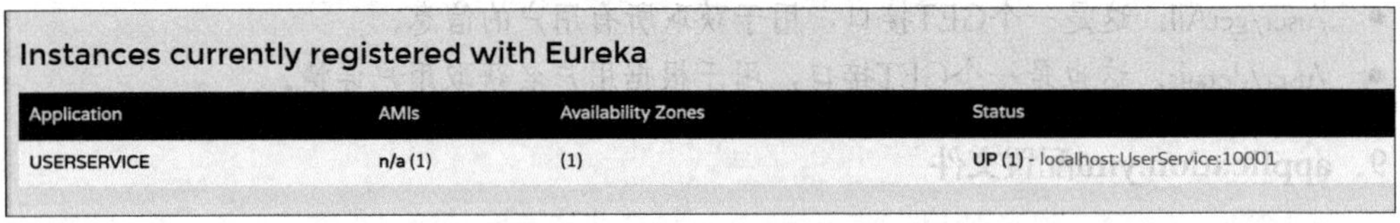

| Application | AMIs | Availability Zones | Status |
|---|---|---|---|
| USERSERVICE | n/a (1) | (1) | UP (1) - localhost:UserService:10001 |

图4.2　注册到 Eureka Server 的 UserService 实例

### 11. 以服务形式运行User服务

执行下面的命令，编辑UserService.service，定义UserService对应的服务。

```
cd /etc/systemd/system
vi UserService.service
```

UserService.service的内容如下：

```
[Unit]
    Description=User service
[Service]
    Type=simple
    ExecStart= /usr/bin/java -jar /usr/local/src/microservice/UserService/
UserService-0.0.1-SNAPSHOT.jar --spring.config.location=/usr/local/src/
microservice/ UserService/application.yml
[Install]
    WantedBy=multi-user.target
```

保存并退出后，执行下面的命令以刷新服务配置文件。

```
systemctl daemon-reload
```

启动UserService服务的命令如下：

```
systemctl start UserService.service
```

执行下面的命令以设置自动启动UserService服务。

```
systemctl enable UserService.service
```

### 4.2.3 使用Postman测试服务提供者程序

Postman是一款流行的接口测试工具。本书使用Postman对服务中定义的接口进行测试。

访问Postman官网的下载页面，可以下载Postman。具体网址参见本书配套资源中提供的"本书相关网址"文档。

下载64位安装程序后，根据安装程序的提示完成安装。

运行Postman，打开Postman窗口，如图4.3所示。

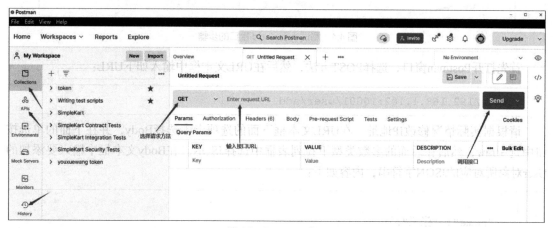

图 4.3　Postman 窗口

Postman窗口分为左、右两个部分。

左侧部分包含如下3个选项卡。

- History：查看调用接口的历史记录。

- Collections：根据不同项目保存接口，以便日后查找。
- APIs：生成接口调用的模拟数据服务。

右侧窗体实现调用接口的主要功能。在请求方法下拉列表框中可以选择GET、POST、PUT或DELETE方法。输入接口URL后，单击Send按钮，即可调用接口。调用接口的返回结果会显示在窗体的底部。

接下来使用Postman测试User服务的各个接口。

### 1．测试/user/add接口

/user/add接口采用POST方法，用于实现添加用户功能。接口对应的处理函数为addUser()。addUser()函数的参数是一个POJO，定义如下：

```
public boolean addUser(@RequestBody User user)
```

@RequestBody注解的作用其实是将JSON格式的数据转换为Java对象。在提交数据时，需要以对应的JSON字符串为参数。测试步骤如图4.4所示。

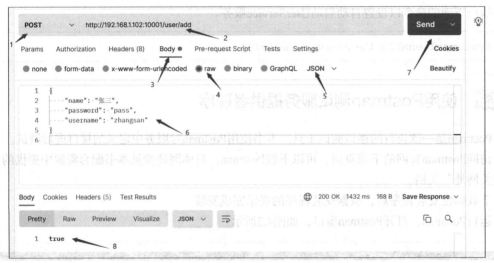

图 4.4　测试 /user/add 接口的步骤

首先打开Postman窗口，选择POST方法，然后在URL文本框中输入如下URL：

```
http://192.168.1.102:10001/user/add
```

请根据实际情况修改IP地址。在URL文本框下面的选项卡中选择Body，并在下面的单选按钮中选中raw，然后在后面的参数类型下拉列表框中选择JSON。在Body文本框中输入要添加的User对象所对应的JSON字符串，内容如下：

```
{
    "name": "张三",
    "password": "pass",
    "username": "zhangsan"
}
```

最后单击Send按钮，如果一切顺利，可以在最下面的返回结果区看到true，这正是addUser()

函数的返回值。true表示添加成功。

打开Navicat Premium，查看表user的数据，可以看到新增的zhangsan用户记录，如图4.5所示。

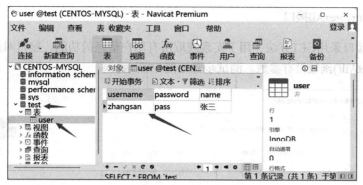

图 4.5　查看新增的 zhangsan 用户记录

### 2．测试/user/details接口

/user/details接口采用GET方法，用于实现查询用户详情的功能。接口对应的处理函数为findByUserName()。findByUserName()函数的参数定义如下：

```
public User findByUserName(@RequestParam(value = "userName", required = true) String userName)
```

测试步骤如图4.6所示。

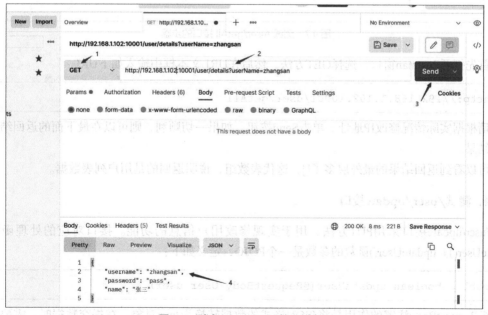

图 4.6　测试 /user/details 接口的步骤

首先打开Postman窗口，选择GET方法，然后在URL文本框中输入如下URL：

```
http://192.168.1.102:10001/user/details?userName=zhangsan
```

请根据实际情况修改IP地址。单击Send按钮，返回结果见图4.6，可以看到返回了zhangsan用户的记录。

### 3．测试/user/getAll接口

/user/getAll接口采用GET方法，用于实现获取所有用户信息的功能。接口对应的处理函数为selectAll()。selectAll()函数没有参数。测试步骤如图4.7所示。

图 4.7 测试 /user/getAll 接口的步骤

首先打开Postman窗口，选择GET方法，然后在URL文本框中输入如下URL：

```
http://192.168.1.102:10001/user/getAll
```

请根据实际情况修改IP地址。单击Send按钮，如果一切顺利，则可以在最下面的返回结果区看到结果。

可以看到返回结果的最外层多了[]，这代表数组，说明返回的是用户列表数据。

### 4．测试/user/update接口

/user/update接口采用PUT方法，用于实现修改用户信息的功能。接口对应的处理函数为updateUser()。updateUser()函数的参数是一个POJO，定义如下：

```
public boolean updateUser(@RequestBody User user)
```

@RequestBody注解的作用是将JSON格式的数据转换为Java对象。在提交数据时，需要以对应的JSON字符串为参数。测试步骤如图4.8所示。

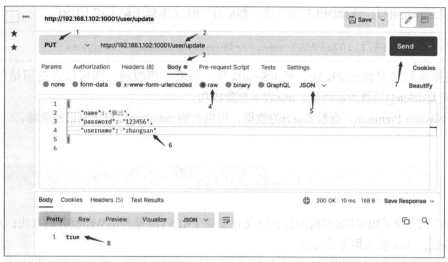

图 4.8 测试 /user/update 接口的过程

首先打开Postman窗口，选择PUT方法，然后在URL文本框中输入如下URL：

```
http://192.168.1.102:10001/user/update
```

请根据实际情况修改IP地址。在URL文本框下面的选项卡中选择Body，并在下面的单选按钮中选中raw，然后在后面的参数类型下拉列表框中选择JSON。在Body文本框中输入要添加的User对象所对应的JSON字符串，内容如下：

```
{
    "name": "张三",
    "password": "123456",
    "username": "zhangsan"
}
```

最后单击Send按钮，如果一切顺利，则可以在最下面的返回结果区看到true，这正是updateUser()函数的返回值。true表示修改成功。

打开Navicat Premium，查看表user的数据，可以看到用户zhangsan的密码已经被更新为123456，如图4.9所示。

图 4.9 密码被更新的 zhangsan 用户记录

### 5．测试/user/delete接口

/user/delete接口采用DELETE方法，用于实现删除用户的功能。接口对应的处理函数为delete()。delete()函数的参数是一个String对象username，代表要删除的用户名，其定义如下：

```
public boolean delete(@RequestParam(value = "userName", required = true)
String _username)
```

打开Postman窗口，选择DELETE方法，然后在URL文本框中输入如下URL：

```
http://192.168.1.102:10001/user/delete? username= zhangsan
```

请根据实际情况修改IP地址。单击Send按钮，如果一切顺利，则可以在返回结果区看到true，这正是delete()函数的返回值。true表示删除成功。

打开Navicat Premium，查看表user的数据，可以看到zhangsan用户记录已被删除。

## 本章小结

本章首先介绍了RESTful架构的概念以及开发基于RESTful架构的Web服务的方法；其次介绍了开发Spring Cloud资源服务的方法。

本章的主要目的是使读者了解微服务架构中服务提供者程序的工作原理和编程方法。通过学习本章内容，读者可以自己开发基于Spring Cloud微服务架构的服务提供者程序。

## 习题 4

### 一、选择题

1. 对应INSERT语句的HTTP方法是（　　）。
   A. POST　　　　　　　　　　　B. GET
   C. PUT　　　　　　　　　　　 D. DELETE
2. 对资源中方法的REST远程调用是基于（　　）的。
   A. TCP　　　　　　　　　　　 B. UDP
   C. HTTP　　　　　　　　　　　D. RPC
3. 在（　　）注解中，可以指定调用RESTful接口的HTTP方法。
   A. @RestController　　　　　　　B. @SpringBootApplication
   C. @Autowired　　　　　　　　 D. @RequestMapping
4. 在JSON字符串中，（　　）表示一个数组的开始。
   A. {　　　　　　　　　　　　　B. [
   C. ,　　　　　　　　　　　　　D. ;

### 二、填空题

1. 在Spring Cloud框架中，服务提供者程序是基于__【1】__架构的。
2. __【2】__是JavaScript object notation的缩写，它是一种轻量级的、以指定格式字符串来表示对象的方法。

### 三、简答题

1. 简述JSON字符串的序列化和反序列化的概念。

# 第5章 服务消费者程序开发

本章介绍微服务架构中另一个重要的角色——服务消费者。服务消费者的主要功能是调用服务提供者中的接口。在Spring Cloud框架中，可以通过Ribbon和Feign两种方式实现此功能。

## 5.1 准备服务提供者实例环境

为了便于演示服务调用的效果，首先准备服务提供者实例环境，包括下面两个方面。
- 对第4章介绍的User服务进行适当的改造，使其可以返回服务实例的信息。
- 为User服务部署多个实例，以便演示服务调用的负载均衡效果。

### 5.1.1 对User服务进行适当的改造

为了返回服务实例的信息，首先在UserService项目的application.yml中添加如下配置代码，指定优先使用IP地址注册服务。

```yaml
instance:
    prefer-ip-address: true
    instance-id: ${spring.cloud.client.ipAddress}:${server.port}
```

为了在接口中返回服务实例的信息，在UserController类中添加如下代码：

```java
@Value("${spring.cloud.client.ip-address}")
String ipaddr;
@Value("${server.port}")
int port;
@RequestMapping(value = "/sayHi", method = RequestMethod.GET)
public String hello() {
    return "Hello, 我在" + ipaddr + ":" + port;
}
```

@Value注解的功能是从配置文件中读取配置项的值，并将其注入变量中。spring.cloud.client.ip-address表示服务实例的IP地址，server.port表示服务实例的端口号。在hello()方法中返回当前服务的IP地址和端口号。

运行项目,打开浏览器,访问如下URL:

```
http://localhost:10001/user/sayHi
```

结果如图5.1所示。

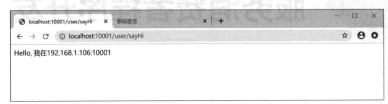

图 5.1　返回服务实例的 IP 地址和端口号

## 5.1.2 为User服务部署多个实例

将改造后的UserService项目打包,得到UserService-0.0.1-SNAPSHOT.jar,将其上传至第4章创建的/usr/local/src/microservice/UserService下,替换原有的Jar包。然后在CentOS虚拟机的/usr/local/src/microservice/下创建一个UserService_backup文件夹,用于部署User服务的副本。最后将UserService-0.0.1-SNAPSHOT.jar和application.yml上传至/usr/local/src/microservice/UserService_backup文件夹,并在UserService_backup文件夹下的application.yml中将server.port设置为10002。

执行下面的命令,编辑UserService_backup.service,定义UserService_backup对应的服务。

```
cd /etc/systemd/system
vi UserService_backup.service
```

UserService_backup.service的内容如下:

```
[Unit]
    Description=User service Backup
[Service]
    Type=simple
    ExecStart= /usr/bin/java -jar /usr/local/src/microservice/UserService_
    backup/UserService-0.0.1-SNAPSHOT.jar --spring.config.location=/usr/
    local/src/microservice/UserService_backup /application.yml
[Install]
    WantedBy=multi-user.target
```

保存并退出后,执行下面的命令以刷新服务配置文件。

```
systemctl daemon-reload
```

启动UserService_backup服务的命令如下:

```
systemctl start  UserService_backup.service
```

执行下面的命令以设置UserService_backup服务自动启动。

```
systemctl enable UserService_backup.service
```

## 5.2 Spring Cloud Ribbon

Spring Cloud Ribbon组件是客户端负载均衡工具，它为服务消费者提供了具有负载均衡能力的调用服务机制。

### 5.2.1 负载均衡

所谓负载均衡，是指将访问按照一定的策略分摊到多台服务器上，由服务器集群共同完成工作任务。负载均衡可以分为硬件负载均衡和软件负载均衡两种类型。

**1．硬件负载均衡**

硬件负载均衡是指在访问者和服务器集群之间架设一个硬件负载均衡器，网络拓扑如图5.2所示。

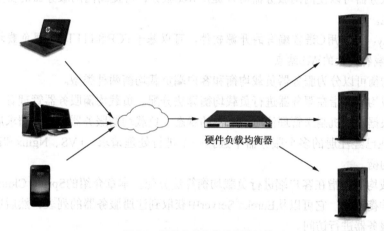

图 5.2　硬件负载均衡的网络拓扑

目前市场上比较主流的硬件负载均衡器包括NetScaler、F5、Radware和Array 等产品。它们的工作原理大同小异。以F5为例，其对于外网有一个真实的IP地址，对于内网的每个服务器都会生成一个虚拟IP地址，用于负载均衡和管理中。

硬件负载均衡的优势在于处理能力比较强，不足之处在于：
- 成本比较高；
- 虽然负载均衡器连接的是服务器集群，但是一旦负载均衡器本身出现故障，则整个服务器集群将无法发挥作用。

**2．软件负载均衡**

也可以通过软件实现负载均衡的功能。主流的负载均衡软件如下。
- LVS（Linux virtual server，Linux虚拟服务器），是一个虚拟的服务器集群系统。LVS集群采用了IP地址负载均衡技术和基于内容请求的分发技术，其调度器可以将请求均衡地转移到不同的服务器上执行，且可自动屏蔽有故障的服务器。

- Nginx，是一个高性能的HTTP和反向代理服务器。反向代理服务器部署在用户和目标服务器之间。从用户的角度，反向代理服务器就是目标服务器，网络拓扑如图5.3所示。

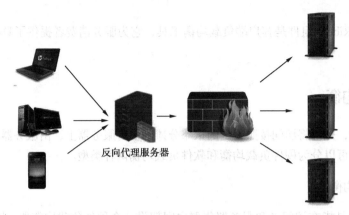

图 5.3 反向代理服务器

反向代理服务器可以使内网服务器对外提供Web服务，可提高内网服务器的安全性，同时实现负载均衡功能。

- HAProxy，是使用C语言编写的开源软件，可以基于TCP和HTTP实现负载均衡功能，适用于负载特别大的Web站点。

软件负载均衡可以分为服务器负载均衡和客户端负载均衡两种类型。

服务器负载均衡是指在服务器进行负载均衡算法分配。负载均衡服务器管理着一个注册服务器的列表，会根据心跳机制来管理注册服务器的状态。负载均衡服务器捕获到请求后，会通过其负载均衡算法在已经注册的多个服务器中选择一个进行处理请求。LVS、Nginx和HAProxy都属于服务器负载均衡。

客户端负载均衡是指在客户端进行负载均衡算法分配。本章介绍的Spring Cloud Ribbon组件是客户端负载均衡工具。它可以从Eureka Server中获取到注册服务器的列表，然后通过负载均衡算法选择一个服务器进行访问。

### 3．Ribbon的负载均衡算法

Ribbon支持如下7种负载均衡算法。

- RoundRobinRule：默认负载均衡算法，采用轮询的方式，也就是将请求依次派发给各个服务器。
- RandomRule：采用随机负载均衡算法，也就是将请求随机派发给各个服务器。
- WeightedResponseTimeRule：根据服务器的响应时间来分配权重，响应得越快，分配的值越大，被选择的概率也就越大。
- BestAvailableRule：选择最空闲的服务器。
- RetryRule：具有重试功能的负载均衡算法。在500ms内如果没有选择到可用的服务器，将会循环重试，直至选择了合适的服务器。
- ZoneAvoidanceRule：综合判断服务器所在区域的性能和服务器的可用性来选择服务器。
- AvailabilityFilteringRule：过滤一直连接失败和连接数超过阈值的服务器，然后根据默认的负载均衡算法来选择服务器。

## 5.2.2 Spring Cloud Ribbon编程基础

**1. 引入Ribbon依赖**

服务消费者也要注册到Eureka Server中，这样其才可以获取到服务提供者的列表。因此，需要引入spring-cloud-starter-netflix eureka-client，代码如下：

```xml
<dependency>
    <groupId>org.springframework.cloud</groupId>
    <artifactId>spring-cloud-starter-netflix-eureka-client</artifactId>
</dependency>
```

spring-cloud-starter-netflix eureka-client组件中默认包含Ribbon依赖。

**2. 定义启动类**

服务消费者程序的启动类定义如下：

```java
@SpringBootApplication
@EnableEurekaClient
@EnableDiscoveryClient
@RibbonClient(name = "UserService",configuration = RibbonConfig.class)
public class RibbonHelloApplication {
    public static void main(String[] args) {
        SpringApplication.run(RibbonHelloApplication.class, args);
    }
}
```

@EnableEurekaClient注解说明当前应用程序需要注册到Eureka Server中，@EnableDiscoveryClient注解用于启用服务发现功能，@RibbonClient注解用于启用Ribbon客户端。

在@RibbonClient注解的定义中，name属性用于指定服务提供者注册到Eureka Server中的名称，本例中为UserService；configuration属性用于指定自定义的Ribbon配置类，具体内容将在后文介绍。

**3. 自定义Ribbon配置类**

在Ribbon配置类中可以指定Ribbon的负载均衡算法。下面是一个Ribbon配置类的例子。

```java
@Configuration
public class RibbonConfig {
    @Bean
    public IRule iRule() {
        return new RandomRule();
    }
}
```

IRule是定义Ribbon负载均衡算法的接口。RandomRule类代表随机负载均衡算法，其他负载均衡算法对应的类参见5.2.1小节。

### 4. LoadBalancerClient接口

LoadBalancerClient接口是对一个负载均衡客户端的抽象定义。在需要调用服务时，可以通过如下方式自动装配一个LoadBalancerClient接口。

```
@Autowired
    LoadBalancerClient loadBalancerClient;
```

调用LoadBalancerClient接口的choose()方法，可以根据负载均衡算法从服务列表中选择一个服务，方法如下：

```
ServiceInstance serviceInstance = loadBalancerClient.choose(服务ID);
```

ServiceInstance接口是对一个服务实例的抽象定义，其可以返回服务的ID、地址、端口号、是否使用HTTPS等信息。RibbonServer是ServiceInstance接口的一个具体实现。这里返回的实际上是一个RibbonServer对象。通过RibbonServer对象可以调用所选择的服务。

【例5.1】使用LoadBalancerClient接口选择服务。

本案例项目名称为RibbonHello。在com.example.RibbonHello.controllers包下创建类ConsumerController，代码如下：

```
@RestController
public class ConsumerController {
    @Autowired
    LoadBalancerClient loadBalancerClient;
    @RequestMapping("/hello")
    public String hello(){
        ServiceInstance serviceInstance = loadBalancerClient.choose("UserService");
        String url = "http://" + serviceInstance.getHost() + ":" + serviceInstance.
        getPort() + "/hi";
        System.out.println(url);
        return url;
    }
}
```

程序通过LoadBalancerClient接口实现服务调用的负载均衡。loadBalancerClient.choose()方法的功能是从UserService服务列表中选择一个服务。

服务消费者也需要注册到Eureka Server中，从而获取服务列表。在application.yml中添加注册到Eureka Server中的代码，具体如下：

```
eureka:
  client:
    service-url:
      defaultZone: http://eurekaserver-master:1111/eureka/, http://eurekaserver-slave:2222/eureka/
    instance: prefer-ip-address: true
```

确保UserService.service和UserService_backup.service都正常启动，并且注册到了Eureka Server中。运行项目，然后打开浏览器，访问如下URL：

```
http://localhost:8080/hello
```

返回结果后，多刷新几次页面，可以看到每次都会切换不同的UserService实例URL。观察项目的Console窗格，可以看到输出的UserService实例URL，如图5.4所示，其中端口号是随机切换的。

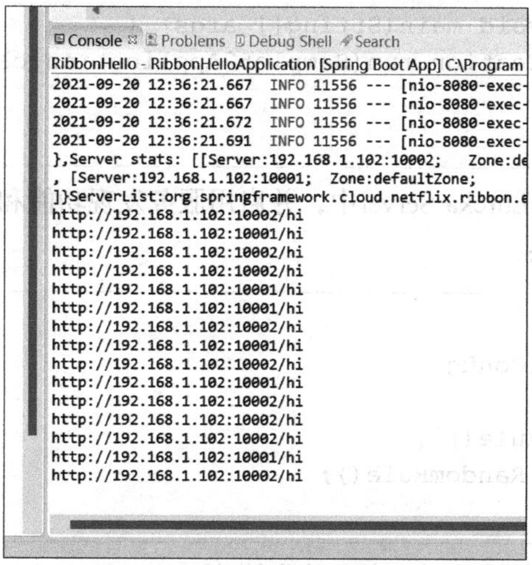

图 5.4　User Service 实例 URL

### 5．RestTemplate类

RestTemplate类用于调用RESTful服务，可以通过getForObject()方法实现接口调用，具体方法如下：

```
返回类型 对象 = restTemplate对象.getForObject(接口URL, 返回类型.class);
```

RestTemplate类中封装了与HTTP服务的通信方式。getForObject()方法会直接返回调用结果的对象，省略了反序列化的过程。

【例5.2】通过RestTemplate类调用User服务查询用户列表。

创建一个Spring Starter项目，项目名为Sample5_2。在pom.xml中引入spring-boot-starter-web和spring-cloud-starter-netflix-eureka-client依赖，用于开发Web应用程序。

```xml
<dependencies>
    <dependency>
        <groupId>org.springframework.boot</groupId>
        <artifactId>spring-boot-starter-web</artifactId>
    </dependency>
    <dependency>
        <groupId>org.springframework.cloud</groupId>
        <artifactId>spring-cloud-starter-netflix-eureka-client</artifactId>
    </dependency>
    ......
</dependencies>
```

项目的启动类定义如下：

```java
@SpringBootApplication
@EnableEurekaClient
@EnableDiscoveryClient
@RibbonClient(name = "UserService",configuration = RibbonConfig.class)
public class Sample52Application {
    public static void main(String[] args) {
        SpringApplication.run(Sample52Application.class, args);
    }
}
```

其中指定本项目需要注册到Eureka Server中,并启用服务发现功能和Ribbon客户端。Ribbon配置类RibbonConfig的定义如下:

```java
@Configuration
public class RibbonConfig
    @Bean
    public IRule iRule() {
        return new RandomRule();
    }
}
```

其中指定Ribbon的负载均衡算法为随机负载均衡算法。

在com.example.Sample5_2.controller包下创建类TestController,并在其中调用User服务的/user/details接口,获取用户列表,代码如下:

```java
@RestController
@RequestMapping("/test")
public class TestController {
    @Autowired
    LoadBalancerClient loadBalancerClient;
    @RequestMapping("/userdetails")
    public String userdetails(@RequestParam(value = "userName", required = true) String _username) {
        ServiceInstance serviceInstance = loadBalancerClient.choose("UserService");
        String url = "http://" + serviceInstance.getHost() + ":" + serviceInstance.getPort() + "/user/details?userName="+ _username;
        System.out.println("url="+url);
        RestTemplate restTemplate = new RestTemplate();
        User u = restTemplate.getForObject(url, User.class);
        if (u == null)
            return "没有找到用户记录";
        else
            return u.toString();
    }
}
```

程序首先调用loadBalancerClient.choose()方法以获取一个User服务的实例serviceInstance,并根据实例serviceInstance中包含的实例地址和实例端口号构建调用接口的URL(这里是/user/details),然后使用RestTemplate对象调用接口,得到User对象。

在application.yml中添加注册到Eureka Server中的代码,具体如下:

```yaml
eureka:
  client:
    service-url:
      defaultZone: http://eurekaserver-master:1111/eureka/, http://eurekaserver-slave:2222/eureka/
  instance:
    prefer-ip-address: true
```

运行项目,然后打开浏览器,访问如下URL,结果如图5.5所示。

```
http://localhost:8080/test/userdetails?userName=zhangsan
```

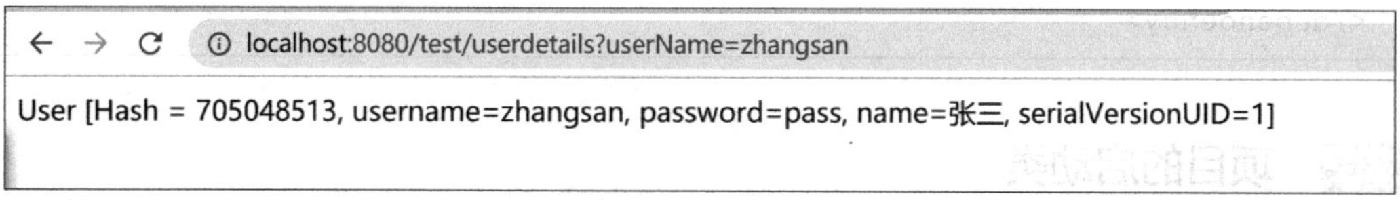

图 5.5 例 5.2 的访问结果

可以看到,网页中显示了用户zhangsan的详细信息。在Console窗格中,可以看到通过负载均衡算法构建调用接口的URL,每次刷新页面都会构建不同服务实例的URL,具体如图5.6所示。

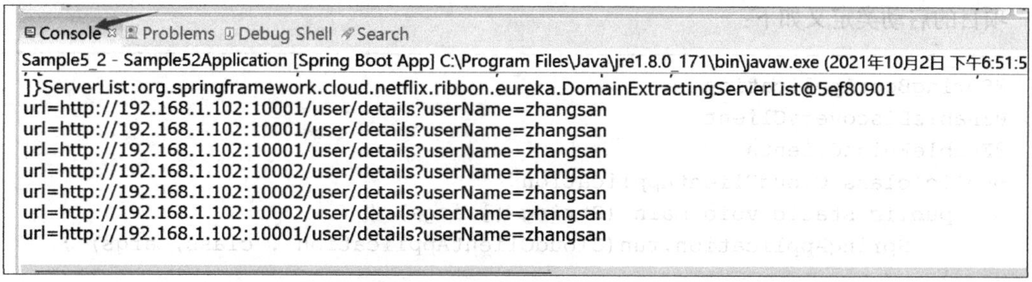

图 5.6 在 Console 窗格中查看通过负载均衡算法构建调用接口的 URL

# 5.3 Spring Cloud Feign

Feign是Spring Cloud框架中另一种调用RESTful接口的方法,Feign可以实现声明式的服务调用,在程序中可以实现像调用本地方法一样调用接口。实际上Feign的底层也是使用Ribbon的,相当于对Ribbon的封装。因此,Feign也天然地支持负载均衡功能。

## 5.3.1 添加Feign依赖

在使用Feign组件之前,需要在pom.xml中添加Feign依赖,代码如下:

```xml
<dependency>
    <groupId>org.springframework.cloud</groupId>
    <artifactId>spring-cloud-starter-openfeign</artifactId>
```

```
        </dependency>
```

使用Feign组件的前提是进行Web开发并注册到Eureka Server。因此，在pom.xml中还需要添加spring-boot-starter-web依赖和spring-cloud-starter-netflix-eureka-client依赖，代码如下：

```
<dependency>
    <groupId>org.springframework.boot</groupId>
    <artifactId>spring-boot-starter-web</artifactId>
</dependency>
<!--服务客户端-->
<dependency>
    <groupId>org.springframework.cloud</groupId>
    <artifactId>spring-cloud-starter-netflix-eureka-client</artifactId>
</dependency>
```

### 5.3.2 项目的启动类

在需要使用Spring Cloud Feign的项目的启动类定义中，应该使用@EnableFeignClients注解指定项目自动扫描所有的@FeignClient注解。@FeignClient注解在接口上使用，用于定义一个对服务接口进行Feign调用的客户端，具体情况将在5.3.3小节中介绍。

项目的启动类定义如下：

```
@SpringBootApplication
@EnableDiscoveryClient
@EnableFeignClients
public class CloudClientApplication {
    public static void main (String [] args) {
        SpringApplication.run(CloudClientApplication . class, args) ;
    }
}
```

### 5.3.3 @FeignClient注解

@FeignClient注解定义在接口上，指定在接口中的方法上以Feign组件调用RESTful接口的方法。例如，下面的代码可以定义一个调用User服务的接口。

```
@FeignClient (name = "UserService")
public interface UserClient {
    @RequestMapping(value = "/user/sayHi")
    public String hello();
}
```

属性name用于指定要调用的服务提供者的应用名称，实际上就是服务ID，其在服务提供者应用的application.yml中通过spring.application.name配置项来定义。

当调用接口UserClient的hello()方法时，实际上相当于调用User服务的/user/sayHi接口。

【例5.3】通过Feign组件调用User服务查询用户列表。

创建一个Spring Starter项目,项目名为Sample5_3。在pom.xml中引用spring-boot-starter-web、spring-cloud-starter-netflix-eureka-client和spring-cloud-starter-openfeign依赖,用于开发Web应用程序。

```xml
<dependencies>
    <dependency>
        <groupId>org.springframework.boot</groupId>
        <artifactId>spring-boot-starter-web</artifactId>
    </dependency>
    <dependency>
        <groupId>org.springframework.cloud</groupId>
        <artifactId>spring-cloud-starter-netflix-eureka-client</artifactId>
    </dependency>
    <dependency>
        <groupId>org.springframework.cloud</groupId>
        <artifactId>spring-cloud-starter-openfeign</artifactId>
    </dependency>
    ……
</dependencies>
```

项目的启动类定义如下:

```
@SpringBootApplication
@EnableDiscoveryClient
@EnableFeignClients
public class Sample53Application {
    public static void main(String[] args) {
        SpringApplication.run(Sample53Application.class, args);
    }
}
```

其中指定本项目需要注册到Eureka Server中,并启用服务发现功能和Feign客户端。

在com.example.Sample5_3.service包下创建接口UserClient,并在其中通过Feign组件调用User服务的/user/sayHi接口,代码如下:

```
@FeignClient (name = "UserService")
public interface UserClient {
    @RequestMapping(value = "/user/sayHi")
    public String hello();
}
```

接口UserClient不需要定义实现类,因为Feign组件会自动实现接口。

在com.example.Sample5_3.controller包下创建类TestController,并在其中通过Feign组件调用User服务的/user/sayHi接口,代码如下:

```
@RestController
@RequestMapping("/test")
public class TestController {
    @Autowired
    private UserClient userClient;
    @RequestMapping("/sayHi")
    public String hello() {
```

```
            return userClient.hello();
        }
    }
```

程序定义了一个UserClient对象userClient，并通过return userClient.hello()调用了User服务的/user/sayHi接口。

在application.yml中添加注册到Eureka Server中的代码，具体如下：

```
eureka:
  client:
    service-url:
      defaultZone: http://eurekaserver-master:1111/eureka/, http://eurekaserver-slave:2222/eureka/
    instance:   prefer-ip-address: true
```

运行项目，然后打开浏览器，访问如下URL，结果如图5.7所示。刷新页面，可以看到User服务的端口是动态变化的。由此可见，Feign组件可以实现负载均衡的效果。

```
http://localhost:8080/test/sayHi
```

 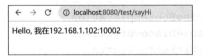

图 5.7　例 5.3 的访问结果

## 本章小结

本章首先介绍了如何为开发服务消费者程序准备服务提供者实例环境——对第4章介绍的User服务进行适当的改造，使其可以返回服务实例的信息，并为User服务部署多个实例，以便演示服务调用的负载均衡效果；其次介绍了客户端负载均衡工具Spring Cloud Ribbon组件和Spring Cloud Feign组件的使用方法。

本章的主要目的是使读者了解微服务架构中服务消费者程序的工作原理和编程方法。通过学习本章内容，读者可以自己开发基于Spring Cloud微服务架构的服务消费者程序。

## 习题 5

**一、选择题**

1. 下面属于负载均衡软件的是（　　）。
   A. NetScaler            B. F5
   C. Radware              D. LVS

2. （　　）是Ribbon的默认负载均衡算法。
   A. RoundRobinRule　　　　　　　B. RandomRule
   C. BestAvailableRule　　　　　　D. RetryRule

## 二、填空题

1. 负载均衡可以分为__【1】__和__【2】__两种类型。
2. 软件负载均衡可以分为__【3】__和__【4】__两种类型。
3. 调用LoadBalancerClient对象的__【5】__方法可以根据负载均衡算法从服务列表中选择一个服务。
4. __【6】__可以实现声明式的服务调用。

## 三、简答题

1. 简述硬件负载均衡的优势与不足。

# 第 6 章 认证服务开发

微服务架构的主要职责是提供对数据资源的查询和操作能力。出于数据安全方面的考虑，必须对微服务架构的访问者（消费者）进行身份验证。本章介绍如何开发Spring Cloud微服务架构的认证服务。

## 6.1 微服务架构的安全认证

认证是指对需要调用微服务架构中API的用户（应用程序）进行身份认证。通过认证后，才可以成功调用API。Spring Cloud微服务架构借助Spring Security和Spring Cloud OAuth 2.0可以搭建基于access token（访问令牌）的安全认证机制。

### 6.1.1 认证服务器的作用

认证服务器负责微服务架构的边界安全，也就是说没有通过认证服务器身份验证的访问者将无法调用微服务架构中的接口。认证服务器在微服务架构中的作用如图6.1所示。

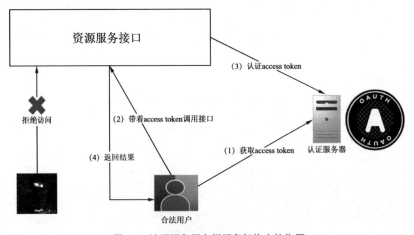

图 6.1 认证服务器在微服务架构中的作用

未经过认证服务器身份认证的非法用户（应用）将被资源服务拒绝访问。合法用户（应用）调用资源服务接口的过程如下。

（1）认证服务器进行身份认证，通过后获取access token。
（2）以access token为参数调用资源服务接口。
（3）资源服务对access token进行认证。
（4）确认访问者是否有调用接口的权限，若有，则执行接口程序，并返回结果。

认证服务器进行身份认证的方法将在6.2节介绍。

## 6.1.2 OAuth 2.0概述

OAuth 2.0是对用户进行身份认证和获取用户授权的标准协议，它使第三方应用能够以安全且标准的方式获取该用户在某一网站、移动应用或桌面应用上存储的私密资源（如用户个人信息、照片、视频、联系人列表等），而无须将用户名和密码提供给第三方应用。

**1．微信通过OAuth 2.0进行授权的案例**

一个通过OAuth 2.0进行授权的经典案例就是，有些第三方网页通过OAuth 2.0获取当前微信用户的一些信息，包括昵称、头像、地区和性别等。而要获取用户信息，就要通过用户授权。当用户在微信中访问集成OAuth 2.0授权功能的网页时，会出现类似图6.2所示的页面，即要求用户确认登录。

在微信公众平台中使用OAuth 2.0实现用户授权的过程如图6.3所示。

图6.2 微信应用授权页面

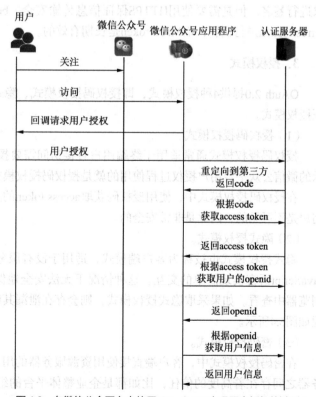

图6.3 在微信公众平台中使用OAuth 2.0实现用户授权的过程

具体过程如下。
（1）用户关注微信公众号。
（2）微信公众号为来访的用户提供微信公众号应用程序的入口。
（3）用户访问微信公众号应用程序，其中包含请求授权的页面。
（4）用户访问请求授权的页面，并向认证服务器发起用户授权请求。
（5）认证服务器询问用户是否同意授权给微信公众号应用程序。
（6）用户同意授权。
（7）认证服务器通过回调将code传给微信公众号应用程序。
（8）微信公众号应用程序根据code获取access token。
（9）认证服务器通过回调将access token传给微信公众号应用程序。
（10）微信公众号应用程序根据access token获取用户的openid。
（11）认证服务器通过回调将openid传给微信公众号应用程序。
（12）微信公众号应用程序根据openid获取用户信息。
（13）认证服务器通过回调将用户信息传给微信公众号应用程序。

### 2．access token

在前文介绍实现用户授权的过程中有一个关键的概念，即access token。access token简称token，即令牌，是由认证服务器生成的一个字符串，作为授予客户端应用的一个临时的密钥，表示客户端应用已经通过身份认证。

access token可以分为bearer token和MAC token两种类型。bearer token比较简单，不需要对请求进行签名，但是需要使用HTTPS保证信息传输安全。bearer token有有效期，过期后可以使用refresh token进行刷新；而MAC token是长期有效的。

### 3．授权模式

OAuth 2.0提供4种授权模式，即授权码授权模式、隐式授权模式、密码授权模式和客户端凭证授权模式。

（1）授权码授权模式。

授权码授权模式通常适用于终端用户直接访问需要授权的应用网页这种应用场景。图6.3所示的微信公众平台用户授权过程使用的就是授权码授权模式。

在授权码授权模式中，使用授权码获取access token的过程在客户端的后台服务器上进行，对用户是不可见的，因此是非常安全的。

（2）隐式授权模式。

隐式授权模式也被称为客户端模式，适用于没有服务器程序的应用，例如在静态页面使用JavaScript语言实现简单的交互。这种情况下无法安全地保管应用的密钥，因为前端代码可以在浏览器中查看。如果采取隐式授权模式，则会存在泄漏其应用密钥的可能性。隐式授权模式的流程如图6.4所示。

（3）密码授权模式。

在密码授权模式中，客户端直接使用资源服务器的用户名和密码。也就是说客户端和资源服务器之间存在着高度的信任，比如都是企业整体平台的组成部分。密码授权模式的流程如图6.5所示。

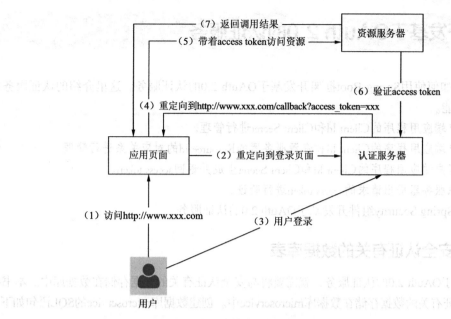

图 6.4　隐式授权模式的流程

图 6.5　密码授权模式的流程

（4）客户端凭证授权模式。

在客户端凭证授权模式中，客户端用自己的客户端凭证去请求获取access token。客户端凭证包括Client Id和Client Secret，Client Id用于标识一个需要访问资源服务器的客户端应用程序，Client Secret相当于客户端应用程序的密码。每个资源服务器都有唯一的Resource Id。当客户端应用程序使用Client Id和Client Secret向认证服务器申请access token时，认证服务器会依据下面的逻辑决定是否发放access token。

- Client Id是否标识一个有效的客户端应用程序。
- Client Id标识的客户端应用程序的Client Secret是否正确。

资源服务器接收到访问请求时，会使用自己的Resource Id和请求者提供的access token去认证服务器进行认证。认证服务器会依据下面的逻辑判断申请者是否有权限访问资源服务器。

- access token是否有效。
- access token对应的Client Id所标识的客户端应用程序是否具有对Resource Id标识的资源服务器的访问权限。

## 6.2 开发基于OAuth 2.0的认证服务

本节介绍如何使用Spring Boot框架开发基于OAuth 2.0的认证服务。这里介绍的认证服务可以实现如下功能。
- 对客户端应用程序的Client Id和Client Secret进行管理。
- 对客户端应用程序的Client Id和资源服务器的Resource Id的对应关系进行管理。
- 根据客户端应用程序的Client Id和Client Secret生成并返回access token。
- 对资源服务器提出请求的access token进行验证。

可以利用Spring Security组件开发基于OAuth 2.0的认证服务。

### 6.2.1 与安全认证有关的数据库表

要开发基于OAuth 2.0的认证服务，就需要将与安全认证有关的数据存储在数据库中。本书指定将与安全认证有关的数据存储在数据库microservice中。创建数据库microservice的SQL语句如下：

```
create database 'microservice'
DEFAULT CHARACTER SET utf8 COLLATE utf8_general_ci;
```

与安全认证有关的数据库表如下。

#### 1. 表oauth_client_details

该表用于保存服务消费者（客户端应用程序）的身份数据，结构如表6.1所示。

表6.1　　　　　　　　　　　表oauth_client_details的结构

| 字段名 | 数据类型 | 说明 |
| --- | --- | --- |
| client_id | varchar (48) | 主键，标识一个客户端应用程序（服务消费者） |
| resource_ids | varchar (256) | 客户端应用程序有权限访问的资源ID集合，以逗号分隔 |
| client_secret | varchar (256) | 客户端应用程序的密码 |
| scope | varchar (256) | 客户端应用程序的权限范围，比如读写权限 |
| authorized_grant_types | varchar (256) | OAuth 2.0的授权模式，可选值为authorization_code（授权码授权模式）、password（密码授权模式）、implicit（隐式授权模式）、client_credentials（客户端凭证授权模式） |
| web_server_redirect_uri | varchar (256) | 客户端重定向URI。当授权模式为authorization_code或implicit时会用到此字段 |
| authorities | varchar (256) | 指定用户的权限范围。当授权模式为client_credentials或implicit时会用到此字段 |
| access_token_validity | int (11) | 设置access token的有效时间，单位为s |
| refresh_token_validity | int (11) | 设置refresh token的有效时间，单位为s |
| additional_information | varchar (4096) | 备注信息，值必须是JSON格式的 |
| autoapprove | varchar (256) | 可选值为true或false，适用于授权码授权模式，用于设置用户是否自动批准操作。设置true则用户可以跳过用户确认授权操作页面，而直接跳到web_server_redirect_uri |

在MySQL数据库中创建表oauth_client_details的SQL语句如下：

```sql
USE microservice;
CREATE TABLE 'oauth_client_details' (
  'client_id' varchar(48) CHARACTER SET utf8 COLLATE utf8_general_ci NOT NULL,
  'resource_ids' varchar(256) CHARACTER SET utf8 COLLATE utf8_general_ci NULL DEFAULT NULL,
  'client_secret' varchar(256) CHARACTER SET utf8 COLLATE utf8_general_ci NULL DEFAULT NULL,
  'scope' varchar(256) CHARACTER SET utf8 COLLATE utf8_general_ci NULL DEFAULT NULL,
  'authorized_grant_types' varchar(256) CHARACTER SET utf8 COLLATE utf8_general_ci NULL DEFAULT NULL,
  'web_server_redirect_uri' varchar(256) CHARACTER SET utf8 COLLATE utf8_general_ci NULL DEFAULT NULL,
  'authorities' varchar(256) CHARACTER SET utf8 COLLATE utf8_general_ci NULL DEFAULT NULL,
  'access_token_validity' int(11) NULL DEFAULT NULL,
  'refresh_token_validity' int(11) NULL DEFAULT NULL,
  'additional_information' varchar(4096) CHARACTER SET utf8 COLLATE utf8_general_ci NULL DEFAULT NULL,
  'autoapprove' varchar(256) CHARACTER SET utf8 COLLATE utf8_general_ci NULL DEFAULT NULL,
  PRIMARY KEY ('client_id') USING BTREE
) ENGINE = InnoDB CHARACTER SET = utf8 COLLATE = utf8_general_ci ROW_FORMAT = Dynamic;
INSERT INTO 'oauth_client_details' VALUES ('test', '', '132456', 'all', 'client_credentials', NULL, 'ROLE_TRUSTED_CLIENT', NULL, 3600, NULL, NULL);
```

这里插入了一条默认记录，client_id为test，client_secret为123456。本章后面将会使用此记录获取access token。

### 2．表oauth_access_token

该表用于保存access token数据，结构如表6.2所示。

表6.2　　　　　　　　　　　　　　表oauth_access_token的结构

| 字段名 | 数据类型 | 说明 |
| --- | --- | --- |
| token_id | varchar (48) | 将access token的值通过MD5加密后再进行存储的字符串 |
| token | blob | 真实的access token数据值 |
| authentication_id | varchar (128) | 主键，根据当前的user_name、client_id和scope通过MD5加密生成 |
| user_name | varchar (256) | 登录时用的用户名，如果采用客户端凭证授权模式，则该值等于client_id |
| client_id | varchar (256) | 申请access token的客户端ID |
| authentication | blob | 存储OAuth2Authentication对象序列化后得到的二进制数据 |
| refresh_token | varchar (256) | 存储将refresh token的值通过MD5加密后的数据 |

在MySQL数据库中创建表oauth_access_token的SQL语句如下：

```sql
USE microservice;
DROP TABLE IF EXISTS 'oauth_access_token';
CREATE TABLE 'oauth_access_token' (
  'token_id' varchar(48) CHARACTER SET utf8 COLLATE utf8_general_ci NULL
    DEFAULT NULL,
  'token' blob NULL,
  'authentication_id' varchar(128) CHARACTER SET utf8 COLLATE utf8_
    general_ci NOT NULL,
  'user_name' varchar(256) CHARACTER SET utf8 COLLATE utf8_general_ci NULL
    DEFAULT NULL,
  'client_id' varchar(256) CHARACTER SET utf8 COLLATE utf8_general_ci NULL
    DEFAULT NULL,
  'authentication' blob NULL,
  'refresh_token' varchar(256) CHARACTER SET utf8 COLLATE utf8_general_ci
    NULL DEFAULT NULL,
  PRIMARY KEY ('authentication_id') USING BTREE
) ENGINE = InnoDB CHARACTER SET = utf8 COLLATE = utf8_general_ci ROW_
FORMAT = Dynamic;
```

### 3．表refresh_token

该表用于保存refresh token数据，结构如表6.3所示。

表6.3　　　　　　　　　　　　　　　　表refresh_token的结构

| 字段名 | 数据类型 | 说明 |
| --- | --- | --- |
| token_id | varchar(48) | 主键，将access token的值通过MD5加密后再进行存储的字符串 |
| token | blob | 真实的access token数据值 |
| authentication | blob | 存储OAuth2Authentication对象序列化后得到的二进制数据 |

在MySQL数据库中创建表refresh_token的SQL语句如下：

```sql
USE microservice;
DROP TABLE IF EXISTS 'refresh_token';
CREATE TABLE 'refresh_token' (
  'token_id' varchar(48) CHARACTER SET utf8 COLLATE utf8_general_ci NULL
    DEFAULT NULL,
  'token' blob NULL,
  'authentication' blob NULL,
  PRIMARY KEY ('token_id') USING BTREE
) ENGINE = InnoDB CHARACTER SET = utf8 COLLATE = utf8_general_ci ROW_FORMAT = Dynamic;
```

### 4．表oauth_approvals

该表用于保存用户和客户端应用程序的授权数据，结构如表6.4所示。

表6.4　　　　　　　　　　　　　　　表oauth_approvals的结构

| 字段名 | 数据类型 | 说明 |
| --- | --- | --- |
| userId | varchar (256) | 用户名 |
| clientId | varchar (256) | 标识一个客户端应用程序（服务消费者）的ID |
| scope | varchar (256) | 用户的权限范围，比如读写权限 |
| status | varchar (10) | 授权记录的状态 |
| expiresAt | datetime(0) | 失效时间 |
| lastModifiedAt | datetime(0) | 最后修改时间 |

在MySQL数据库中创建表oauth_approvals的SQL语句如下：

```
USE microservice;
DROP TABLE IF EXISTS 'oauth_approvals';
CREATE TABLE 'oauth_approvals' (
  'userId' varchar(256) CHARACTER SET utf8 COLLATE utf8_general_ci NULL
DEFAULT NULL,
  'clientId' varchar(256) CHARACTER SET utf8 COLLATE utf8_general_ci NULL
DEFAULT NULL,
  'scope' varchar(256) CHARACTER SET utf8 COLLATE utf8_general_ci NULL
DEFAULT NULL,
  'status' varchar(10) CHARACTER SET utf8 COLLATE utf8_general_ci NULL
DEFAULT NULL,
  'expiresAt' datetime(0) NULL DEFAULT NULL,
  'lastModifiedAt' datetime(0) NULL DEFAULT NULL
) ENGINE = InnoDB CHARACTER SET = utf8 COLLATE = utf8_general_ci ROW_
FORMAT = Dynamic;
```

本章案例并没有用到该表。

**5．表oauth_code**

该表用于保存用户的授权码数据，结构如表6.5所示。

表6.5　　　　　　　　　　　　　　　表oauth_code的结构

| 字段名 | 数据类型 | 说明 |
| --- | --- | --- |
| code | varchar (256) | 授权码 |
| authentication | blob | 授权码中所包含的身份认证信息 |

在MySQL数据库中创建表oauth_code的SQL语句如下：

```
DROP TABLE IF EXISTS 'oauth_code';
CREATE TABLE 'oauth_code' (
  'code' varchar(256) CHARACTER SET utf8 COLLATE utf8_general_ci NULL DEFAULT NULL,
  'authentication' blob NULL
) ENGINE = InnoDB CHARACTER SET = utf8 COLLATE = utf8_general_ci ROW_FORMAT = Dynamic;
```

本章案例并没有用到该表。

### 6. 表springcloud_user

表springcloud_user并不是Spring Security直接操作的数据库表，而是自定义的、用于保存应用系统用户数据的表，结构如表6.6所示。

表6.6　　　　　　　　　　　　　表springcloud_user的结构

| 字段名 | 数据类型 | 说明 |
| --- | --- | --- |
| id | int(11) | 主键，自增ID |
| username | varchar(255) | 用户名 |
| password | varchar(255) | 密码 |
| phone | varchar(255) | 用户电话 |
| email | varchar(255) | 用户电子邮箱 |
| create_time | datetime(0) | 创建用户记录的时间 |

在MySQL数据库中创建表springcloud_user的SQL语句如下：

```sql
USE microservice;
DROP TABLE IF EXISTS 'springcloud_user';
CREATE TABLE 'springcloud_user'  (
  'id' int(11) NOT NULL AUTO_INCREMENT,
  'username' varchar(255) CHARACTER SET utf8 COLLATE utf8_general_ci NULL DEFAULT NULL,
  'password' varchar(255) CHARACTER SET utf8 COLLATE utf8_general_ci NULL DEFAULT NULL,
  'phone' varchar(255) CHARACTER SET utf8 COLLATE utf8_general_ci NULL DEFAULT NULL,
  'email' varchar(255) CHARACTER SET utf8 COLLATE utf8_general_ci NULL DEFAULT NULL,
  'create_time' datetime(0) NULL DEFAULT NULL,
  PRIMARY KEY ('id') USING BTREE
) ENGINE = InnoDB AUTO_INCREMENT = 2 CHARACTER SET = utf8 COLLATE = utf8_general_ci ROW_FORMAT = Dynamic;
```

本章案例虽然没有直接用到该表，但是作为完整的OAuth 2.0认证服务还是需要支持用户验证的。

### 7. 表springcloud_user_role

表springcloud_user_role也不是Spring Security直接操作的数据库表，而是自定义的、用于保存应用系统用户与角色对应关系的表，结构如表6.7所示。

本书采用客户端凭证授权模式，故不对终端用户进行授权。如果采用授权码授权模式或密码授权模式，则会使用用户和角色相关的表。由于篇幅所限，本书没有具体介绍角色表，只是以用户和角色的对应关系表springcloud_user_role来代替。

表6.7 表springcloud_user_role的结构

| 字段名 | 数据类型 | 说明 |
|---|---|---|
| id | int(11) | 主键，自增ID |
| role_id | int(11) | 角色表中的ID |
| user_id | int(11) | 用户表中的ID |

在MySQL数据库中创建表springcloud_user_role的SQL语句如下：

```
USE microservice;
DROP TABLE IF EXISTS 'springcloud_user_role';
CREATE TABLE 'springcloud_user_role' (
  'id' int(11) NOT NULL AUTO_INCREMENT,
  'role_id' int(11) NULL DEFAULT NULL,
  'user_id' int(11) NULL DEFAULT NULL,
  PRIMARY KEY ('id') USING BTREE
) ENGINE = InnoDB AUTO_INCREMENT = 1 CHARACTER SET = utf8 COLLATE = utf8_general_ci ROW_FORMAT = Dynamic;
SET FOREIGN_KEY_CHECKS = 1;
```

本章案例没有直接用到该表。

## 6.2.2 认证服务项目

本章案例是一个Spring Starter项目，项目名为auth_server。在pom.xml中，定义Spring Boot版本的代码如下：

```xml
<parent>
    <groupId>org.springframework.boot</groupId>
    <artifactId>spring-boot-starter-parent</artifactId>
    <version>1.3.5.RELEASE</version>
    <relativePath/> <!--lookup parent from repository-->
</parent>
```

本案例使用的Spring Boot版本为1.3.5.RELEASE。
在pom.xml中，定义Spring Cloud版本的代码如下：

```xml
<properties>
    <java.version>1.8</java.version>
    <spring-cloud.version>Camden.SR2</spring-cloud.version>
</properties>
```

本案例使用的Spring Cloud版本为Camden.SR2。
在pom.xml中添加如下代码：

```xml
<dependencies>
    <!--Spring Boot安全组件-->
    <dependency>
```

```xml
            <groupId>org.springframework.boot</groupId>
            <artifactId>spring-boot-starter-security</artifactId>
        </dependency>
        <!--Spring Boot Web组件-->
        <dependency>
            <groupId>org.springframework.boot</groupId>
            <artifactId>spring-boot-starter-web</artifactId>
        </dependency>
        <!--Spring Boot数据库组件-->
        <dependency>
            <groupId>org.springframework.boot</groupId>
            <artifactId>spring-boot-starter-jdbc</artifactId>
        </dependency>
        <!--DBCP2数据库连接池-->
        <dependency>
            <groupId>org.apache.commons</groupId>
            <artifactId>commons-dbcp2</artifactId>
        </dependency>
        <!-- MyBatis -->
        <dependency>
            <groupId>org.mybatis.spring.boot</groupId>
            <artifactId>mybatis-spring-boot-starter</artifactId>
            <version>1.1.1</version>
        </dependency>
        <!--访问MySQL数据库的组件-->
        <dependency>
            <groupId>mysql</groupId>
            <artifactId>mysql-connector-java</artifactId>
            <version>5.1.48</version>
        </dependency>
        <!--测试访问MySQL数据库的组件-->
        <dependency>
            <groupId>org.springframework.boot</groupId>
            <artifactId>spring-boot-starter-test</artifactId>
            <scope>test</scope>
        </dependency>
        <dependency>
            <groupId>org.springframework.security</groupId>
            <artifactId>spring-security-test</artifactId>
            <scope>test</scope>
        </dependency>
        <!--OAuth 2.0组件-->
        <dependency>
            <groupId>org.springframework.security.oauth</groupId>
            <artifactId>spring-security-oauth2</artifactId>
            <version>2.3.4.RELEASE</version>
        </dependency>
    </dependencies>
```

其中包含安全组件、Web组件、数据库组件等，请读者参照注释进行理解。

### 6.2.3 启动类

认证服务的启动类定义如下:

```
@SpringBootApplication
@EnableAuthorizationServer
@MapperScan("com.microservice.auth_server.repository")
public class AuthServerApplication {
    public static void main(String[] args) {
        SpringApplication.run(AuthServerApplication.class, args);
    }
}
```

@EnableAuthorizationServer注解用于指定启用认证服务的相关机制。@MapperScan注解用于指定扫描DAO接口的位置。本案例中将DAO接口保存在com.microservice.auth_server.repository包下,具体情况将在6.2.5小节介绍。

### 6.2.4 MyBatis配置

本案例中,通过配置类MyBatisConfiguration来设置MyBatis的属性,代码如下:

```
@Configuration
public class MyBatisConfiguration {
    @Bean
    @Autowired
    @ConditionalOnMissingBean
    public SqlSessionFactoryBean sqlSessionFactory(DataSource dataSource)
    throws IOException {
        SqlSessionFactoryBean sqlSessionFactoryBean = new SqlSessionFactoryBean();
        // 设置数据源
        sqlSessionFactoryBean.setDataSource(dataSource);
        // 设置实体类所在的包
        sqlSessionFactoryBean.setTypeAliasesPackage("com.microservice.auth_server.bean");
        // 设置mapper映射文件所在的路径
        PathMatchingResourcePatternResolver pathMatchingResourcePatternResolver = new PathMatchingResourcePatternResolver();
        String packageSearchPath = "classpath*:com/microservice/auth_server/mapper/**.xml";
        sqlSessionFactoryBean
                .setMapperLocations(pathMatchingResourcePatternResolver
                        .getResources(packageSearchPath));
        return sqlSessionFactoryBean;
    }
}
```

具体说明如下。

(1)程序实例化一个SqlSessionFactoryBean对象,即sqlSessionFactoryBean。
(2)通过sqlSessionFactoryBean对象来设置数据源。

（3）通过sqlSessionFactoryBean对象来设置实体类所在的包为com.microservice.auth_server.bean。

（4）通过sqlSessionFactoryBean对象来设置mapper映射文件所在的路径为classpath*:com/microservice/auth_server/mapper/**.xml。

### 6.2.5 用户管理的实现

微服务架构的认证服务器并不针对具体的终端用户进行身份认证，因为微服务架构的访问者实际上是应用程序，其会通过客户端凭证授权模式进行授权以获取access token。但是作为一个完整的OAuth 2.0认证服务，需要自定义对应用程序终端用户授权管理的方法。

**1．实体类**

在本案例中，与数据库表对应的实体类保存在包com.microservice.auth_server.bean下。类User对应表springcloud_user，类Role对应表springcloud_user_role。实体类的属性与表的字段是一一对应的。这里不再具体介绍实体类的代码。

**2．DAO接口**

在本案例中，DAO接口保存在包com.microservice.auth_server.repository下。本案例只有一个DAO接口，即UserRepository，用于实现对表springcloud_user的访问，代码如下：

```
@Mapper
public interface UserRepository {
    User findByUsername(String username);
}
```

UserRepository接口中只包含一个findByUsername()方法，用于根据用户名获取对应的用户对象。findByUsername()方法在user-mapper.xml中的实现如下：

```
<select id="findByUsername" parameterType="java.lang.String"
    resultMap="UserResultMap">
    <![CDATA[
    select * from springcloud_user where username = #{username}
    ]]>
</select>
```

可以看到，代码中使用select语句从表springcloud_user中查询username = #{username}的用户记录。

**3．Service接口和Service类**

在本案例中，Service接口保存在包com.microservice.auth_server.service下。本案例只有一个Service接口，即UserService，代码如下：

```
public interface UserService {
    User getUser(String username);
}
```

在本案例中，Service类保存在包com.microservice.auth_server.service.Impl下。本案例只有一个Service类，即UserServiceImpl，代码如下：

```java
@Service
public class UserServiceImpl  implements UserService {
    static org.slf4j.Logger logger = LoggerFactory.getLogger(UserServiceImpl.class);
    @Autowired
    private UserRepository userRepository;
    @Autowired
    private JdbcTemplate jdbcTemplate;
    @Override
    public User getUser(String username) {
        return userRepository.findByUsername(username);
    }
}
```

UserServiceImpl类可以实现UserService接口，通过DAO接口访问表springcloud_user，根据用户名获取对应的用户对象。

### 4．UserDetailsServiceImpl类

UserDetailsServiceImpl类可以实现UserDetailsService接口。UserDetailsService是Spring Security组件中定义的接口，Spring Security组件利用它来验证用户名、密码和授权。因为用户与权限管理属于上层应用，所以需要在上层应用实现UserDetailsService接口。

UserDetailsServiceImpl类的代码如下：

```java
@Service
public class UserDetailsServiceImpl implements UserDetailsService {
    @Autowired
    private UserService userService;
    @Override
    public UserDetails loadUserByUsername(String username)
    throws UsernameNotFoundException {
        User user = userService.getUser(username);
        if (user == null || user.getId() < 1) {
            throw new UsernameNotFoundException("Username not found: "
                + username);
        }
        return new org.springframework.security.core.userdetails.User(
            user.getUsername(), user.getPassword(), true, true, true, true,
            getGrantedAuthorities(user));
    }
    private Collection<? extends GrantedAuthority> getGrantedAuthorities(
    User user) {
        Set<GrantedAuthority> authorities = new HashSet<GrantedAuthority>();
        for (Role role : user.getRoles()) {
            authorities.add(new SimpleGrantedAuthority("ROLE_" + role.getName()));
        }
        return authorities;
    }
}
```

其中通过userService对象实现了对表springcloud_user的操作。UserDetailsServiceImpl类中包含2个方法，具体说明如下。

- loadUserByUsername()：根据用户名查询用户详情，返回UserDetails对象。
- getGrantedAuthorities()：根据User对象获取用户权限数据，返回Set<GrantedAuthority>对象，这就是用户权限数据的集合。

## 6.2.6 安全配置类

为了实现OAuth 2.0认证服务，需要在项目中添加下面2个安全配置类，它们都保存在com.microservice.auth_server.configuration包下。

### 1．Oauth2AuthorizationServerConfiguration类

Oauth2AuthorizationServerConfiguration类继承AuthorizationServerConfigurerAdapter类，用于实现OAuth 2.0认证服务的配置，代码如下：

```
@Configuration
@Component
public class Oauth2AuthorizationServerConfiguration extends
AuthorizationServerConfigurerAdapter {
// 用于进行身份验证的接口
    @Autowired
    private UserDetailsService userDetailsService;
    @Autowired
    private DataSource dataSource;
    @Override
    public void configure(AuthorizationServerSecurityConfigurer security)
    throws Exception {
    // 这对于access token认证很重要，只有具有ROLE_TRUSTED_CLIENT权限的客户端才可
       以通过认证
    // 所以要将表oauth_client_details中客户端记录的authorities字段设置为ROLE_TRUSTED_CLIENT
    // 这样才能使客户端满足条件
        security.checkTokenAccess("hasAuthority('ROLE_TRUSTED_CLIENT')");
    }
    @Override
    public void configure(ClientDetailsServiceConfigurer clients) throws Exception {
    // 数据库管理客户端应用，从dataSource配置的数据源中读取客户端数据
    // 客户端数据都保存在表oauth_client_details中
            clients.withClientDetails(new JdbcClientDetailsService(dataSource));
    }

    // 配置认证服务器的非安全属性，总之一切都通过数据库管理
    @Override
    public void configure(AuthorizationServerEndpointsConfigurer endpoints)
    throws Exception {
    // 用户信息查询服务
        endpoints.userDetailsService(userDetailsService);
        // 数据库管理access token和refresh token
        TokenStore tokenStore = new JdbcTokenStore(dataSource);
```

```java
        // endpoints.tokenStore(tokenStore);
        DefaultTokenServices tokenServices = new DefaultTokenServices();
        tokenServices.setTokenStore(tokenStore);
        tokenServices.setSupportRefreshToken(true);
        tokenServices.setClientDetailsService(new JdbcClientDetailsService
        (dataSource));
        tokenServices.setAccessTokenValiditySeconds(38000);
        // tokenServices.setRefreshTokenValiditySeconds(180);
        endpoints.tokenServices(tokenServices);
        // 数据库管理授权码
        endpoints.authorizationCodeServices(new JdbcAuthorizationCode
        Services(dataSource));
        // 数据库管理授权信息
        ApprovalStore approvalStore = new JdbcApprovalStore(dataSource);
        endpoints.approvalStore(approvalStore);
    }
}
```

该类中的对象说明如下。
- userDetailsService对象用于对终端用户进行身份认证。
- dataSource对象用于根据配置连接数据库。

另外，Oauth2AuthorizationServerConfiguration类中重写了3个configure()方法，它们的参数不同，作用也各不相同，具体说明如下。

- public void configure(AuthorizationServerSecurityConfigurer security)：用来配置令牌端点（token endpoint）的安全约束。本案例中，设置了只有具有ROLE_TRUSTED_CLIENT权限的客户端才可以进行access token认证，所以要将表oauth_client_details中客户端记录的authorities字段设置为ROLE_TRUSTED_CLIENT，这样客户端才能从OAuth 2.0认证服务获取access token。
- public void configure(ClientDetailsServiceConfigurer clients)：用来指定客户端应用的管理方法。本案例中，指定用数据库管理客户端应用，从dataSource配置的数据源中读取客户端数据。前面已经介绍过，客户端数据都保存在表oauth_client_details中。
- public void configure(AuthorizationServerEndpointsConfigurer endpoints)：用来配置授权以及access token的访问端点和令牌服务。本案例中，指定使用数据库管理access token、refresh token和授权码等。

### 2. SecurityConfiguration类

SecurityConfiguration类用于实现安全相关的配置，代码如下：

```java
@EnableWebSecurity
@Component
public class SecurityConfiguration extends WebSecurityConfigurerAdapter {
    // 用户详情服务
    @Autowired
    private UserDetailsService userDetailsService;
    // 密码编码格式
    @Autowired
    private PasswordEncoder passwordEncoder;
    // 使用BCrypt加密
```

```java
    @Bean
    public PasswordEncoder passwordEncoder() {
        return new BCryptPasswordEncoder();
    }
    // 授权方式提供者
    public AuthenticationProvider authenticationProvider() {
        DaoAuthenticationProvider authenticationProvider = new
        DaoAuthenticationProvider();
        authenticationProvider.setUserDetailsService(userDetailsService);
        authenticationProvider.setPasswordEncoder(passwordEncoder);
        authenticationProvider.setHideUserNotFoundExceptions(false);
        return authenticationProvider;
    }
    @Override
    public void configure(WebSecurity web) throws Exception {
        web.ignoring().antMatchers("/css/**", "/js/**", "/fonts/**", "/
        icon/**", "/favicon.ico");
    }
    @Override
    protected void configure(HttpSecurity http) throws Exception {
        http.requestMatchers().antMatchers("/login", "/login-error",
        "/oauth/authorize", "/oauth/token", "/api/userinfo").and()
        .authorizeRequests().antMatchers("/login").permitAll().
        anyRequest().authenticated();
        // 登录页面
        http.formLogin().loginPage("/login").failureUrl("/login-error");
        // 禁用CSRF
        http.csrf().disable();
    }
    @Autowired
    public void configureGlobal(AuthenticationManagerBuilder auth) throws Exception {
        // 设置授权方式
        auth.authenticationProvider(authenticationProvider());
    }
}
```

读者可以参照注释理解代码的功能。

SecurityConfiguration类中最重要的方法是protected void configure(HttpSecurity http)。它用于对所有HTTP访问设置访问权限策略。http.requestMatchers()用于对URL进行匹配，满足参数中指定模式的URL将会继续执行后面的子方法。子方法authorizeRequests()用于请求授权。子方法permitAll()用于指定URL可以被任何用户访问，而无须授权。子方法authenticated()用于指定URL需要授权才可以被访问。子方法antMatchers()可以多次使用，它会按照使用的顺序去匹配URL。被前面antMatchers()匹配的URL将不会被传递到后面的antMatchers()。

本案例中约定的HTTP访问权限策略说明如下。

- 对/login、/login-error、/oauth/authorize、/oauth/token和/api/userinfo请求授权，其中/login允许所有用户访问，而无须授权。
- /login-error、/oauth/authorize、/oauth/token和/api/userinfo都需要通过身份认证才可以被访问。

运行项目，然后打开浏览器，访问如下URL：

```
http://localhost:3333/oauth/token
```

这是获取access token的URL。访问结果如图6.6所示。

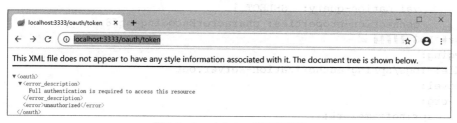

图6.6 /oauth/token 的访问结果

页面中显示"Full authentication is required to access this resource",也就是提示用户进行身份认证后才能访问此URL。身份认证的方法将在6.2.8小节介绍。

## 6.2.7 部署认证服务

本小节介绍在CentOS虚拟机上部署本章开发的OAuth 2.0认证服务的方法。

**1. 发布和配置OAuth 2.0认证服务**

(1)参照2.2.7小节对本项目进行打包,得到auth_server-0.0.1-SNAPSHOT.jar文件。

(2)在CentOS虚拟机上执行下面的命令,在/usr/local/src/microservice文件夹下创建一个名为auth_server的子文件夹。/usr/local/src/microservice文件夹在第3章中已被创建。

```
mkdir /usr/local/src/microservice/auth_server
```

(3)使用WinSCP将auth_server-0.0.1-SNAPSHOT.jar和application.yml分别上传至/usr/local/src/microservice/auth_server。

(4)application.yml的内容如下:

```
server:
  port: 3333
##### Built-in DataSource #####
spring:
  security:
    user:
      name: admin
      password: pass
  datasource:
    url: jdbc:mysql://192.168.1.102:3306/microservice?useUnicode=true&characterEncoding=UTF-8&ampuseSSL=false&autoReconnect=true&failOverReadOnly=false&serverTimezone=UTC
    username: root
    password: Abc_123456
    driver-class-name: com.mysql.jdbc.Driver
    type: org.apache.commons.dbcp2.BasicDataSource
    dbcp2:
      initial-size: 5
```

```
          max-active: 25
          max-idle: 10
          min-idle: 5
          max-wait-millis: 10000
          validation-query:    SELECT 1
          connection-properties: characterEncoding=utf8
##### LOG #####
logging:
  file: logs/spring-authorization-server.out
  level:
    org:
      springframework:
        web: INFO
    root: INFO
##### Thymeleaf #####
  thymeleaf:
    cache: false          # 热部署静态文件
    encoding: UTF-8       # 编码
    mode: HTML5           # 使用HTML5标准
```

请根据实际情况配置数据库连接。

**2．运行OAuth 2.0认证服务**

使用PuTTY远程连接CentOS虚拟机，然后执行如下命令，能以Jar包的形式运行OAuth 2.0认证服务。

```
cd /usr/local/src/microservice/auth_server
java -jar auth_server-0.0.1-SNAPSHOT.jar
```

### 6.2.8 使用Postman获取access token

OAuth 2.0认证服务已经部署好了。本小节介绍使用Postman模拟获取access token的方法。

运行Postman，选择POST方法，并在URL文本框中填写如下URL：

```
http://192.168.1.102:3333/oauth/token
```

选择Authorization选项卡，然后在TYPE下拉列表中选择Basic Auth，在Username文本框中填写test，在Password文本框中填写123456，如图6.7所示。

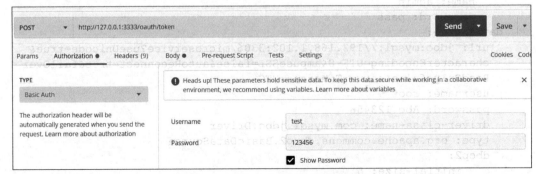

图6.7　在 Postman 中配置身份验证信息 1

这里的Username和Password应存在于表oauth_client_details中。

选择Body选项卡，然后选中form-data，参照表6.8填写下面的"键值对"参数，如图6.8所示。

**表6.8　　　　　　　　　　在Body选项卡中填写的"键值对"参数**

| 键 | 值 |
|---|---|
| grant_type | client_credentials |
| scope | all |

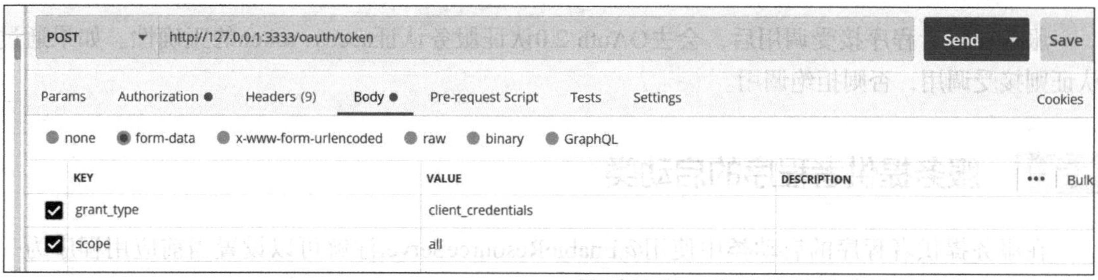

图6.8　在 Postman 中配置身份验证信息 2

这两个值都与表oauth_client_details中的对应。

配置完成后，单击Send按钮，即可连接OAuth 2.0认证服务以获取access token。如果一切正常，则结果如下：

```
"access_token": "685a4ef6-79c6-44e3-96d7-e60e966a084e",
"token_type": "bearer",
"expires_in": 43197,
"scope": "all"
```

可以看到，获取的access token为685a4ef6-79c6-44e3-96d7-e60e966a084e，有效期为43 197s。

## 6.3 服务提供者程序的安全机制

在Spring Cloud微服务架构中，服务提供者程序又被称为资源服务，具体情况可以参照第4章进行理解。本节介绍服务提供者程序的安全机制，也就是将服务提供者程序与本章介绍的OAuth 2.0认证服务相关联，利用OAuth 2.0认证服务的安全机制为服务提供者程序提供安全保障。

### 6.3.1 服务提供者程序安全机制的工作原理

在微服务架构中通常采用客户端凭证授权模式进行身份认证，其工作原理如图6.9所示。

服务提供者程序可以通过集成spring_cloud_starter_oauth2组件实现安全身份认证机制，也就是在调用接口时必须提供有效的access token，否则访问将被拒绝。

有权限访问服务提供者程序的客户端程序首先会用自己的Client Id和Client Secret去OAuth 2.0认证服务申请一个access token，然后以access token为参数调用服务提供者程序的接口。

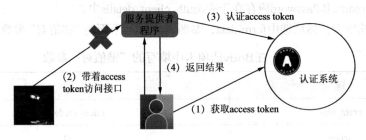

图 6.9 服务提供者程序安全机制的工作原理

服务提供者程序接受调用后,会去OAuth 2.0认证服务认证access token的正确性。如果通过认证则接受调用,否则拒绝调用。

## 6.3.2 服务提供者程序的启动类

在服务提供者程序的启动类中使用@EnableResourceServer注解可以设置当前应用程序为一个集成安全机制的服务提供者程序,代码如下:

```
@SpringBootApplication
@EnableResourceServer
public class ResouceServerApplication {
    public static void main(String[] args) {
        SpringApplication.run(ResouceServerApplication.class, args);
    }
}
```

## 6.3.3 资源服务配置类

要在服务提供者程序中集成安全机制,首先需要在pom.xml中引入spring_cloud_starter_oauth2依赖,然后运行项目,使用Postman调用接口就会返回401错误,具体如下:

```
{
    "timestamp": "2020-05-08T21:34:05.736+0000",
    "status": 401,
    "error": "Unauthorized",
    "message": "Unauthorized",
    "path": "/Test/hello"
}
```

也就是提示未授权的访问。如果从浏览器访问接口,则会跳转至登录页面。

还需要定义一个ResourceServerConfigurerAdapter类(资源服务配置类)的子类,它的主要作用是对服务提供者程序的OAuth 2.0认证服务属性进行配置,具体如下:

- 指定服务提供者程序的Resource Id。
- 指定OAuth 2.0认证服务认证access token的URL。
- 指定认证access token所使用的Client Id和Client Secret。

例如,创建一个ResourceServerConfigurerAdapter类的子类Oauth2ResourceServerConfiguration,

代码如下:

```
@Configuration
public class Oauth2ResourceServerConfiguration extends ResourceServerConfigurerAdapter {
    // 认证access token的URL
    private static final String URL = "http://192.168.1.102:3333/oauth/check_token";
    // 设置资源服务的配置信息
    @Override
    public void configure(ResourceServerSecurityConfigurer resources) throws Exception {
    // 设置认证access token的方法,即使用test和123456的客户端身份去URL认证access token
        RemoteTokenServices tokenService = new RemoteTokenServices();
        tokenService.setCheckTokenEndpointUrl(URL);
        tokenService.setClientId("test");
        tokenService.setClientSecret("123456");
        resources.tokenServices(tokenService);
        // 设置当前资源服务器的Resource Id为hello
        // 注意当前Client Id是否拥有对Resource Id的访问权限
        resources.resourceId("hello").stateless(true);
    }
}
```

对程序的具体说明如下。

(1) 指定认证access token的URL如下:

```
http://192.168.1.102:3333/oauth/check_token
```

(2) 指定认证access token所使用的Client Id为test,Client Secret为123465。

(3) 指定认证access token所使用的Resource Id为hello,即当前资源服务的Resource Id为hello。

为了认证服务提供者程序的安全机制,还需要授权Client Id为test的记录访问Resource Id为hello的资源服务。授权的方法很简单,只须将表oauth_client_details中client_id为test的记录的resource_ids字段值设置为hello即可,如图6.10所示。

图 6.10　授权 Client Id 为 test 的记录访问 Resource Id 为 hello 的资源服务

配置完成后,运行OAuth 2.0认证服务,然后参照6.2.8小节使用Postman获取access token,假定其为5da37fe6-667e-4589-87ea-c4354750c46c。

通过下面的URL即可成功调用接口:

```
http://localhost:10001/test/hello?access_token=5da37fe6-667e-4589-87ea-c4354750c46c
```

## 6.4 在应用程序中获取access token

如果服务提供者程序集成了OAuth 2.0安全机制，那么应用程序在调用服务之前就需要先从认证服务获取access token，然后以access token为参数调用服务。

在6.2.8小节中讲解了使用Postman工具获取access token的方法，本节介绍在应用程序中模拟Postman获取access token的方法。要完成这一任务，就要实现如下几个技术。

（1）在程序中采用POST方法调用接口。

（2）在POST包头中集成基本认证（Basic Auth）信息。

（3）在POST请求中指定grant_type和scope参数。

### 6.4.1 在程序中以POST方法调用接口

通过HttpPost对象可采用POST方法调用接口，也就是向接口提交数据。要在Spring Boot项目中使用HttpPost对象，需要添加httpclient依赖，代码如下：

```xml
<dependency>
    <groupId>org.apache.httpcomponents</groupId>
    <artifactId>httpclient</artifactId>
    <version>4.3.5</version>
</dependency>
```

创建HttpPost对象的方法如下：

```
HttpPost post = new HttpPost(url);
```

参数url表示想要调用的接口的URL。通过setEntity()方法可以设置要提交的数据。例如，提交一个字符串的方法如下：

```
StringEntity postingString = new StringEntity(requestParams, "utf-8");
post.setEntity(postingString);
```

参数requestParams表示想要提交的字符串。通过StringEntity对象可以将requestParams的编码设置为utf-8。

可以通过RequestConfig对象设置HTTP请求的连接超时时间和请求超时时间，具体方法如下：

```
RequestConfig requestConfig = RequestConfig.custom()
    .setSocketTimeout(300 * 1000)
    .setConnectTimeout(300 * 1000)
    .build();
post.setConfig(requestConfig);
```

可以通过CloseableHttpClient对象执行POST请求，方法如下：

```
CloseableHttpClient httpClient = HttpClients.createDefault();
CloseableHttpResponse response = null;
    try {
```

```
            response = client.execute(post);
        } catch (ClientProtocolException e) {
            e.printStackTrace();
        } catch (IOException e) {
            e.printStackTrace();
        } finally {
            try {
                if (response != null)
                    response.close();
            } catch (IOException e) {
                e.printStackTrace();
            } finally {
                try {
                    if (client != null)
                        client.close();
                } catch (IOException e) {
                    e.printStackTrace();
                }
            }
        }
    }
```

调用client.execute(post)方法可以执行POST请求。CloseableHttpResponse对象response是返回的响应数据。最后应该调用response.close()和client.close()方法以关闭请求和响应对象，并释放资源。

### 6.4.2 在POST请求包头中指定Basic Auth信息

从认证服务获取access token时需要在POST请求包头中指定Basic Auth信息。Basic Auth信息包括Client_id和Client_secret这两个字段。在POST请求包头中，实现Basic Auth的方法是设置"Authorization"属性值为对Client_id+":"+Client_secret计算Base64字符串。公式表示如下：

```
"Authorization"属性值 = Base64(Client_id +":"+Client_secret)
```

getHeader()用于生成Basic Auth字符串，代码如下：

```
private String getHeader(String UserName, String Password) {
    String auth = UserName+":"+Password;
    byte[] encodedAuth = Base64.encodeBase64(auth.getBytes(Charset.forName
    ("US-ASCII")));// Base64加密
    String authHeader = "Basic" + new String(encodedAuth);
    return authHeader;
}
```

将Basic Auth信息添加到POST请求包头，代码如下：

```
post.addHeader("Authorization", getHeader(Client_id, Client_secret));
```

### 6.4.3 在POST请求包中指定grant_type和scope参数

从认证服务获取access token时，还需要在POST请求包中指定grant_type和scope参数。

可以使用NameValuePair对象传递grant_type和scope参数，代码如下：

```
List<NameValuePair> paramList = new ArrayList<NameValuePair>();
paramList.add(new BasicNameValuePair("grant_type", "client_credentials"));
paramList.add(new BasicNameValuePair("scope", "all"));
```

然后调用setEntity()方法将paramList添加到POST请求包中，代码如下：

```
try {
    post.setEntity(new UrlEncodedFormEntity(paramList, "utf-8"));
} catch (UnsupportedEncodingException e1) {
    e1.printStackTrace();
}
```

### 6.4.4 从认证服务获取access token的案例

本小节介绍一个从认证服务获取access token的案例的实现方法。

创建一个Spring Starter项目，项目名为tokenAccessor。在pom.xml中引入httpclient依赖，代码如下：

```
<dependency>
    <groupId>org.apache.httpcomponents</groupId>
    <artifactId>httpclient</artifactId>
    <version>4.5.10</version>
</dependency>
```

创建名为com.microservice.tokenAccessor.utils的包，并在它的下面创建类HttpClientWithBasicAuth，用于获取access token，代码如下：

```
public class HttpClientWithBasicAuth {
    public HttpClientWithBasicAuth() {
    }
    /**
     * 手动构造Basic Auth头信息
     *
     * @return
     */
    private String getHeader(String UserName, String Password) {
        String auth = UserName + ":" + Password;
        byte[] encodedAuth = Base64.encodeBase64(auth.getBytes(Charset.
        forName("US-ASCII")));// 加密
        String authHeader = "Basic " + new String(encodedAuth);
        return authHeader;
    }
    public String send(String url, String UserName, String Password,
    Map<String, String> params) {
        HttpPost post = new HttpPost(url);
        CloseableHttpClient client = HttpClients.createDefault();
        // 组织请求参数，在获取access token时参数为grant_type和scope
        List<NameValuePair> paramList = new ArrayList<NameValuePair>();
```

```java
        if (params != null && params.size() > 0) {
            Set<String> keySet = params.keySet();
            for (String key : keySet) {
                paramList.add(new BasicNameValuePair(key, params.get(key)));
            }
        }
        try {
            post.setEntity(new UrlEncodedFormEntity(paramList, "utf-8"));
        } catch (UnsupportedEncodingException e1) {
            e1.printStackTrace();
        }
        post.addHeader("Authorization", getHeader(UserName, Password));
        // post.setEntity(myEntity);              // 设置请求体
        String responseContent = null;            // 响应内容
        CloseableHttpResponse response = null;
        try {
            response = client.execute(post);
            // System.out.println(JSON.toJSONString(response));
            int status_code = response.getStatusLine().getStatusCode();
            // System.out.println("status_code:" + status_code);
            // if (response.getStatusLine().getStatusCode() == 200) {
            HttpEntity entity = response.getEntity();
            responseContent = EntityUtils.toString(entity, "UTF-8");
            // }
            // System.out.println("responseContent:" + responseContent);
        } catch (ClientProtocolException e) {
            e.printStackTrace();
        } catch (IOException e) {
            e.printStackTrace();
        } finally {
            try {
                if (response != null)
                    response.close();
            } catch (IOException e) {
                e.printStackTrace();
            } finally {
                try {
                    if (client != null)
                        client.close();
                } catch (IOException e) {
                    e.printStackTrace();
                }
            }
        }
        return responseContent;
    }
}
```

类HttpClientWithBasicAuth包含如下2个方法。

（1）getHeader()：手动构造Basic Auth头信息。

（2）send()：向指定的认证服务发送请求，以获取access token。

send()方法有以下4个参数。
- url：认证服务的URL。
- UserName：应用程序的Client Id。
- Password：应用程序的Client Secret。
- params：包含grant_type和scope的参数列表。

在项目启动类的main()函数中添加如下代码：

```
String url = "http://192.168.1.102:3333/oauth/token";
    Map<String, String> formData = new HashMap<String, String>();
    formData.put("grant_type", "client_credentials");
    formData.put("grant", "all");
    String result = auth.send(url, "test", "123456", formData);
    System.out.println(result);
```

这里假定认证服务部署在IP地址为192.168.1.102的服务器上，端口号为3333。确认认证服务已经运行，程序以"Client Id为test和Client Secret为123456"为参数调用http://192.168.1.102:3333/oauth/token，得到的结果如下：

```
{"access_token":"d9441893-1fa3-46c8-8532-194deeda4b75","token_type":
"bearer","expires_in":359,"scope":"all"}
```

程序并没有对返回结果进行反序列化处理，而是直接输出。可以看到，其中包含access token字符串。

## 本章小结

本章首先介绍了认证服务的作用，以及认证服务所基于的OAuth 2.0协议的概况；其次介绍了开发基于OAuth 2.0的认证服务的方法以及在服务提供者程序中集成安全机制的方法。

本章的主要目的是使读者了解微服务架构认证服务的工作原理和编程方法。通过学习本章内容，读者可以自己开发基于OAuth 2.0的认证服务以及在服务提供者程序中集成安全机制。

## 习题6

### 一、选择题

1. 用于保存服务消费者（客户端应用程序）身份数据的表为（    ）。
   - A. oauth_client_details
   - B. oauth_access_token
   - C. oauth_approvals
   - D. oauth_refresh_token

2. （    ）注解用于指定启用认证服务的相关机制。
   - A. @EnableAuthorizationServer
   - B. @SpringBootApplication
   - C. @MapperScan
   - D. MAKEPWDFILE

## 二、填空题

1. Spring Cloud微服务架构借助 __【1】__ 和 __【2】__ 可以搭建基于令牌的安全认证机制。
2. 在服务提供者程序的启动类中使用 __【3】__ 注解可以设置当前应用程序为一个集成安全机制的服务提供者程序。

## 三、简答题

1. 简述认证服务器在微服务架构中的作用。
2. 简述服务提供者程序安全机制的工作原理。

# 第7章 微服务的容错保护机制

微服务架构是一个分布式系统架构，其中的服务提供者程序可以部署在不同的服务器上，服务之间会相互调用。如果一个服务出现故障，则可能会导致其他依赖它的服务也无法正常工作，从而造成雪崩效应，导致整个系统瘫痪。Spring Cloud框架提供容错保护机制，通过Hystrix组件可以解决此类问题。

## 7.1 Spring Cloud Hystrix概述

Spring Cloud框架通过Hystrix组件实现容错保护机制。Hystrix相当于熔断器。本节介绍熔断器的工作原理和Spring Cloud Hystrix的工作原理。

### 7.1.1 熔断器的工作原理

在软件系统中，远程调用其他进程中的程序是很常见的情形，也可能需要通过网络远程调用其他机器上的程序。与本机内存调用的最大区别是，远程调用很可能会因为网络原因或者远程主机的原因而失败，也可能因为网络传输等因素导致调用超时。

更糟的是，在无响应的调用链条上，可能会有许多调用者。这就可能会耗尽资源，导致多个系统的级联故障。使用熔断器可以避免这种灾难性级联故障。

熔断器的基本理念是很简单的，就是在熔断器对象中包装一个受保护的函数调用，熔断器对象可以监控调用失败的情形，一旦失败次数超过一个阈值，熔断器就会启动，所有对受保护的函数的调用将会直接报错返回，实际上并没有真正调用受保护的函数。熔断器的工作原理如图7.1所示。

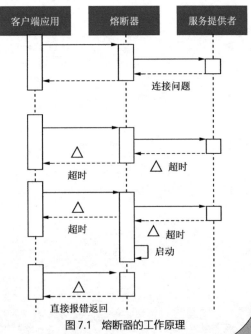

图 7.1 熔断器的工作原理

## 7.1.2 Spring Cloud Hystrix的工作原理

Hystrix的本意是豪猪，一种长满棘刺的动物，如图7.2所示。豪猪的棘刺强化了它自我保护的能力，使它即使面对危机，也可以从容不迫。这也许就是以Spring Cloud Hystrix进行命名的原因吧，因为它致力于为微服务架构提供自我保护的容错机制。

**1．雪崩效应**

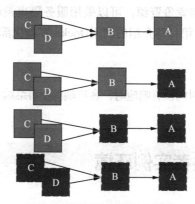

图7.2　长满棘刺的豪猪

对于登山爱好者而言，雪崩是很可怕的。雪崩是指由于山坡上积雪的内聚力无法抗拒自身重力而向下滑动，从而引起大量雪体崩塌。在微服务架构中，很多服务是相互依赖的，一旦一些比较底层的服务出现故障，就会导致依赖它的服务也出现故障，这种故障会向上传导，进而引起类似雪崩的效应，最终可能导致整个微服务架构崩溃。

图7.3所示是微服务架构雪崩效应的一个简单的例子。假定在一个微服务系统中有A、B、C、D这4个服务，B依赖A，C和D依赖B。每个服务都部署了多个副本。如果服务A的数据库出现故障，则其将无法响应服务B的请求（图7.3中以深色背景、虚线框的节点代表故障服务，以浅色背景、实线框的节点代表正常服务）。经过一段时间，依赖服务A的服务B会逐渐出现故障，最终服务C和D也陆续出现故障。这就是微服务架构的雪崩效应，故障会在服务间传导，最终导致调用很多服务都需要经过漫长的等待，即会超时。

图7.3　微服务架构的雪崩效应

**2．解决雪崩效应的方法**

可以采用如下方法来解决微服务架构的雪崩效应。

（1）服务降级。

在高并发的情况下，服务对用户的响应速度会变慢。为了防止用户长时间等待，可以先返回一个提示，而不是等处理完用户请求才返回结果，这就是服务降级。就好像一个饭店突然来了很多客人，上菜速度肯定会变慢，这时候可以安排服务员给客人送一些茶水或者瓜子等以安抚客人。

（2）服务熔断。

服务熔断是启动服务降级的机制，就好像保险丝一样，当电压达到一定的值时，熔断自己以保护电器。服务熔断指当请求服务的数量达到一定的阈值时，启动服务降级。这个阈值通常是可以自定义的。

在服务熔断机制中,保险丝被称为熔断器。熔断器包含3种状态:打开、半开和关闭。如果服务正常工作,则熔断器处于关闭状态;如果服务发生异常,则熔断器打开。熔断器打开一定时间后,会进入半开状态并检测服务是否恢复正常,如果没有恢复正常就回到打开状态,经过一定的时间后再恢复为半开状态。如果检测到服务正常,熔断器就会变成关闭状态。熔断器的整个工作流程如图7.4所示。

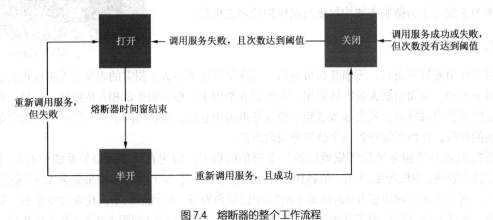

图7.4 熔断器的整个工作流程

(3)服务隔离。

如果一个服务的请求量很大,则其有可能会占用其他服务的资源,最终导致其他服务无法正常工作。为了防止服务之间互相竞争资源,可以采用服务隔离策略,每个服务采用独立的线程池,而不占用其他服务的资源。第11章介绍的利用Docker容器化部署微服务应用就采用了服务隔离策略。

(4)超时机制。

请求服务时,当超过一定的时间没有响应时,客户端就不再继续等待,而会释放所占用的资源。

## 7.2 准备服务提供者实例环境

为了便于演示Hystrix容错保护机制的效果,首先准备服务提供者实例环境,包括以下2个方面。

- 对第4章介绍的User服务进行适当的改造,使其可以返回服务实例的信息。在服务的接口中可以根据参数指定程序休息一段时间,以模拟服务在高负载下响应迟缓的情形。
- 为User服务部署多个实例,以便演示服务调用的负载均衡效果。

### 7.2.1 对User服务进行适当的改造

在5.1.1小节的基础上完善UserService项目。修改UserController的hello()方法,代码如下:

```
@RequestMapping(value = "/sayHi", method = RequestMethod.GET)
public String hello(@RequestParam(value = "sleep_seconds", required = true) int sleep_seconds) throws InterruptedException {
```

```
        Thread.sleep(sleep_seconds*1000);
        return "Hello, 我在" + ipaddr + ":" + port;
}
```

参数sleep_seconds用于指定程序休息的秒数。变量ipaddr和port须从应用程序的application.yml中读取。定义变量ipaddr和port的代码如下：

```
@Value("${spring.cloud.client.ip-address}")
String ipaddr;
@Value("${server.port}")
int port;
```

读者可以根据实际情况设置配置参数spring.cloud.client.ip-address和server.port的值。

运行项目，打开浏览器，访问如下URL：

```
http://localhost:10001/user/sayHi ?sleep_seconds=10
```

页面等待10s后，会显示图7.5所示的页面。

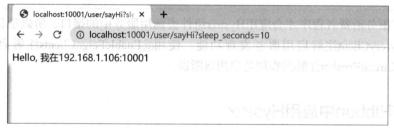

图 7.5　页面等待 10s 后返回服务实例的 IP 地址和端口号

### 7.2.2　为User服务部署多个实例

参照2.2.7小节将本项目打包，得到UserService-0.0.1-SNAPSHOT.jar。在CentOS虚拟机的/usr/local/src/microservice/下创建一个UserService_backup文件夹，用于部署User服务的副本。在此基础上，将UserService-0.0.1-SNAPSHOT.jar和application.yml上传至CentOS虚拟机的/usr/local/src/microservice/UserService文件夹。在application.yml中，将server.port设置为10002。在第4章中已经为UserService_backup创建了服务，这里可以继续使用该服务。

## 7.3　Spring Cloud Hystrix编程

本节介绍如何在Spring Boot框架中完成Hystrix编程，从而实现微服务的容错保护机制。

### 7.3.1　在项目中启用Hystrix组件

要在Spring Boot项目中启用Hystrix组件，首先需要在pom.xml中添加Hystrix依赖，代码如下：

```xml
<!--整合Hystrix-->
<dependency>
    <groupId>org.springframework.cloud</groupId>
    <artifactId>spring-cloud-starter-netflix-hystrix</artifactId>
</dependency>
```

然后在项目的启动类中添加@EnableCircuitBreaker注解，表示在项目中启用熔断器，代码如下：

```java
@SpringBootApplication
@EnableDiscoveryClient
@EnableFeignClients
@EnableCircuitBreaker
public class Sample71Application {
    public static void main(String[] args) {
        SpringApplication.run(Sample71Application.class, args);
    }
}
```

因为只有服务消费者程序才会应用Hystrix组件去调用服务中的接口，所以项目中需要使用@EnableDiscoveryClient注解启用服务发现功能，使用@EnableFeignClients注解启用Feign客户端。@EnableCircuitBreaker注解的作用是启用熔断器。

### 7.3.2 在Ribbon中应用Hystrix

在服务消费者程序中，可以通过@HystrixCommand注解来指定Hystrix的属性。例如，在调用服务User的接口/user/sayHi时，为了防止服务User出现异常，可以在调用接口的相关函数中使用@HystrixCommand注解来启用熔断器，代码如下：

```java
@RestController
public class TestController {
    @GetMapping("/sayHi")
    @HystrixCommand(fallbackMethod = "sayHiFallback")
    public String hello(@RequestParam(value = "sleep_seconds") int sleep_
        seconds) throws InterruptedException {
        ServiceInstance serviceInstance = loadBalancerClient.choose
        ("UserService");
        String url = "http://" + serviceInstance.getHost() + ":" +
        serviceInstance.getPort() + "/user/sayHi?sleep_seconds="+sleep_seconds;
        RestTemplate restTemplate = new RestTemplate();
        return restTemplate.getForObject(url, String.class);
    }
```

**1．服务降级**

fallbackMethod指定了当Hystrix打开时所执行的服务降级机制。也就是说，当Hystrix打开时，程序不会调用代码，而是会执行sayHiFallback()函数，代码如下：

```
public String sayHiFallback(int sleep_seconds) {
    return "服务User暂时无法响应,请稍候……";
}
```

程序返回一个提示异常的字符串。这样调用接口的程序就可以知道服务User出现了故障。这实际上就是前文中提到的服务降级。

与第5章的案例相比,这里的项目配置和调用接口的方法都是相同的,只是增加了@HystrixCommand注解。本节项目保存为源代码的/7/HystrixService项目。运行项目,打开浏览器,访问如下URL:

```
http://localhost:8080/test/sayHi?sleep_seconds=0
```

如果一切正常,则结果如图7.6所示。

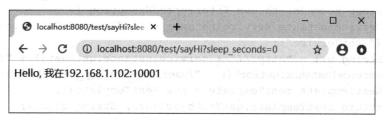

图7.6　正常情况下调用接口的结果

访问如下URL:

```
http://localhost:8080/test/sayHi?sleep_seconds=1
```

这里指定接口在执行前休息1s,结果如图7.7所示。因为默认的Hystrix熔断超时时间为1 s,所以休息1s后,服务降级了。

图7.7　休息1s后服务降级的结果

使用execution.isolation.thread.timeoutInMilliseconds可以设置服务的熔断超时时间,业务执行时间超过这个时间则执行回调方法findUserByIdFallback()并返回客户端。在配置文件中可以通过如下代码配置服务的熔断超时时间。

```
hystrix:
  command:
    default:
      execution:
        isolation:
          thread:
            timeout-in-milliseconds: 3000
```

### 2. 熔断器的属性

可以在@HystrixCommand注解中设置熔断器的属性。常用的熔断器的属性如下。

- **groupKey**：指定全局唯一标志命令组的名称。Hystrix命令默认的线程划分是根据命令组来实现的。
- **commandKey**：指定全局唯一标志服务的名称。如果不指定，则使用函数名作为服务的名称。
- **commandProperties**：指定HystrixCommand的命令参数，具体情况将在后文介绍。

例如，可以在hello()的定义中设置groupKey和commandKey属性，代码如下：

```
@HystrixCommand(groupKey = "userGroup", commandKey = "hello",
fallbackMethod = "sayHiFallback")
    @RequestMapping("/sayHi")
        public String hello(@RequestParam(value = "sleep_seconds") int
        sleep_seconds) throws InterruptedException {
        ServiceInstance serviceInstance = loadBalancerClient.choose
        ("UserService");
        String url = "http://" + serviceInstance.getHost() + ":" +
        serviceInstance.getPort() + "/user/sayHi?sleep_seconds="+sleep_seconds;
        RestTemplate restTemplate = new RestTemplate();
        return restTemplate.getForObject(url, String.class);
    }
```

### 3. HystrixCommand的命令参数

在@HystrixCommand注解中，可以使用commandProperties指定HystrixCommand的命令参数。常用的HystrixCommand的命令参数如下。

- **execution.isolation.strategy**：用于配置HystrixCommand.run()执行的隔离策略，默认值为THREAD，即线程隔离，指定命令在固定大小的线程池中以单独线程执行，并发请求数受限于线程池的大小；还可以取值SEMAPHORE，指在调用线程执行命令时，通过信号量来限制并发量。
- **execution.isolation.thread.timeoutInMilliseconds**：用于配置HystrixCommand.run()执行的超时时间，单位为ms。如果执行命令的时间超过该值且设置启用超时时间，则将启用熔断器。
- **execution.timeout.enabled**：用于配置HystrixCommand.run()的执行是否启用超时时间，默认值为true。
- **execution.isolation.thread.interruptOnTimeout**：用于配置当HystrixCommand.run()执行超时的时候是否要中断它。
- **execution.isolation.thread.interruptOnCancel**：用于配置当HystrixCommand.run()执行取消时是否要中断它。
- **execution.isolation.semaphore.maxConcurrentRequests**：当HystrixCommand命令的隔离策略使用信号量时，该参数用于配置信号量的大小。当最大并发请求数达到该值时，后续的请求将被拒绝。
- **fallback.enabled**：用于配置服务降级机制是否启用，默认值是true。如果将其设置为false，则当请求失败或者拒绝发生时，不会执行服务降级机制。

例如，可以在userdetails()的定义中设置启用超时时间，代码如下：

```
@HystrixCommand(groupKey = "userGroup", commandKey = "hello" ,command
Properties = {@HystrixProperty(name = "execution.isolation.thread.
timeoutInMilliseconds", value = "1000"),@HystrixProperty(name = "execution.
timeout.enabled", value = "true")},fallbackMethod = "fsayHiFallback")
    @RequestMapping("/hello")
        public String hello(@RequestParam(value = "sleep_seconds") int
        sleep_seconds) throws InterruptedException {ServiceInstance
            serviceInstance = loadBalancerClient.choose("UserService");
            String url = "http://" + serviceInstance.getHost() + ":" +
            serviceInstance.getPort() + "/user/sayHi?sleep_seconds="+sleep_seconds;
            RestTemplate restTemplate = new RestTemplate();
            return restTemplate.getForObject(url, String.class);
    }
```

@HystrixProperty注解用于指定HystrixCommand命令参数的name和value。

## 7.3.3 在Feign中应用Hystrix

在@FeignClient注解中，可以通过设置fallback属性指定Feign客户端的容错处理回调类。例如，下面的代码可以在接口TestClient上指定容错处理回调类为FeignClientFallback。

```
@FeignClient (name="UserService", fallback = FeignClientFallback.class)
public class TestClient {
    ……
}
```

【例7.1】在Feign中应用Hystrix。

创建一个Spring Starter项目，项目名为Sample7_1。在pom.xml中引入spring-boot-starter-web、spring-cloud-starter-netflix-eureka-client、spring-cloud-starter-netflix-hystrix和spring-cloud-starter-openfeign依赖，用于开发Web应用程序，代码如下：

```
<dependencies>
    <dependency>
        <groupId>org.springframework.boot</groupId>
        <artifactId>spring-boot-starter-web</artifactId>
    </dependency>
    <dependency>
        <groupId>org.springframework.cloud</groupId>
        <artifactId>spring-cloud-starter-netflix-eureka-client</artifactId>
    </dependency>
    <dependency>
        <groupId>org.springframework.cloud</groupId>
        <artifactId>spring-cloud-starter-netflix-hystrix</artifactId>
    </dependency>
    <dependency>
        <groupId>org.springframework.cloud</groupId>
        <artifactId>spring-cloud-starter-openfeign</artifactId>
    </dependency>
    ……
</dependencies>
```

项目的启动类定义如下：

```
@SpringBootApplication
@EnableDiscoveryClient
@EnableFeignClients
@EnableCircuitBreaker
public class Sample71Application {
    public static void main(String[] args) {
        SpringApplication.run(Sample71Application.class, args);
    }
}
```

其中指定本项目需要注册到Eureka Server，并启用服务发现功能和Feign客户端。

在com.example.Sample7_1.service包下创建接口UserClient，并在其中通过Feign组件调用User服务的/user/sayHi接口，代码如下：

```
@FeignClient (name = "UserService", fallback = FeignClientFallback.class)
public interface UserClient {
    @RequestMapping(value = "/user/sayHi")public String hello(@RequestParam
    (value = "sleep_seconds") int sleep_seconds);
}
```

容错处理回调类FeignClientFallback的代码如下：

```
package com.example.Sample7_1.service;
import org.springframework.stereotype.Component;
@Component
public class FeignClientFallback implements UserClient {
    @Override
    public String hello(int sleep_seconds) {
        return "Hi!容错保护机制已经启动";
    }
}
```

在com.example.Sample7_1.controllers包下创建类TestController，并在其中通过UserClient接口调用User服务的/user/sayHi接口，代码如下：

```
@RestController
@RequestMapping("/test")
public class TestController {
    @Autowired
    private UserClient userClient;
    @RequestMapping("/sayHi")
    public String hello(@RequestParam(value = "sleep_seconds") int sleep_
    seconds) {
        return userClient.hello(sleep_seconds);
    }
}
```

在application.yml中添加注册到Eureka Server的代码，并启用Feign的Hystrix容错保护机制，具体代码如下：

```
eureka:
  client:
```

```
    service-url:
      defaultZone: http://eurekaserver-master:1111/eureka/, http://
      eurekaserver-slave:2222/eureka/
    instance:  prefer-ip-address: true
feign:
  hystrix:
    enabled: true
```

运行项目，然后打开浏览器，访问如下URL：

```
http://localhost:8080/test/sayHi?sleep_seconds=0
```

如果一切正常，则结果如图7.8所示。

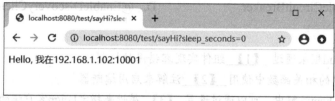

图7.8　正常情况下调用接口的结果

访问如下URL：

```
http://localhost:8080/test/sayHi?sleep_seconds=1
```

这里指定接口在执行前休息1s，结果如图7.9所示。因为默认的Hystrix熔断超时时间为1s，所以休息1s后，服务降级了。

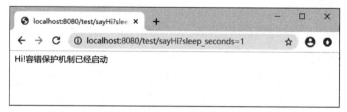

图7.9　休息1s后服务降级的结果

## 本章小结

本章首先介绍了通过Hystrix组件实现容错保护机制的工作原理；其次介绍了在Ribbon和Feign中应用Hystrix的方法。

本章的主要目的是使读者了解微服务架构容错保护机制的工作原理和Hystrix组件的编程方法。通过学习本章内容，读者可以利用Hystrix组件在微服务架构中集成容错保护机制。

## 习题 7

### 一、选择题

1. 在高并发的情况下，服务对用户的响应速度会变慢。为了防止用户长时间等待，可以先返回一个提示，而不是等处理完用户请求才返回结果。这种雪崩效应的解决方法被称为（　　）。

   A. 服务降级　　　　　　　　　　B. 服务熔断
   C. 服务隔离　　　　　　　　　　D. 超时机制

2. （　　）注解的作用是启用熔断器。

   A. @EnableFeignClients　　　　　B. @EnableEurekaClient
   C. @EnableCircuitBreaker　　　　D. @EnableDiscoveryClient

### 二、填空题

1. Spring Cloud框架通过　【1】　组件实现容错保护机制。
2. 在调用接口的相关函数中使用　【2】　注解来启用熔断器。
3. 在@FeignClient注解中，可以通过设置　【3】　属性来指定Feign客户端的容错处理回调类。

### 三、简答题

1. 简述熔断器的工作原理。

# 第8章 API网关

API网关是微服务架构的入口。客户端应用可以通过API网关负载均衡地调用微服务架构的API。Spring Cloud框架提供了Zuul组件以实现API网关的功能。

## 8.1 Spring Cloud Zuul概述

在微服务架构中,Spring Cloud Zuul的作用如图8.1所示。

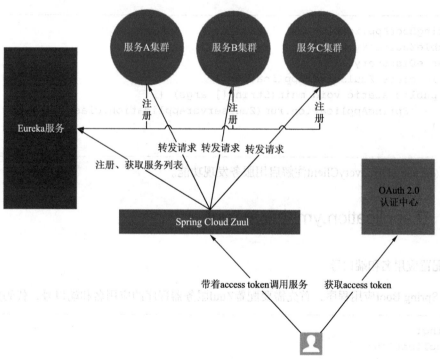

图 8.1 Spring Cloud Zuul 的作用

Spring Cloud Zuul作为微服务架构的大门,具有以下作用。
(1) Zuul可以对访问者进行初步的权限检验。

（2）Zuul本身也需要注册到Eureka服务，从而获取到注册服务的列表。

（3）Zuul并不调用服务接口，它可以动态地将请求路由到不同的后端服务集群中。

## 8.2 Spring Cloud Zuul编程

本节介绍如何在Spring Boot框架中完成Zuul编程，从而实现微服务架构的API网关。

### 8.2.1 在项目中启用Zuul组件

要在Spring Boot项目中启用Zuul组件，首先需要在pom.xml中引入Zuul依赖，代码如下：

```xml
<dependency>
    <groupId>org.springframework.cloud</groupId>
    <artifactId>spring-cloud-starter-netflix-zuul</artifactId>
</dependency>
```

然后在项目的启动类中添加@EnableZuulProxy注解，表示在项目中启用Zuul组件，代码如下：

```java
@SpringBootApplication
@EnableZuulProxy
@EnableDiscoveryClient
public class ZuulserverApplication {
    public static void main(String[] args) {
        SpringApplication.run(ZuulserverApplication.class, args);
    }
}
```

其中使用@EnableDiscoveryClient注解启用服务发现功能。

### 8.2.2 在application.yml中配置Zuul

**1．配置应用名和端口号**

作为Spring Boot应用程序，首先需要配置Zuul服务器程序的应用名和端口号，代码如下：

```yaml
spring:
  application:
    name: api-gateway
server:
  port: 4444
```

这里指定Zuul服务器程序的应用名为api-gateway，端口号为4444。在Eureka服务注册中心的主页中，会以应用名和端口号来标识Zuul服务器程序。

**2. 注册到Eureka服务**

作为微服务架构中的重要成员，与第4章中介绍的服务提供者程序一样，Zuul服务器也需要注册到Eureka服务，代码如下：

```yaml
eureka:
  client:
    service-url:
      defaultZone: http://eurekaserver-master:1111/eureka/, http://eurekaserver-slave:2222/eureka/
```

**3. 配置请求路由**

Zuul服务器最重要的作用就是转发对服务的调用请求。请求路由是指将请求URL映射到服务地址的方法。可以通过zuul.routes来配置Zuul服务器的请求路由。例如，下面的代码将所有URL路径格式为/users/**的请求映射到服务userService上。

```yaml
zuul:
  routes:
    user:
      path: /users/**
      serviceId: userService
```

例如，Zuul服务器收到下面的URL时会调用userService的/user/add接口。

```
http://localhost:4444/users/user/add
```

Zuul默认集成Ribbon以实现调用的负载均衡。如果某个接口的逻辑比较复杂或处理的工作量比较大，则调用可能会超时。可以通过ribbon.ReadTimeout和ribbon.ConnectTimeout来设置超时时间，以避免因超时而报错。但是也不要设置过长的超时时间，因为那样会在接口异常时导致等待的时间过长。ribbon.ReadTimeout用于指定客户端和服务器进行数据交互的时间，如果传输两个数据包的间隔时间大于该时间，则认为超时；ribbon.ConnectTimeout用于指定连接超时时间。

```yaml
ribbon:
  ReadTimeout: 10000
  ConnectTimeout: 10000
```

### 8.2.3 Zuul过滤器

Zuul的核心就是一系列过滤器。Zuul网关可以使用过滤器对请求进行过滤。通常Zuul过滤器的功能是对请求进行验证，例如可以通过Zuul过滤器检查请求URL是否带有access_token参数，如果没有则拒绝访问；也可以使用Zuul过滤器实现微服务架构的白名单功能，也就是只允许白名单中的地址通过Zuul网关调用服务，而来自其他地址的请求则将被拒绝。

Zuul过滤器的主要特性如下。
- 类型：用来定义请求被路由的各个阶段。
- 执行的顺序：在过滤器类的定义中可以指定过滤器执行的顺序，当存在多个同类型的过滤器时，将根据执行顺序决定哪个过滤器先被调用。
- 标准：用来指定Zuul过滤器被执行的条件。
- 动作：用来指定满足条件时要执行的操作。

Zuul中可以定义多个过滤器。Zuul提供一套自动读取、编译、执行这些过滤器的框架。

Zuul过滤器之间并不直接通信，它们通过RequestContext对象共享状态。每个请求都有唯一的RequestContext对象，其中包含从页面传递过来的请求上下文，比如Cookie和URL参数等。

### 1．Zuul过滤器的类型

Zuul包含以下4种类型的过滤器，它们体现在请求调用服务的不同生命周期中。
- PRE过滤器：在请求被路由之前调用的过滤器。通常在PRE过滤器中进行身份认证和记录日志等操作。
- ROUTING过滤器：在路由请求时被调用的过滤器。在ROUTING过滤器中，使用Ribbon来转发请求，因此Zuul默认是支持负载均衡的。
- ERROR过滤器：处理请求时在发生错误的情况下被调用的过滤器。
- POST过滤器：在ROUTING和ERROR过滤器之后被调用的过滤器。通常在POST过滤器中可以收集Zuul网关的统计信息，并可将相应数据发送至客户端。

除了默认的过滤器外，还可以创建自定义类型的Zuul过滤器，并显式地执行它。例如，可以创建一个STATIC类型的过滤器，在该过滤器中可以产生响应包，而不是转发响应包。

图8.2演示了Zuul过滤器的工作流程。

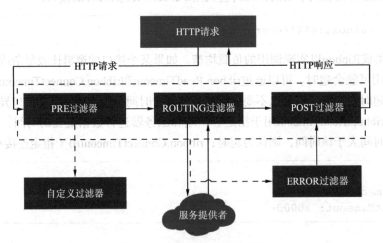

图8.2　Zuul过滤器的工作流程

### 2．ZuulFilter类

ZuulFilter是一个抽象类，它在com.netflix.zuul中定义，是所有Zuul过滤器的基类。ZuulFilter类中定义了4个抽象方法，分别用于定义Zuul过滤器的4个特性，具体如下。
- filterType()：用来定义Zuul过滤器的类型。

- filterOrder(): 返回一个int值来定义过滤器的执行顺序，数值越小，优先级越高。
- shouldFilter(): 用来指定Zuul过滤器被执行的条件。
- run(): 用来指定当shouldFilter()返回true时Zuul过滤器执行的操作。

在定义具体的Zuul过滤器时需要重写这几个方法，以实现过滤器的具体功能。

例如，定义一个MyPreFilter类，代码如下：

```java
public class MyPreFilter extends ZuulFilter {
    @Override
    public boolean shouldFilter() {
        return true;
    }
    @Override
    public Object run() throws ZuulException {
        System.out.println("MyPreFilter");
        return null;
    }
    @Override
    public String filterType() {
        return "pre";
    }
    @Override
    public int filterOrder() {
        return 0;
    }
}
```

在MyPreFilter类中分别重写ZuulFilter类的4个抽象方法，具体说明如下。
- shouldFilter(): 返回true表示满足Zuul过滤器被执行的条件。
- run(): 指定Zuul过滤器执行时输出MyPreFilter。
- filterType(): 返回pre表示MyPreFilter类是PRE过滤器。
- filterOrder(): 返回0表示PRE过滤器优先级最高。

### 3．启用Zuul过滤器

在启动类中注入Zuul过滤器对象，即可启用Zuul过滤器，例如：

```java
@Bean
public MyPreFilter preFilter() {
    return new MyPreFilter();
}
```

【例8.1】在Zuul服务器中演示各种类型的Zuul过滤器的使用方法。

创建一个Spring Starter项目，项目名为Sample8_1。在pom.xml中引入spring-cloud-starter-netflix-eureka-client、spring-cloud-starter-netflix-zuul依赖。参照8.2.1小节设置项目的启动类。

参照表8.1编写各种类型的Zuul过滤器。

表8.1　　　　　　　　　　　　编写各种类型的Zuul过滤器

| 编号 | Zuul过滤器类名 | shouldFilter()代码 | filterType()代码 | filterOrder()代码 | run()代码 |
|---|---|---|---|---|---|
| 1 | MyPreFilter | return true; | return "pre"; | return 0; | System.out.println ("MyPreFilter"); return null; |
| 2 | MyPreFilter2 | return true; | return "pre"; | return 1; | System.out.println ("MyPreFilter2"); return null; |
| 3 | MyRoutingFilter | return true; | return "route"; | return 0; | System.out.println ("MyRoutingFilter"); return null; |
| 4 | MyRoutingFilter2 | return false; | return "route"; | return 0; | System.out.println ("MyRoutingFilter2"); return null; |
| 5 | MyErrorFilter | return true; | return "error"; | return 0; | System.out.println ("MyErrorFilter"); return null; |
| 6 | MyPostFilter | return true; | return "post"; | return 0; | System.out.println ("MyPostFilter"); return null; |

例8.1的运行效果将在8.2.4小节中进行验证。

## 8.2.4 通过Zuul服务器调用服务

在服务消费者中可以通过Zuul服务器调用服务，此时要在URL中使用前面用到的请求路由。URL的语法如下：

```
http:// Zuul服务器的地址:Zuul服务器的端口号/服务路由/服务中接口路径
```

服务路由的配置可以参考8.2.2小节。
例如，可以通过下面的URL调用User服务的user/getAll接口。

```
http://localhost:4444/users/user/getAll
```

在确保eurekaserver_master、eurekaserver_slave和UserServer服务都正常运行的情况下，运行例8.1的项目，然后打开Postman，访问如下URL：

```
http://localhost:4444/users/user/getAll
```

可以看到例8.1的项目的部分输出如下：

```
MyPreFilter
MyPreFilter2
```

```
MyRoutingFilter
_[2m2020-06-07 09:45:08.070_[0;39m _[32m INFO_[0;39m _[35m952_
[0;39m _[2m---_[0;39m _[2m[nio-4444-exec-1]_[0;39m _[36mc.netflix.
config.ChainedDynamicProperty _[0;39m _[2m:_[0;39m Flipping property:
userService.ribbon.ActiveConnectionsLimit to use NEXT property: niws.
loadbalancer.availabilityFilteringRule.activeConnectionsLimit = 2147483647
_[2m2020-06-07 09:45:08.084_[0;39m _[32m INFO_[0;39m _[35m952_[0;39m _
[2m---_[0;39m _[2m[nio-4444-exec-1]_[0;39m _[36mc.n.u.concurrent.
ShutdownEnabledTimer    _[0;39m _[2m:_[0;39m Shutdown hook installed for:
NFLoadBalancer-PingTimer-userService
_[2m2020-06-07 09:45:08.085_[0;39m _[32m INFO_[0;39m _[35m952_[0;39m _
[2m---_[0;39m _[2m[nio-4444-exec-1]_[0;39m _[36mc.netflix.loadbalancer.
BaseLoadBalancer _[0;39m _[2m:_[0;39m Client: userService instantiated a
LoadBalancer: DynamicServerListLoadBalancer:{NFLoadBalancer:name=
userService,current list of Servers=[],Load balancer stats=Zone stats:
{},Server stats: []}ServerList:null
_[2m2020-06-07 09:45:08.088_[0;39m _[32m INFO_[0;39m _[35m952_[0;39m
_[2m---_[0;39m _[2m[nio-4444-exec-1]_[0;39m _[36mc.n.l.DynamicServerList
LoadBalancer     _[0;39m _[2m:_[0;39m Using serverListUpdater
PollingServerListUpdater
_[2m2020-06-07 09:45:08.103_[0;39m _[32m INFO_[0;39m _[35m952_
[0;39m _[2m---_[0;39m _[2m[nio-4444-exec-1]_[0;39m _[36mc.netflix.
config.ChainedDynamicProperty _[0;39m _[2m:_[0;39m Flipping property:
userService.ribbon.ActiveConnectionsLimit to use NEXT property: niws.
loadbalancer.availabilityFilteringRule.activeConnectionsLimit = 2147483647
_[2m2020-06-07 09:45:08.104_[0;39m _[32m INFO_[0;39m _[35m952_[0;39m _
[2m---_[0;39m _[2m[nio-4444-exec-1]_[0;39m _[36mc.n.l.DynamicServerList
LoadBalancer     _[0;39m _[2m:_[0;39m DynamicServerListLoadBalancer for
client userService initialized: DynamicServerListLoadBalancer:{NFLoadB
alancer:name=userService,current list of Servers=[192.168.1.102:10001,
192.168.1.102:10002],Load balancer stats=Zone stats:
{defaultzone=[Zone:defaultzone;    Instance count:2;    Active connections
count: 0;  Circuit breaker tripped count: 0; Active connections per server: 0.0;]
},Server stats: [[Server:192.168.1.102:10002;    Zone:defaultZone;
Total Requests:0;    Successive connection failure:0; Total blackout
seconds:0;    Last connection made:Thu Jan 01 08:00:00 CST
1970;    First connection made: Thu Jan 01 08:00:00 CST 1970; Active
Connections:0;   total failure count in last (1000) msecs:0;    average
resp time:0.0;   90 percentile resp time:0.0;    95 percentile resp
time:0.0; min resp time:0.0;   max resp time:0.0;   stddev resp time:0.0]
, [Server:192.168.1.102:10001;    Zone:defaultZone;   Total Requests:0;
Successive connection failure:0;    Total blackout seconds:0;   Last
connection made:Thu Jan 01 08:00:00 CST 1970;    First connection made:
Thu Jan 01 08:00:00 CST 1970; Active Connections:0;    total failure
count in last (1000) msecs:0; average resp time:0.0;    90 percentile
resp time:0.0;   95 percentile resp time:0.0;    min resp time:0.0;   max
resp time:0.0;   stddev resp time:0.0]
]}ServerList:org.springframework.cloud.netflix.ribbon.eureka.
DomainExtractingServerList@72970fc2
MyPostFilter
```

具体说明如下。

（1）过滤器的执行顺序为MyPreFilter、MyPreFilter2、MyRoutingFilter和MyPostFilter。

（2）MyPreFilter和MyPreFilter2都是PRE过滤器，MyPreFilter优先被执行，这是因为它的filterOrder()方法的返回值比较小。

（3）MyRoutingFilter2没有被执行，这是因为它的shouldFilter()方法返回false。

（4）在执行完MyRoutingFilter过滤器后，程序通过Ribbon调用UserService。

### 8.2.5 设置Zuul网关的白名单

Zuul网关作为外部消费者请求内部服务的唯一入口，担负着守卫内部服务安全的职责。通常可以通过设置白名单，禁止未经授权的访问。这里所指的白名单实际上就是一个IP地址的列表。在Zuul网关程序中，可以判断每个请求包来自的IP地址是否在白名单中，如果不在白名单中，则拒绝请求。

**1．获取请求来自的IP地址**

在Java中，HttpServletRequest对象代表来自客户端的请求，从中可以获取到客户端的信息。HttpServletRequest对象的常用方法如表8.2所示。

表8.2　　　　　　　　　　　　　　HttpServletRequest对象的常用方法

| 方法名 | 说明 |
| --- | --- |
| getHeader(String name) | 返回指定名称的请求头字符串。例如，request.getHeader("HTTP_CLIENT_IP")可以返回客户端IP地址 |
| getHeaders(String name) | 返回指定名称的所有请求头的枚举 |
| getHeaderNames() | 返回请求头中包含的所有名称的枚举 |
| getParameter(String name) | 根据name获取请求参数 |
| getParameterValues(String name) | 根据name获取请求参数列表 |
| getRemoteAddr() | 返回客户端IP地址 |

下面定义一个getIpAddr()方法，用于获取HttpServletRequest对象中所包含的IP地址：

```
/*
 * 获取IP地址
 *
 * @paramrequest
 * @return
 */
public String getIpAddr(HttpServletRequest request) {
    String ip = request.getHeader("X-Forwarded-For");
    if (ip == null || ip.length() == 0 || "unknown".equalsIgnoreCase(ip)) {
        ip = request.getHeader("Proxy-Client-IP");
    }
    if (ip == null || ip.length() == 0 || "unknown".equalsIgnoreCase(ip)) {
        ip = request.getHeader("WL-Proxy-Client-IP");
```

```java
    }
    if (ip == null || ip.length() == 0 || "unknown".equalsIgnoreCase(ip)) {
        ip = request.getHeader("HTTP_CLIENT_IP");
    }
    if (ip == null || ip.length() == 0 || "unknown".equalsIgnoreCase(ip)) {
        ip = request.getHeader("HTTP_X_FORWARDED_FOR");
    }
    if (ip == null || ip.length() == 0 || "unknown".equalsIgnoreCase(ip)) {
        ip = request.getRemoteAddr();
    }
    return ip;
}
```

程序利用了表8.2所示的返回客户端IP地址的方法，经过比对最终返回请求中所包含的IP地址。

**2．实现白名单功能的过滤器类IPFilter**

在com.example.zuulserver.Filters包下创建过滤器类IPFilter，代码如下：

```java
public class IPFilter extends ZuulFilter {
    private String[] whitelist;
    @Value("${filter.ip.whitelist}")
    private String strIPWhitelist;
    @Value("${filter.ip.whitelistenabled}")
    private String WhitelistEnabled;
    // Logger logger = LoggerFactory.getLogger(getClass());
    @Override
    public boolean shouldFilter() {
        if("true".equalsIgnoreCase(WhitelistEnabled))
            return true;
        else {
            return false;
        }
    }
    @Override
    public Object run() throws ZuulException {
        System.out.println(strIPWhitelist);
        whitelist = strIPWhitelist.split("\\,");
        RequestContext ctx = RequestContext.getCurrentContext();
        HttpServletRequest req = ctx.getRequest();
        String ipAddr = this.getIpAddr(req);
        System.out.println("请求IP地址为：[" + ipAddr + "]");
        // 配置本地IP地址白名单，生产环境可放入数据库或者Redis中
        List<String> ips = new ArrayList<String>();
        for (int i = 0; i < whitelist.length; ++i) {
            System.out.println(whitelist[i]);// 这里输出a b c
            ips.add(whitelist[i]);
        }
        System.out.println("whitelist: " + ips.toString());
        // 配置本地IP地址白名单，生产环境可放入数据库或者Redis中
        if (!ips.contains(ipAddr)) {
            System.out.println("未通过IP地址校验.[" + ipAddr + "]");
```

```java
            ctx.setResponseStatusCode(401);
            ctx.setSendZuulResponse(false);
            ctx.getResponse().setContentType("application/json;charset=UTF-8");
            ctx.setResponseBody("{\"errrocode\":\"00001\", \"errmsg\": \"IpAddr is forbidden![" + ipAddr + "]\"}");
        }
        return null;
    }
    @Override
    public String filterType() {
        return "pre";
    }
    @Override
    public int filterOrder() {
        return 0;
    }
    /*
     * 获取IP地址
     *
     * @paramrequest
     * @return
     */
    public String getIpAddr(HttpServletRequest request) {
        String ip = request.getHeader("X-Forwarded-For");
        if (ip == null || ip.length() == 0 || "unknown".equalsIgnoreCase(ip)) {
            ip = request.getHeader("Proxy-Client-IP");
        }
        if (ip == null || ip.length() == 0 || "unknown".equalsIgnoreCase(ip)) {
            ip = request.getHeader("WL-Proxy-Client-IP");
        }
        if (ip == null || ip.length() == 0 || "unknown".equalsIgnoreCase(ip)) {
            ip = request.getHeader("HTTP_CLIENT_IP");
        }
        if (ip == null || ip.length() == 0 || "unknown".equalsIgnoreCase(ip)) {
            ip = request.getHeader("HTTP_X_FORWARDED_FOR");
        }
        if (ip == null || ip.length() == 0 || "unknown".equalsIgnoreCase(ip)) {
            ip = request.getRemoteAddr();
        }
        return ip;
    }
}
```

代码中使用了下面2个配置项。

- filter.ip.whitelist：指定白名单IP地址列表，以逗号分隔。
- filter.ip.whitelistenabled：指定是否启用白名单。

在run()方法中，程序首先拆分白名单IP地址列表；然后调用this.getIpAddr(req)方法以返回请求包中所包含的IP地址，判断其是否在白名单中。如果不在白名单中，则调用ctx.setResponseStatusCode(401)方法，返回401，代表没有访问权限。

filterType()方法的代码如下：

```
@Override
public String filterType() {
    return "pre";
}
```

这说明此过滤器为PRE过滤器。
shouldFilter()方法的代码如下：

```
@Override
public boolean shouldFilter() {
    if("true".equalsIgnoreCase(WhitelistEnabled))
    return true;
    else {
        return false;
    }
}
```

当WhitelistEnabled等于true时，启用过滤器，否则禁用过滤器。

### 3．部署集成白名单的Zuul网关

（1）对本项目zuulserver进行打包，得到zuulserver-0.0.1-SNAPSHOT.jar文件。

（2）在CentOS服务器上执行下面的命令，在/usr/local/src/microservice文件夹下创建一个子文件夹zuulserver。/usr/local/src/microservice文件夹在第3章中已经创建。

```
mkdir /usr/local/src/microservice/zuulserver
```

（3）使用WinSCP将zuulserver-0.0.1-SNAPSHOT.jar和application.yml分别上传至/usr/local/src/microservice/zuulserver。

（4）执行下面的命令，编辑zuulserver.service，定义zuulserver所对应的服务。

```
cd /etc/systemd/system
vi zuulserver.service
```

zuulserver.service的内容如下：

```
[Unit]
    Description=ZUUL service
[Service]
    Type=simple
    ExecStart= /usr/bin/java -jar /usr/local/src/microservice/zuulserver/
    zuulserver-0.0.1-SNAPSHOT.jar --spring.config.location=/usr/local/src/
    microservice/zuulserver/application.yml
[Install]
    WantedBy=multi-user.target
```

保存并退出后，执行下面的命令以刷新服务配置文件。

```
systemctl daemon-reload
```

启动zuulserver.service的命令如下：

```
systemctl start zuulserver.service
```

执行下面的命令以设置自动启动zuulserver服务。

```
systemctl enable zuulserver.service
```

打开浏览器，访问Eureka服务注册中心的主页，如果可以看到API-GATEWAY服务，则说明Zuul网关服务已经成功启动，如图8.3所示。

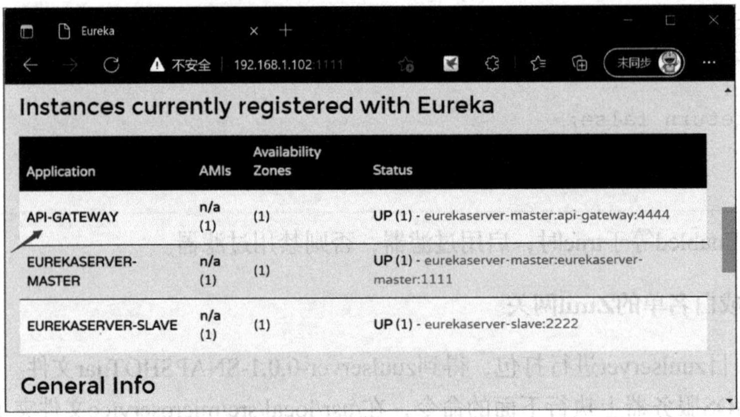

图8.3　Zuul网关服务已经注册到Eureka服务注册中心

### 4．使用Postman测试通过Zuul网关调用服务

启动Zuul网关服务后，即可通过Zuul网关来调用微服务架构中的服务。打开Postman，在URL文本框中填写如下URL：

```
http://192.168.1.102:4444/users/user/getAll
```

如果可以获取到所有用户的数据，则说明Zuul网关工作正常。正常的返回结果如下：

```
[
    {
        "username": "zhangsan",
        "password": "123456",
        "name": "张三"
    }
]
```

## 8.2.6　记录访问日志

在POST过滤器的run()方法中，可以利用RequestContext对象获取代表客户端请求的HttpServletRequest对象request，并且可以通过request对象收集Zuul网关的统计信息，代码如下：

```
RequestContext ctx = RequestContext.getCurrentContext();
```

```
HttpServletRequest request = ctx.getRequest();
```

然后对request对象进行解析，得到如下信息。
- HTTP方法：通过request.getMethod()方法可以获取请求的HTTP方法。
- 请求路径：通过request.getServletPath()方法可以获取请求的路径。

【例8.2】在POST过滤器中记录Zuul网关的访问日志。

创建一个Spring Starter项目，项目名为zuulserver_log。在pom.xml中引入spring-cloud-starter-netflix-eureka-client、spring-cloud-starter-netflix-zuul依赖。参照8.2.1小节设置项目的启动类。

在com.example.zuulserver_log.Filters包下创建过滤器类LogFilter，代码如下：

```
public class LogFilter   extends ZuulFilter {
    // 记录日志
    private static final Logger logger = LoggerFactory.getLogger(LogFilter.class);
    @Override
    public boolean shouldFilter() {
        return true;
    }
    @Override
    public Object run() throws ZuulException {
        RequestContext ctx = RequestContext.getCurrentContext();
        HttpServletRequest request = ctx.getRequest();
        String ipaddr = this.getIpAddr(request);   // 请求的IP地址
        InputStream in = null;
        try {
            in = request.getInputStream();
        } catch (IOException e2) {
            // TODO Auto-generated catch block
            e2.printStackTrace();
        }
        String method = request.getMethod();   // HTTP方法
        String interfaceMethod = request.getServletPath();// 请求路径
        // 响应的消息体
        SimpleDateFormat df = new SimpleDateFormat("yyyy-MM-dd HH:mm:ss");
        // 设置日期和时间格式
        String nowString = df.format(new Date());
        // 必须将结果重新写入流，否则没有返回
        InputStream out = ctx.getResponseDataStream();
        String outBody = null;
        try {
            outBody = StreamUtils.copyToString(out, Charset.forName("UTF-8"));
        } catch (IOException e) {
            // TODO Auto-generated catch block
            e.printStackTrace();
        }
        ctx.setResponseBody(outBody);
        String msg = nowString +": IP地址:"+ipaddr+",请求方法:"+method+",
        请求路由:"+interfaceMethod;
        logger.info(msg);
        return null;
    }
    @Override
```

```java
    public String filterType() {
        return "post";
    }
    @Override
    public int filterOrder() {
        return 0;
    }
    /*
     * 获取IP地址
     *
     * @param request
     * @return
     */
    public String getIpAddr(HttpServletRequest request) {
        String ip = request.getHeader("X-Forwarded-For");
        if (ip == null || ip.length() == 0 || "unknown".equalsIgnoreCase
        (ip)) {
            ip = request.getHeader("Proxy-Client-IP");
        }
        if (ip == null || ip.length() == 0 || "unknown".equalsIgnoreCase
        (ip)) {
            ip = request.getHeader("WL-Proxy-Client-IP");
        }
        if (ip == null || ip.length() == 0 || "unknown".equalsIgnoreCase
        (ip)) {
            ip = request.getHeader("HTTP_CLIENT_IP");
        }
        if (ip == null || ip.length() == 0 || "unknown".equalsIgnoreCase
        (ip)) {
            ip = request.getHeader("HTTP_X_FORWARDED_FOR");
        }
        if (ip == null || ip.length() == 0 || "unknown".equalsIgnoreCase
        (ip)) {
            ip = request.getRemoteAddr();
        }
        return ip;
    }
}
```

请参照注释理解代码。

项目中application.yml的代码如下：

```yaml
spring:
  application:
    name: api-gateway
server:
  port: 4444
eureka:
  client:
    service-url:
      defaultZone: http://eurekaserver-master:1111/eureka/, http://eurekaserver-slave:2222/eureka/
zuul:
  routes:
```

```
      user:
        path: /users/**
        serviceId: userService
ribbon:
  ReadTimeout: 10000
  ConnectTimeout: 10000
logging:
  file:
    path: logs
```

其中配置了指向Eureka服务的URL，以及到UserService服务的路由，也指定了日志目录为项目目录下的logs。

确认Eureka服务运行正常，并且UserService服务已经启动。然后运行项目，打开Postman，访问如下URL：

```
http://localhost:4444/users/user/getAll
```

如果一切正常，则可以返回所有用户的数据。而且在项目zuulserver_log文件夹中会创建一个logs文件夹，其中包含日志文件spring.log。spring.log文件中记录了通过Zuul网关访问服务的请求信息，具体如下：

```
2020-06-27 09:46:22.628  INFO 9988 --- [http-nio-4444-exec-2]
c.e.zuulserver_log.Filters.LogFilter: 2020-06-27 09:46:22: IP地址:0:0:0:0:
0:0:0:1,请求方法:GET, 请求路径:/users/user/getAll
```

## 8.3 应用程序通过API网关调用服务接口

在本书第4章中介绍过常用的HTTP方法包括GET和POST两种类型。本节介绍在应用程序中以GET方式和POST方式调用接口的方法。

### 8.3.1 在应用程序中以GET方式调用接口

在应用程序中以GET方式调用接口的过程如下。
（1）准备连接对象。
（2）设置连接方式和超时时间等属性。
（3）建立连接并调用接口。
（4）处理响应数据。

**1．准备连接对象**

在Java语言中，可以使用java.net.URL定义一个要建立HTTP连接的URL对象，代码如下：

```
URL url = new URL(httpurl);
```

httpurl就是要建立HTTP连接的URL字符串。通过URL对象可将HTTP连接建立到httpurl，并可得到一个HttpURLConnection对象，代码如下：

```
connection = (HttpURLConnection) url.openConnection();
```

### 2．设置连接方式和超时时间等属性

使用下面的代码可以将HTTP连接的请求方式设置为GET：

```
connection.setRequestMethod("GET");
```

使用下面的代码可以设置HttpURLConnection对象的超时时间：

```
// 设置连接主机服务器的超时时间：15000ms（15s）
connection.setConnectTimeout(15000);
// 设置读取主机服务器返回数据的超时时间：60000ms（60s）
connection.setReadTimeout(60000);
```

### 3．建立连接并调用接口

调用HttpURLConnection对象的connect()方法即可建立连接并调用接口，例如：

```
connection.connect();
```

### 4．处理响应数据

从接口服务器返回的响应数据包括响应编码ResponseCode和响应数据的输入流InputStream。

调用connection.getResponseCode()方法可以返回HTTP请求的响应编码ResponseCode。如果响应编码等于200，则表明调用成功。调用connection.getInputStream()方法可以返回HTTP请求的输入流，对输入流进行处理，即可得到响应字符串，代码如下：

```
is = connection.getInputStream();
// 封装输入流is，并指定字符集
br = new BufferedReader(new InputStreamReader(is, "UTF-8"));
// 存放数据
StringBuffer sbf = new StringBuffer();
String temp = null;
while ((temp = br.readLine()) != null) {
    sbf.append(temp);
    sbf.append("\r\n");
}
result = sbf.toString();
```

【例8.3】在应用程序中以GET方式调用接口。

创建一个Spring Starter项目Sample8_3，在pom.xml中添加httpclient依赖，代码如下：

```
<dependency>
    <groupId>org.apache.httpcomponents</groupId>
    <artifactId>httpclient</artifactId>
```

```
        <version>4.5.10</version>
    </dependency>
```

创建名为com.microservice.Sample8_3.utils的包,并在它的下面创建类HttpHelper,用于调用HTTP接口。在类HttpHelper中包含一个doGet()方法,用于实现以GET方式调用接口的功能,代码如下:

```
/**
 * 返回成功状态码
 */
private static final int SUCCESS_CODE = 200;
public static String doGet(String httpurl) {
    HttpURLConnection connection = null;
    InputStream is = null;
    BufferedReader br = null;
    String result = null;// 返回结果字符串
    try {
        // 创建远程URL连接对象
        URL url = new URL(httpurl);
        // 通过远程URL连接对象打开一个连接,并将其强制转换成HttpURLConnection类
        connection = (HttpURLConnection) url.openConnection();
        // 设置连接方式: GET
        connection.setRequestMethod("GET");
        // 设置连接主机服务器的超时时间: 15000ms
        connection.setConnectTimeout(15000);
        // 设置读取主机服务器返回数据的超时时间: 60000ms
        connection.setReadTimeout(60000);
        // 发送请求
        connection.connect();
        // 通过connection连接获取输入流
        int code =connection.getResponseCode();
        if (code  == 200) {
            is = connection.getInputStream();
            // 封装输入流is,并指定字符集
            br = new BufferedReader(new InputStreamReader(is, "UTF-8"));
            // 存放数据
            StringBuffer sbf = new StringBuffer();
            String temp = null;
            while ((temp = br.readLine()) != null) {
                sbf.append(temp);
                sbf.append("\r\n");
            }
            result = sbf.toString();
        }
        else {
            result = "返回错误。ResponseCode:"+code;
        }
    } catch (MalformedURLException e) {
        e.printStackTrace();
    } catch (IOException e) {
        e.printStackTrace();
    } finally {
```

```
            // 关闭资源
            if (null != br) {
                try {
                    br.close();
                } catch (IOException e) {
                    e.printStackTrace();
                }
            }
            if (null != is) {
                try {
                    is.close();
                } catch (IOException e) {
                    e.printStackTrace();
                }
            }
            connection.disconnect();// 关闭远程连接
        }
        return result;
    }
```

程序根据响应编码ResponseCode处理doGet()方法的返回结果。如果ResponseCode等于200，则返回输入流字符串；否则返回响应编码ResponseCode，以便分析造成错误的原因。

在项目启动类的main()函数中添加如下代码，调用接口http://192.168.1.102:10001/user/getAll，并输出返回结果。

```
@SpringBootApplication
public class Sample83Application {
    public static void main(String[] args) {
        SpringApplication.run(Sample83Application.class, args);
        String url ="http://192.168.1.102:10001/user/getAll";
        String result = HttpHelper.doGet(url);
        System.out.println(result);
    }
}
```

运行项目，可以在控制台看到如下返回结果：

```
[{"username":"zhangsan","password":"123456","name":"张三"}]
```

这正是调用接口所返回的数据。

## 8.3.2 在应用程序中以POST方式调用接口

在应用程序中以POST方式调用接口的步骤如下。
（1）准备连接对象。
（2）设置连接方式和超时时间等属性。
（3）设置传送数据相关的属性。
（4）建立连接并传送数据。
（5）处理响应数据。

其中步骤（1）、步骤（2）、步骤（5）与8.3.1小节中的相同，请参照理解。下面介绍步骤（3）和步骤（4）的具体方法。

### 1．设置传送数据相关的属性

当向远程服务器传送数据（写数据）时，需要调用connection.setDoOutput(true)方法以将连接对象的doOutput属性值设置为true。

### 2．建立连接并传送数据

传送数据时，应首先获取连接对象的输出流，然后向其中写入待推送的数据param，方法如下：

```
// 通过连接对象获取一个输出流
os = connection.getOutputStream();
// 通过输出流对象将参数写出去（传输出去），它是通过字节数组写出的
os.write(param.getBytes());
```

【例8.4】在应用程序中以POST方式调用接口。

创建一个Spring Starter项目Sample8_4，在pom.xml中添加httpclient依赖。创建名为com.microservice. Sample8_4.utils的包，并在它的下面创建类HttpHelper，用于调用HTTP接口。在类HttpHelper中包含一个doPost()方法，用于实现以POST方式调用接口的功能。代码如下：

```
public static String doPost(String httpUrl, String param) {
    HttpURLConnection connection = null;
    InputStream is = null;
    OutputStream os = null;
    BufferedReader br = null;
    String result = null;
    try {
        URL url = new URL(httpUrl);
        // 通过远程URL连接对象打开连接
        connection = (HttpURLConnection) url.openConnection();
        // 设置连接方式
        connection.setRequestMethod("POST");
        // 设置连接主机服务器的超时时间：15000ms
        connection.setConnectTimeout(15000);
        // 设置读取主机服务器返回数据的超时时间：60000ms
        connection.setReadTimeout(60000);
        // 默认值为false，当远程服务器传送数据（写数据）时，需要设置为true
        connection.setDoOutput(true);
        // 默认值为true，当向远程服务器读取数据时，需要设置为true。该参数可有可无
        connection.setDoInput(true);
        // 设置传入参数的格式：请求参数应该是name1=value1&name2=value2的形式
        connection.setRequestProperty("Content-Type", "application/x-www-form-urlencoded");
        // 设置鉴权信息：Authorization: Bearer da3efcbf-0845-4fe3-8aba-ee040be542c0
        // connection.setRequestProperty("Authorization", "Bearer
        // da3efcbf-0845-4fe3-8aba-ee040be542c0");
        // 通过连接对象获取一个输出流
        os = connection.getOutputStream();
```

```java
            // 通过输出流对象将参数写出去(传送出去),它是通过字节数组写出的
            os.write(param.getBytes());
            int code = connection.getResponseCode();
            System.out.println(code);
            // 通过连接对象获取一个输入流,向远程服务器读取
            if (code == 200) {
                is = connection.getInputStream();
                // 对输入流对象进行包装:charset根据工作项目组的要求来设置
                br = new BufferedReader(new InputStreamReader(is, "UTF-8"));
                StringBuffer sbf = new StringBuffer();
                String temp = null;
                // 循环遍历:一行一行地读取数据
                while ((temp = br.readLine()) != null) {
                    sbf.append(temp);
                    sbf.append("\r\n");
                }
                result = sbf.toString();
            } else {
                result = "返回错误。ResponseCode:" + code;
            }
        } catch (MalformedURLException e) {
            e.printStackTrace();
        } catch (IOException e) {
            e.printStackTrace();
        } finally {
            // 关闭资源
            if (null != br) {
                try {
                    br.close();
                } catch (IOException e) {
                    e.printStackTrace();
                }
            }
            if (null != os) {
                try {
                    os.close();
                } catch (IOException e) {
                    e.printStackTrace();
                }
            }
            if (null != is) {
                try {
                    is.close();
                } catch (IOException e) {
                    e.printStackTrace();
                }
            }
            // 断开与远程地址URL的连接
            connection.disconnect();
        }
        return result;
    }
```

如果推送的是JSON字符串，则需要将Content-Type设置为"application/json; charset=utf-8"。实现推送JSON字符串功能的doPostJson()方法的代码如下：

```java
public static String doPostJson(String httpUrl, String param) {
    HttpURLConnection connection = null;
    InputStream is = null;
    OutputStream os = null;
    BufferedReader br = null;
    String result = null;
    try {
        URL url = new URL(httpUrl);
        // 通过远程URL连接对象打开连接
        connection = (HttpURLConnection) url.openConnection();
        // 设置连接方式
        connection.setRequestMethod("POST");
        // 设置连接主机服务器的超时时间：15000ms
        connection.setConnectTimeout(15000);
        // 设置读取主机服务器返回数据的超时时间：60000ms
        connection.setReadTimeout(60000);
        // 默认值为false，当向远程服务器传送数据（写数据）时，需要设置为true
        connection.setDoOutput(true);
        // 默认值为true，当向远程服务器读取数据时，需要设置为true。该参数可有可无
        connection.setDoInput(true);
        // 设置传入参数的格式：请求参数应该是name1=value1&name2=value2的形式
        connection.setRequestProperty("Content-Type", "application/json; charset=utf-8");
        // 设置鉴权信息：Authorization: Bearer da3efcbf-0845-4fe3-8aba-ee040be542c0
        // connection.setRequestProperty("Authorization", "Bearer
        // da3efcbf-0845-4fe3-8aba-ee040be542c0");
        // 通过连接对象获取一个输出流
        os = connection.getOutputStream();
        // 通过输出流对象将参数写出去（传送出去），它是通过字节数组写出的
        os.write(param.getBytes());
        int code = connection.getResponseCode();
        System.out.println(code);
        // 通过连接对象获取一个输入流，向远程服务器读取
        if (code == 200) {
            is = connection.getInputStream();
            // 对输入流对象进行包装：charset根据工作项目组的要求来设置
            br = new BufferedReader(new InputStreamReader(is, "UTF-8"));
            StringBuffer sbf = new StringBuffer();
            String temp = null;
            // 循环遍历：一行一行地读取数据
            while ((temp = br.readLine()) != null) {
                sbf.append(temp);
                sbf.append("\r\n");
            }
            result = sbf.toString();
        } else {
            result = "返回错误。ResponseCode: " + code;
        }
```

```
        } catch (MalformedURLException e) {
            e.printStackTrace();
        } catch (IOException e) {
            e.printStackTrace();
        } finally {
            // 关闭资源
            if (null != br) {
                try {
                    br.close();
                } catch (IOException e) {
                    e.printStackTrace();
                }
            }
            if (null != os) {
                try {
                    os.close();
                } catch (IOException e) {
                    e.printStackTrace();
                }
            }
            if (null != is) {
                try {
                    is.close();
                } catch (IOException e) {
                    e.printStackTrace();
                }
            }
            // 断开与远程地址URL的连接
            connection.disconnect();
        }
        return result;
    }
```

在项目启动类的main()函数中添加如下代码，调用接口http://192.168.1.102:10001/user/add，向服务器推送一个新的用户"李四"。

```
@SpringBootApplication
public class Sample84Application {

    public static void main(String[] args) {
        SpringApplication.run(Sample84Application.class, args);

        String url = "http://192.168.1.102:10001/user/add";
        String data = "{" +    " \"name\": \"李四\"," +
                      "    \"password\": \"pass\"," +
                      "    \"username\": \"lee\"" +    "}";
        HttpHelper.doPostJson(url, data);
    }
}
```

运行项目，然后运行例8.3，可以在控制台看到如下返回结果：

```
[{"username":"lee","password":"pass","name":"李四"},{"username":"zhangsan",
"password":"123456","name":"张三"}]
```

这说明用户"李四"已经被添加到了数据库中。

## 本章小结

本章首先介绍了微服务架构API网关的工作原理；其次介绍了通过Spring Cloud Zuul组件实现API网关的方法，以及在应用程序中通过API网关调用服务接口的方法。

本章的主要目的是使读者了解微服务架构API网关的工作原理和Spring Cloud Zuul组件的编程方法。通过学习本章内容，读者可以利用Spring Cloud Zuul组件开发微服务架构中的API网关。

## 习题 8

**一、选择题**

1. 在项目的启动类中添加（　　）注解，表示在项目中启用Zuul组件。
   A. @EnableFeignClients　　　　　　B. @EnableEurekaClient
   C. @EnableZuulProxy　　　　　　　D. @EnableDiscoveryClient
2. 最先被调用的Zuul过滤器的类型是（　　）。
   A. PRE过滤器　　　　　　　　　　B. ROUTE过滤器
   C. POST过滤器　　　　　　　　　 D. ERROR过滤器

**二、填空题**

1. Zuul默认集成　__【1】__　以实现调用的负载均衡。
2. 　__【2】__　是所有Zuul过滤器的基类。
3. 在Java语言中，可以使用　__【3】__　来定义一个要建立HTTP连接的URL对象。

**三、简答题**

1. 简述在微服务架构中Spring Cloud Zuul的作用。

# 第 9 章 微服务配置中心

微服务架构中可以包含很多服务,每个服务还可以部署多个副本。因此在修改配置的时候,运维人员可能需要修改很多实例的application.yml,工作量大,而且容易出错。通过Spring Cloud Config服务器,运维人员可以实现微服务的中心化配置管理。

## 9.1 Spring Cloud Config概述

Spring Cloud Config可以提供分布式系统中服务器和客户端的外部配置支持,在配置服务器中可以集中管理不同环境下应用程序的外部属性。

应用程序在开发环境、测试环境和生产环境间迁移时,可以使用Spring Cloud Config管理各种环境下的应用程序的配置。默认情况下,使用Git作为配置数据的后端存储服务器,因此可以很容易地实现配置环境的版本标记。

微服务配置中心由服务器应用和客户端应用组成。服务器应用负责配置数据的管理和存储,客户端应用负责读取和应用配置数据,具体如图9.1所示。

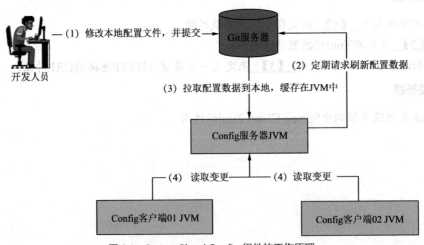

图 9.1 Spring Cloud Config 组件的工作原理

## 9.2 Git基础

默认情况下，Spring Cloud Config使用Git作为存储配置数据的仓库。Git是目前应用非常广泛的分布式版本控制系统，利用Git可以记录程序或文档的不同版本，也就是记录每一次对文件的改动。表9.1演示了Git记录文件版本的情形。

表9.1　　　　　　　　　　　　模拟Git记录文件版本的情形

| 版本 | 文件 | 改动记录 | 操作用户 | 操作时间 |
| --- | --- | --- | --- | --- |
| 1 | SpringCloud.doc | 增加了"第1章 微服务架构概述" | 张三 | 2021/06/08 15:42:05 |
| 2 | SpringCloud.doc | 将"第1章 微服务架构概述"修改为"第1章 Spring Cloud架构概述" | 李四 | 2021/06/08 15:45:16 |
| 3 | SpringCloud.doc | 增加了"测试内容" | 王五 | 2021/06/08 18:55:18 |
| 4 | SpringCloud.doc | 删除了"测试内容" | 小明 | 2021/06/09 15:55:38 |

根据改动记录可以将文件恢复至不同的版本。

### 9.2.1 Git的工作流程

Git的工作流程如图9.2所示。

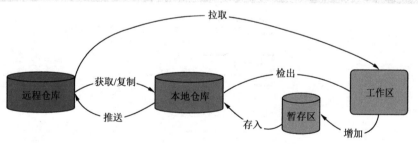

图 9.2　Git 的工作流程

从图9.2中可以看到，数据不但存储在远程仓库中，还存储在本地仓库中。用户的工作区可以从远程仓库中拉取数据，也可以从本地仓库中检出数据。所谓检出，就是从仓库中获取数据，但数据仍然在Git的管理之下，与版本库有关联；而拉取则只是从仓库中获取数据，获取到的数据与仓库无关。

工作区是用户计算机上的一个文件夹，其中的文件均被纳入Git的版本管理范围内，与版本库相关联。

在工作区中，有一个隐藏文件.git，这就是本地版本库。

## 9.2.2 注册GitHub账号

GitHub是知名的远程Git仓库。要使用GitHub远程仓库托管代码，首先需要在GitHub官网注册一个GitHub账号。注册页面如图9.3所示。根据提示填写表单，即可完成注册。

图 9.3 注册页面

## 9.2.3 创建GitHub仓库

登录GitHub官网，单击 New 按钮，打开新建GitHub仓库页面，如图9.4所示。

图 9.4 新建 GitHub 仓库页面

输入仓库名称，然后单击Create repository按钮即可。

## 9.2.4 在STS中上传代码至GitHub仓库

因为STS是基于Eclipse的，所以它们的配置和操作方法是类似的。右击项目名，在快捷菜单中选择Team/share project，打开配置GitHub仓库窗口，如图9.5所示。

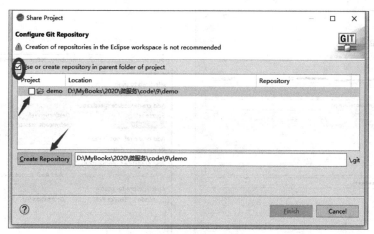

图 9.5 配置 GitHub 仓库窗口

选中Use or create repository in parent folder of project，然后在下面的列表框中选中当前项目，单击Create Repository按钮，创建本地仓库，然后单击Finish按钮，关闭窗口。

再次右击项目名，展开Team菜单项，可以看到比之前多了一些子菜单，选择Commit，打开Git Staging窗格，如图9.6所示。在这里可以配置提交代码到GitHub仓库的参数。在Git Staging窗格的左侧列出了尚未归档的文件列表，选中要提交的文件，然后单击╋按钮，或者单击╋按钮以选中所有文件。选中的文件将会出现在下面的待提交文件列表中。可以在右侧的文本框中输入一段注释文字，然后单击右下方的Commit按钮提交。

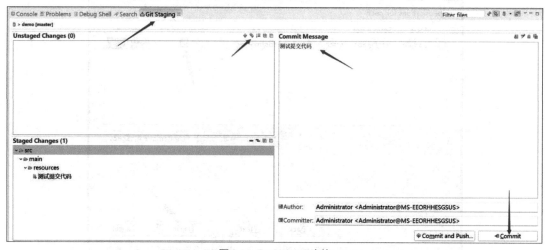

图 9.6 Git Staging 窗格

此时，在Package Explore窗格中，项目名右侧出现了[项目名master]提示，并且包和文件前面的图标中出现了数据库角标 ▤，表示文件已被成功提交到了本地。

接下来将代码提交至GitHub。右击项目名，在快捷菜单中选择Team/Remote/Push，打开Push to Another Repository窗口，如图9.7所示。

在URI文本框中粘贴前面得到的GitHub仓库HTTPS URL，然后在下面填写用户名和密码。单击Next按钮，进入Push Ref Specifications，如图9.8所示。

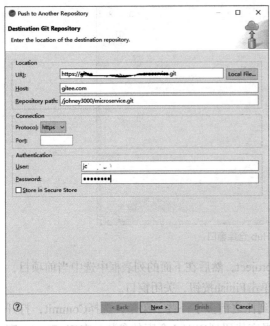
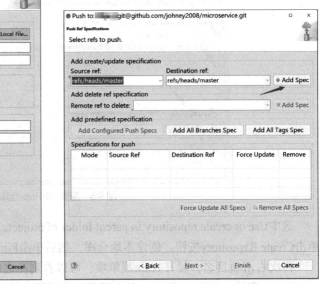

图 9.7　Push to Another Rapository 窗口　　　　图 9.8　进入 Push Ref Specifications

在Source ref的下拉列表框中选择要上传的分支，例如refs/heads/master，然后单击Add Spec按钮，选中的分支会出现在窗口下面的Specifications for push列表中，如图9.9所示。

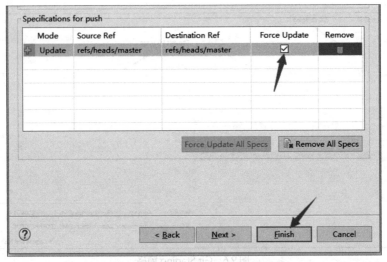

图 9.9　Specifications for push 列表

选中Force Update，然后单击Finish按钮。如果一切正常，则可以将代码上传至指定的GitHub仓库。登录GitHub网站，可以查看到上传至指定GitHub仓库的文件列表，如图9.10所示。

图 9.10　上传至指定 GitHub 仓库的文件列表

## 9.3 开发配置中心的服务器

Spring Cloud Config服务器程序是Spring应用程序和配置文件版本库的中介。Spring应用程序通过Spring Cloud Config服务器程序存取版本库中的配置数据。配置数据可以是"键值对"参数或者.yml文件。

### 9.3.1 在项目中启用Spring Cloud Config Server组件

要在Spring Boot项目中启用Spring Cloud Config Server组件，首先需要在pom.xml中添加spring-cloud-config-server依赖，代码如下：

```
<dependency>
    <groupId>org.springframework.cloud</groupId>
    <artifactId>spring-cloud-config-server</artifactId>
</dependency>
```

然后在项目的启动类中添加@EnableConfigServer注解，表示在项目中启用配置服务器，代码如下：

```
@EnableConfigServer
@SpringBootApplication
public class ConfigServerApplication {
    public static void main(String[] args) {
        SpringApplication.run(ConfigServerApplication.class, args);
    }
}
```

## 9.3.2 共享Config Server的本地配置文件

使用Git管理配置文件比较复杂,先来看一个简单的应用场景,即共享Config Server的本地配置文件,也就是将其他应用程序使用的配置文件添加到Config Server项目中。

在Config Server项目中,配置文件的命名规则如下:

```
{application}-{profile}.properties
```

或者

```
{application}-{profile}.yml
```

{application}用来标识应用程序,例如UserService、Zuul等。{profile}通常用于指定不同应用场景下的配置文件,例如,可以使用pro标识生产环境,使用dev标识开发环境。

一个应用程序在不同应用场景下的配置文件会有差异,但是大多数配置项是一致的。例如,一个服务项目demo在不同应用场景下的公用配置项如下:

```yaml
spring:
  application:
    name: demo
server:
  port: 11001
```

假定将以上代码保存为demo.yml。

但是,它在生产环境下与开发环境下指向的服务注册中心不同。例如,在生产环境下指向Eureka服务注册中心的配置代码如下:

```yaml
eureka:
  client:
    service-url:
      zone-1: http://eurekaserver-pro-master:1111/eureka/
      zone-2: http://eurekaserver-pro-slave:2222/eureka/
      defaultZone: http://eurekaserver-pro-master:1111/eureka/,http://eurekaserver-pro-slave:2222/eureka/
```

假定将以上代码保存为demo-pro.yml。

在开发环境下指向Eureka服务注册中心的配置代码如下:

```yaml
eureka:
  client:
    service-url:
      zone-1: http://eurekaserver-dev-master:1111/eureka/
      zone-2: http://eurekaserver-dev-slave:2222/eureka/
      defaultZone: http://eurekaserver-dev-master:1111/eureka/,http://eurekaserver-dev-slave:2222/eureka/
```

假定将以上代码保存为demo-dev.yml。

以上配置仅用于演示,没有实际意义。

在Config Server项目的application.yml中添加如下代码,即可指定配置中心使用本地的配置文件。

```
spring:
  profiles:
    active: native
```

【例9.1】一个使用本地配置文件的案例。

创建一个Spring Starter项目ConfigServerLocal，参照9.3.1小节配置pom.xml中的依赖和项目的启动类。

在/src/main/resources/目录下添加demo.yml、demo-pro.yml和demo-dev.yml这3个配置文件，内容参见前文。

项目ConfigServerLocal中application.yml的代码如下：

```
spring:
  application:
    name: springcloud-config-server
  profiles:
    active: native
server:
  port: 9005
eureka:
  client:
    service-url:
      defaultZone: http://eurekaserver-master:1234/eureka/, http://
      eurekaserver-slave:2222/eureka/
```

运行项目ConfigServerLocal，打开浏览器，访问如下URL：

```
http://localhost:9005/demo-pro.yml
```

结果如图9.11所示。

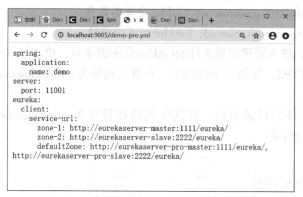

图 9.11　通过浏览器访问 Config Server 的本地配置文件

可以看到，得到的结果相当于demo.yml和demo-pro.yml的合集。

也可以通过访问如下格式的URL，获取配置数据。

```
http://域名:端口/{application}/{profile}
```

例如，可以访问如下URL：

```
http://localhost:9005/demo/pro
```

结果如图9.12所示。

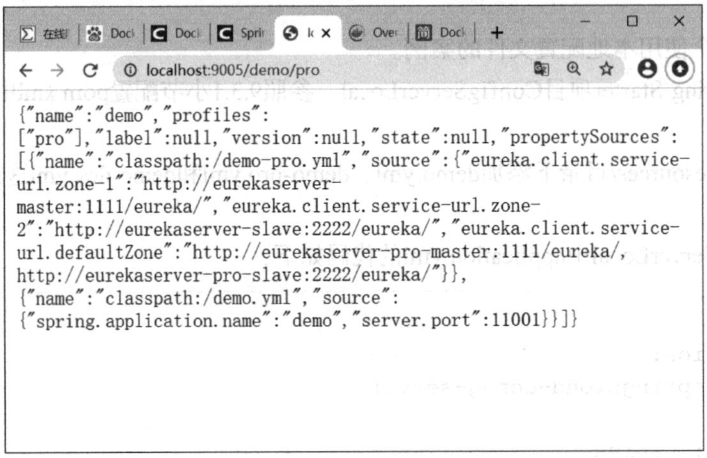

图9.12　通过浏览器访问 Config Server 的配置数据

可以看到，得到的配置数据是JSON格式的字符串。

### 9.3.3　使用Git管理配置文件

在Config Server项目的application.yml中，可以指定管理配置文件的GitHub仓库的属性，具体如下。

- spring.cloud.config.server.git.uri：GitHub仓库的地址。
- spring.cloud.config.server.git.search-paths：GitHub仓库地址下面的相对地址。如果有多个，则可以用逗号分隔。
- spring.cloud.config.server.git.username：GitHub仓库的账号。
- spring.cloud.config.server.git.password：GitHub仓库的密码。

登录GitHub网站，进入管理配置文件的GitHub仓库的主页，单击页面中的  Clone 按钮，在弹出的列表中选择HTTPS，复制其中的URL，并将其粘贴为spring.cloud.config.server.git.uri配置值，如图9.13所示。

进入保存配置文件的目录页面，将其中的路径设置为spring.cloud.config.server.git.search-paths配置值，如图9.14所示。

图9.13　GitHub 仓库 URL

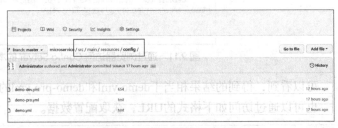

图9.14　保存配置文件的路径

**【例9.2】** 使用GitHub仓库管理配置文件的配置服务器。

创建一个Spring Starter项目ConfigServerGit，参照9.3.1小节配置pom.xml中的依赖和项目的启动类。

在/src/main/resources/config目录下添加demo.yml、demo-pro.yml和demo-dev.yml这3个配置文件。demo.yml的代码如下：

```yml
spring:
  application:
    name: demo
server:
  port: 11001
```

demo-pro.yml的代码如下：

```yml
data:
  env: product
```

demo-dev.yml的代码如下：

```yml
data:
  env: dev
```

参照9.2.4小节将这3个配置文件上传至GitHub仓库microservice的/src/main/resources/config。在项目ConfigServerGit中创建bootstrap.yml，代码如下：

```yml
spring:
  application:
    name: springcloud-config-server
  profiles:
    active: remote
eureka:
  client:
    service-url:
      defaultZone: http://eurekaserver-master:1111/eureka/, http://eurekaserver-slave:2222/eureka/
```

spring.profiles.active配置值设置为remote，说明GitHub仓库的具体属性在application-remote.yml中配置。application-remote.yml的代码如下：

```yml
server:
  port: 9005
spring:
  application:
    name: springcloud-config-server
  cloud:
    config:
      server:
        git:
          uri: https://github.com/xxxx/microservice.git
          search-paths: /src/main/resources/config
          username: xxxx
          password: xxxxxxxxxx
```

请参照具体情况,设置GitHub仓库的属性。

运行项目ConfigServerGit,打开浏览器,访问如下URL:

```
http://localhost:9005/demo-pro.yml
```

结果如图9.15所示。

图 9.15  通过浏览器访问 Config Server 的 GitHub 仓库的本地配置文件

访问如下URL:

```
http://localhost:9005/demo/pro
```

结果如图9.16所示。

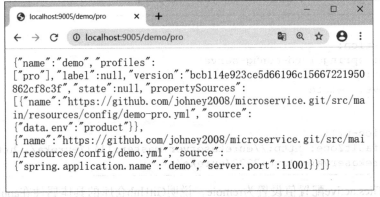

图 9.16  通过浏览器访问 Config Server 的 GitHub 仓库的配置数据

这些配置数据就是存储在GitHub仓库中的配置文件。

### 9.3.4 部署ConfigServerGit项目

将ConfigServerGit项目打包,得到ConfigServerGit-0.0.1-SNAPSHOT.jar。在CentOS虚拟机的/usr/local/src/microservice/下创建一个ConfigServer文件夹,用于部署配置中心服务器程序。然后将ConfigServerGit-0.0.1-SNAPSHOT.jar和application.yml上传至CentOS虚拟机的/usr/local/src/microservice/ConfigServer文件夹。

执行下面的命令,编辑ConfigServer.service,定义ConfigServer对应的服务。

```
cd /etc/systemd/system
```

```
vi ConfigServer.service
```

ConfigServer.service的内容如下:

```
[Unit]
    Description=ConfigServer
[Service]
    Type=simple
    ExecStart= /usr/bin/java -jar /usr/local/src/microservice/ConfigServer/
ConfigServerGit-0.0.1-SNAPSHOT.jar
[Install]
    WantedBy=multi-user.target
```

保存并退出后,执行下面的命令以刷新服务配置文件。

```
systemctl daemon-reload
```

启动ConfigServer.service的命令如下:

```
systemctl start ConfigServer.service
```

执行下面的命令以设置自动启动ConfigServer服务。

```
systemctl enable ConfigServer.service
```

## 9.4 开发配置中心的客户端

9.3节已经介绍了开发配置中心的服务器程序的方法,但也只是通过浏览器来获取配置数据,这显然是不够的。本节介绍开发配置中心的客户端程序的方法。在客户端程序中可以方便地使用配置中心的配置数据。

### 9.4.1 pom依赖和启动类

要在Spring Boot项目中启用Spring Cloud Config组件,首先需要在pom.xml中添加spring-cloud-starter-config依赖,代码如下:

```
<dependency>
    <groupId>org.springframework.cloud</groupId>
    <artifactId>spring-cloud-starter-config</artifactId>
</dependency>
```

配置中心的客户端项目就是普通的Spring Boot+Spring Cloud应用程序,其启动类中只需要使用@SpringBootApplication注解即可,这表示其是一个Spring Boot应用程序,代码如下:

```
@SpringBootApplication
public class ConfigClientApplication {
```

```
    public static void main(String[] args) {
        SpringApplication.run(ConfigClientApplication.class, args);
    }
}
```

## 9.4.2 配置中心客户端程序的配置文件

在配置中心客户端程序的配置文件bootstrap.xml中，可以使用spring.profiles指定多个版本的配置。例如，下面的代码指定生产环境（pro）的配置参数和开发环境（dev）的配置参数：

```
spring:
    profiles: pro
......
spring:
    profiles: dev
......
```

在spring.profiles下面，可以使用如下配置项指定配置中心的相关参数。
- spring.cloud.config.uri：指定配置中心服务器程序的地址。
- spring.cloud.config.label：指定GitHub仓库中的版本分支，例如master。
- spring.cloud.config.profile：指定配置文件的应用场景，例如dev或者pro。

可以通过spring.profiles.active设置当前使用的配置版本。例如，在bootstrap.xml中使用下面的代码可以指定应用程序使用配置版本dev。

```
spring:
  profiles:
    active: dev
......
spring:
  profiles: pro
  application:
    name: config-client
  cloud:
    config:
      uri: http://192.168.1.102:9005
      label: master
      profile: pro
......
spring:
  profiles: dev
  application:
    name: config-client
  cloud:
    config:
      uri: http://192.168.1.102:9005
      label: master
      profile: dev
```

在application.yml中仍然可以指定应用程序原有的配置参数，以防止无法从GitHub仓库中获取配置参数时程序不能正常启动。例如，application.yml的代码可以是：

```
server:
  port: 8080
data:
  env: Test
```

### 9.4.3 配置中心的客户端程序案例

【例9.3】一个关于配置中心客户端程序的案例。

创建一个Spring Starter项目ConfigClient，参照9.4.1小节配置pom.xml中的依赖和项目的启动类。

在/src/main/resources/目录下添加bootstrap.yml和application.yml这2个配置文件。bootstrap.yml的代码如下：

```
spring:
  profiles:
    active: dev
......
spring:
  profiles: pro
  application:
    name: demo
  cloud:
    config:
      uri: http://192.168.1.102:9005
      label: master
      profile: pro
......
spring:
  profiles: dev
  application:
    name: demo
  cloud:
    config:
      uri: http://192.168.1.102:9005
      label: master
      profile: dev
```

注意，spring.application.name的属性值必须与GitHub仓库中的配置文件相对应。例如，本案例中只有当spring.application.name的属性值为demo时，才能获取到GitHub仓库中配置文件demo.yml和demo-{profile}.yml中的参数。这里假定GitHub仓库中配置文件的内容如例9.2所示。

application.yml的代码如下：

```
server:
  port: 8080
data:
  env: Test
```

在项目中添加一个类GitConfig，用于读取配置参数data.env，代码如下：

```
@Configuration
public class GitConfig {
    public String getEnv() {
        return env;
    }
    public void setEnv(String env) {
        this.env = env;
    }
    @Value("${data.env}")
    public String env;
}
```

在包com.example.ConfigClient.controllers下创建类TestController，用于显示读取到的配置参数，代码如下：

```
@RestController
@RequestMapping("/test")
public class TestController {
    @Autowired
    GitConfig gitConfig;
    @RequestMapping("/show")
    public String show()
    {
        return gitConfig.env;
    }
}
```

确认ConfigServerGit已经在指定服务器（例如IP地址为192.168.1.102的服务器）上运行，然后运行项目ConfigClient，打开浏览器，访问如下URL：

```
http://localhost:11001/test/show
```

结果如图9.17所示。

图9.17　通过浏览器访问 Config Server 的本地配置文件

虽然在application.yml中指定了server.port的值为8080，但是应用程序使用的是GitHub仓库中demo.yml里面的配置值11001。参数data.env的值采用的也是GitHub仓库中demo-dev.yml里面的配置值dev。可见，ConfigClient已经从GitHub仓库中获取并应用了配置数据。

## 本章小结

本章首先介绍了Spring Cloud Config组件的工作原理；其次介绍了使用GitHub作为存储配置数据仓库的方法；最后介绍了开发微服务架构配置中心服务器程序和客户端程序的方法。

本章的主要目的是使读者了解微服务架构Spring Cloud Config组件的工作原理和开发微服务架构配置中心的方法。通过学习本章内容，读者可以利用Spring Cloud Config组件开发微服务架构配置中心。

### 一、选择题

1. 默认情况下，使用（　　）作为配置数据的后端存储服务器。
   A. Git　　　　　　B. GitHub　　　　　C. SVN　　　　　D. VSS
2. 在项目的启动类中添加（　　）注解，表示在项目中启用配置服务器。
   A. @EnableConfig　　　　　　　　B. @SpringBootApplication
   C. @EnableConfigServer　　　　　D. @ConfigServer

### 二、填空题

1. 微服务配置中心由__【1】__应用和__【2】__应用组成。
2. __【3】__是知名的远程GitHub仓库。

### 三、简答题

1. 简述Spring Cloud Config组件的工作原理。
2. 简述Git的工作流程。

# 第 10 章 微服务架构的消息机制

微服务架构是一个分布式系统架构，其中的组件可以部署在不同的服务器上，需要通过消息机制互相通信。在Spring Cloud中，可以通过消息队列和消息总线等建立组件间通信的消息机制。

## 10.1 应用程序的消息机制

自多进程操作系统诞生以来，应用程序的消息机制一直是程序员关注的话题。它是应用程序与操作系统之间、不同的应用程序之间进行通信的基础。

### 10.1.1 单机应用程序的消息机制

应用程序的消息机制最早出现在单机系统环境中。本小节以Windows为例，介绍单机应用程序的消息机制。在Windows中，消息对应系统定义的一个32位的值，它唯一地定义一个事件，用于通知Windows应用程序发生了特定的事情，比如单击、改变窗口大小等。Windows消息包含如下内容。

- hwnd：指定接收该消息的窗口句柄。窗口句柄是一个32位的整数。这里的窗口可以是任何Windows屏幕对象，如文本框、下拉列表框、按钮等。
- message：标识消息的32位常量。
- wParam：消息的附加值，可以理解为消息参数。
- lParam：消息的附加值，和wParam都是指向一个内存块的指针。
- time：创建消息的时间。
- pt：创建消息时鼠标指针或光标在屏幕上的位置。

Windows消息机制的工作原理如图10.1所示。

可以看到，Windows使用2种类型的队列来处理消息，一种是系统队列，另一种是应用程序队列。用户通过鼠标、键盘等硬件设备进行输入时，会触发硬件事件，这种事件会进入系统队列，由Windows系统统一处理，并按照一定的规则发送至应用程序队列。应用程序也可以调用PostMessage()函数来发送软件消息，实现跨文档、多窗口、跨域的消息传递。软件消息不经过系统处理，直接进入对应的应用程序队列。

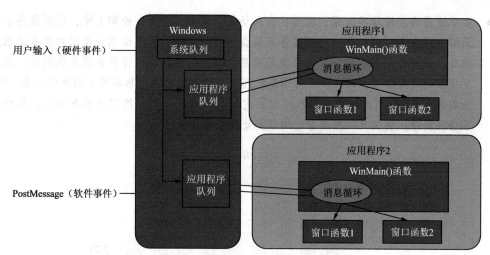

图 10.1　Windows 消息机制的工作原理

每个Windows应用程序的WinMain()函数中都集成了消息循环机制，其会定期从应用程序队列中读取并处理消息，然后将消息发送至应用程序中的窗口函数，从而实现应用程序对消息的响应。

这里涉及一个概念——队列。学习过"数据结构"课程的读者应该知道，队列是一种支持"先进先出"的数据结构，这与现实生活中的例子是一致的，我们排队去买票，最先排队的人会最先买到票，最后来的人只能排在队尾。

队列支持"入队"和"出队"两种操作。初始化时，队列为空，如图10.2（a）所示。如果入队一个元素A，则队列情况如图10.2（b）所示。再入队一个元素B，则队列情况如图10.2（c）所示。此时执行出队操作，会得到A，如图10.2（d）所示。再执行出队操作，会得到B，如图10.2（e）所示，此时队列空了。

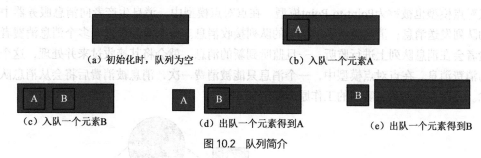

图 10.2　队列简介

## 10.1.2　分布式应用程序的消息机制

分布式应用程序分别部署在网络中不同的主机上，因此需要借助第三方消息队列软件（以下简称为消息队列）实现彼此间的通信。消息队列的工作过程如图10.3所示。

消息队列具有如下特点。

- 消息的传送过程采用异步处理模式：消息的发送者发送消息后直接返回，并不需要等待消息被接收；消息的接收者在接收消息时，也不需要等待有消息时才返回。
- 实现应用程序之间的解耦合：消息的发送者和接收者不需要了解对方的存在，也不需要同时在线。

- 实现流量的削峰填谷效果：在某些应用场景（比如"秒杀"抢购）中，应用程序会接收到瞬时的海量访问，此时应用程序可能会因为处理能力有限而无法及时对所有请求做出响应，从而造成雪崩效应。如果使用消息队列，则请求会被存放在消息队列里，请求者无须等待处理结果，而仅须监听消息队列中反馈给自己的消息即可（消息中包含"秒杀"抢购的结果）；交易处理应用程序仅须定期处理消息队列里的订单消息即可，从而化解了访问高峰，使其可以按照自己的节奏处理交易请求。

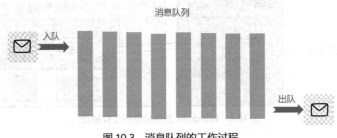

图 10.3　消息队列的工作过程

比较流行的消息队列包括RabbitMQ和Kafka，此外也可以基于高速缓存Redis实现消息队列。

### 1．消息队列的消息生产者和消息消费者

消息队列的使用者可以分为消息生产者和消息消费者两种。消息生产者负责发送消息，消息消费者负责接收和处理消息。

消息队列传递消息的模型可以分为点对点模型和主题（topic）模型两种。

### 2．点对点模型

点对点模型也被称为Point-to-Point模型。在点对点模型中，消息生产者向消息服务器中一个特定的队列发送消息；消息消费者从特定的队列接收消息。一个队列可以有多个消息消费者；消息消费者会在消息队列上进行监听，一旦监听到新的消息，就会将其接收过来并处理，这个过程被称为消费消息。在点对点模型中，一个消息只能被消费一次，消息被消费后将会从消息队列中被删除。点对点模型消息队列的工作原理如图10.4所示。

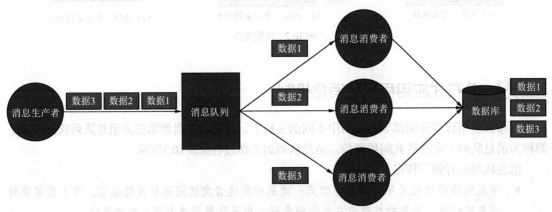

图 10.4　点对点模型消息队列的工作原理

在点对点模型中，消息不是主动推送给消息消费者的，而是由消息消费者定期去消息队列请求得到的。

### 3. 主题模型

在主题模型中，消息生产者在发布消息时需要指定消息的主题。主题相当于消息的分类，或者说是存放消息的容器。消息消费者订阅指定主题的消息后，才能收到相关消息。在这种场景下，消息生产者又被称为消息发布者（publisher），消息消费者又被称为消息订阅者（subscriber）。

主题模型消息队列的工作原理如图10.5所示。

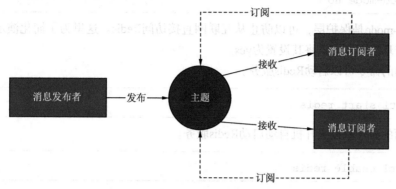

图 10.5　主题模型消息队列的工作原理

## 10.1.3　基于Redis实现分布式消息队列

Redis（remote dictionary server，远程字典服务）是一种基于内存的"键值对"数据库，通常被用来作为高速缓存。

Redis可以提供如下5种数据类型。

- string：典型的"键值对"类型，可以通过一个字符串键查询一个字符串值。
- list：实现一个链表结构，键是链表的名字，值是链表的内容，可以对链表进行pop、push等操作。
- dict：实现一个字典结构，使用哈希表作为底层实现，一个键对应一个哈希表。
- set：实现一个集合结构，一个键对应一个集合。
- zset：实现一个排序字典结构，一个键对应一个排序集合。

### 1. 在CentOS中安装Redis

首先通过如下命令安装epel-release：

```
yum install epel-release
```

EPEL（extra packages for enterprise Linux，企业Linux的额外软件包）会自动配置yum的软件仓库。然后，执行下面的命令安装Redis。

```
yum install redis
```

安装成功后，执行下面的命令编辑Redis的配置文件。

```
vi /etc/redis.conf
```

找到下面一行代码:

```
bind 127.0.0.1
```

在其前面加上#,以将其注释掉,如此即可接收所有IP地址的连接请求。

找到protected-mode(保护模式)配置项,将其修改为如下代码:

```
protected-mode no
```

protected-mode是保护层,可以防止从互联网直接访问Redis。这里为了简化演示过程,将其关闭。在生产环境下,应该将其设置为yes。

执行下面的命令可以启动Redis服务。

```
systemctl start redis
```

执行下面的命令以设置开机自动启动Redis服务。

```
systemctl enable redis
```

### 2. 设置Redis的密码

Redis是用来存储数据的。为了保障数据的安全,可以通过如下的方法设置Redis的密码。

执行下面的命令以编辑Redis的配置文件。

```
vi /etc/redis.conf
```

找到下面一行代码:

```
#requirepass foobared
```

去掉其前面的#,然后将foobared修改成希望设置的密码,比如,这里假定为redispass。保存后,执行下面的命令以重新启动Redis服务。

```
systemctl restart redis
```

### 3. 使用Redis客户端软件

在Windows环境下有很多Redis客户端软件,比如Redis Client、Redis Desktop Manager和Redis Studio等。这里以Redis Desktop Manager为例介绍客户端软件读写Redis数据的方法。下载和安装Redis Desktop Manager的方法比较简单,这里不做具体介绍。编者使用的是Redis Desktop Manager 0.8.8.384。

运行Redis Desktop Manager,单击所弹出窗口左下角的 Connect to Redis Server 按钮,打开Connection对话框,如图10.6所示,按如下说明填写。

- Name:标识连接的字符串,可以随意输入,例如myredis。
- Host:安装Redis Server的服务器IP地址。
- Port:Redis Server的端口号,其默认端口号为6379,也可以在redis.conf中配置。
- Auth:Redis Server的密码,如果按照前面介绍的内容进行了设置,则这里可以填写redispass。

填写完成后，单击Test Connection按钮，如果一切正常，则会弹出Successful connection to redis-server对话框，说明可以连接到Redis Server。

单击OK按钮，返回Redis Desktop Manager主窗口。此时，在左侧窗格中会出现一个myredis节点，单击myredis节点会展开显示16个数据库节点，分别是db0、db1、…、db15，如图10.7所示。

图10.6 Connection 对话框

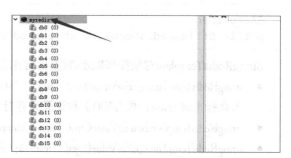

图10.7 展开显示16个数据库节点

右击一个数据库节点，在快捷菜单中选择Add new key，打开Add New Key对话框，如图10.8所示。填写Key和Value，选择Type，然后单击Save按钮，在所选择的数据库节点的下面会出现一个新的键节点，选中键节点，会在右侧窗格中显示它的值，如图10.9所示。

图10.8 Add New Key 对话框

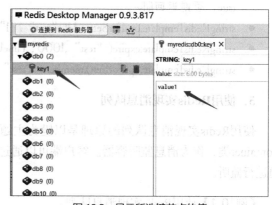

图10.9 显示所选键节点的值

右击键节点，在快捷菜单中选择Remove key，可以删除键节点。

### 4．在Spring Boot应用程序中存取Redis中的数据

要想在Spring Boot应用程序中存取Redis中的数据，首先需要引入Redis依赖，代码如下：

```
<dependency>
    <groupId>org.springframework.boot</groupId>
```

```xml
    <artifactId>spring-boot-starter-data-redis</artifactId>
</dependency>
```

在项目的配置文件application.yml中，可以使用如下配置项设置Redis Server的属性。

- spring.redis.host：指定Redis Server的服务器IP地址。
- spring.redis.password：指定Redis Server的密码。
- spring.redis.port：指定Redis Server的端口号。
- spring.redis.pool.max-active：指定Redis Server连接池的最大活动连接数量。

通常，可以通过StringRedisTemplate对象操作Redis数据。装配StringRedisTemplate对象的代码如下：

```java
@Autowired
public StringRedisTemplate stringRedisTemplate;
```

StringRedisTemplate对象操作Redis数据的常用方法如下。

- stringRedisTemplate.opsForValue().set("test","100",60*10,TimeUnit.SECONDS)：向Redis里存入数据（键为test，值为100）和设置缓存时间。
- stringRedisTemplate.boundValueOps("test").increment(-1)：将Redis中键test的值减1。
- stringRedisTemplate.opsForValue().get("test")：从Redis中获取键test的值。
- stringRedisTemplate.boundValueOps("test").increment(1)：将Redis中键test的值加1。
- stringRedisTemplate.getExpire("test")：获取Redis中键test的过期时间。
- stringRedisTemplate.getExpire("test",TimeUnit.SECONDS)：获取Redis中键test的过期时间，单位为s。
- stringRedisTemplate.delete("test")：将Redis中键test的记录删除。
- stringRedisTemplate.hasKey("test")：检查Redis中键test的记录是否存在，如果存在则返回true，否则返回false。
- stringRedisTemplate.opsForSet().add("test","1","2","3")：向键test的记录中存放集合。
- stringRedisTemplate.expire("test",1000 ,TimeUnit.MILLISECONDS)：设置过期时间。
- stringRedisTemplate.opsForSet().members("test")：获取Redis中键test的集合。

**5．使用Redis实现消息队列**

使用Redis实现消息队列的原理是以键为主题。Spring Boot提供了一个RedisMessageListenerContainer类，作为消息监听容器。客户端可以通过RedisMessageListenerContainer类声明对指定主题进行监听。

【例10.1】使用Redis实现消息队列。

创建一个Spring Starter项目RedisTopicQueue，在pom.xml中添加StringRedisTemplate操作模板的依赖和spring-boot-starter-web依赖（因为要在案例中用到控制器），代码如下：

```xml
<dependency>
    <groupId>org.springframework.boot</groupId>
    <artifactId>spring-boot-starter-data-redis</artifactId>
</dependency>
<dependency>
```

```
    <groupId>org.springframework.boot</groupId>
    <artifactId>spring-boot-starter-web</artifactId>
</dependency>
```

在包com.example.RedisTopicQueue.controllers下创建一个Redis消息发布者控制器类RedisPublisher，代码如下：

```
@RestController
@RequestMapping("redis")
public class RedisPublisher {
    @Autowired
    private StringRedisTemplate template;
    @RequestMapping("publish")
    public String publish(){
        for(int i=1;i<=10;i++){
            template.convertAndSend("mytopic", "这是我发的第"+i+"条消息...");
        }
        return "结束";
    }
}
```

程序定义了StringRedisTemplate对象template，用于操作Redis数据。然后在publish()方法中调用template.convertAndSend()方法以向mytopic主题发送10条消息。

在包com.example.RedisTopicQueue.configuration下创建一个MyRedisConf类，用于管理消息监听器，对mytopic主题进行监听，代码如下：

```
@Configuration
public class MyRedisConf {
    @Bean
    public RedisMessageListenerContainer container(RedisConnectionFactory connectionFactory, MessageListenerAdapter listenerAdapter){
        RedisMessageListenerContainer container = new RedisMessageListenerContainer();
        container.setConnectionFactory(connectionFactory);
        container.addMessageListener(listenerAdapter,new PatternTopic("mytopic"));
        return container;
    }
    @Bean
    public MessageListenerAdapter listenerAdapter(){
        return new MessageListenerAdapter(new Receiver(),"receiveMessage");
    }
}
```

程序定义了RedisMessageListenerContainer对象container，用于定义Redis消息队列容器，并指定监听器为listenerAdapter，监听的主题为mytopic。

MessageListenerAdapter对象listenerAdapter中指定消息接收者类为Receiver，处理接收消息的方法为receiveMessage()。

在包com.example.RedisTopicQueue下创建一个Receiver类，代码如下：

```
public class Receiver {
    private org.slf4j.Logger logger = LoggerFactory.getLogger(Receiver.class);
```

```
    public void receiveMessage(String message) {
        logger.info("Received <" + message + ">");
    }
}
```

项目的配置文件application.yml的代码如下:

```
spring:
  redis:
    host: 192.168.1.102
    password: redispass
    port: 6379
logging:
  file:
    path: logs
  level:
    root: info
```

注意根据实际情况设置Redis服务器的配置信息。

运行项目,然后打开浏览器,访问如下URL可以发布消息:

```
http://localhost:8080/redis/publish
```

最后在控制台窗格中可以看到接收到的消息,如图10.10所示。

```
: Received <这是我发的第1条消息...>
: Received <这是我发的第2条消息...>
: Received <这是我发的第3条消息...>
: Received <这是我发的第4条消息...>
: Received <这是我发的第5条消息...>
: Received <这是我发的第6条消息...>
: Received <这是我发的第7条消息...>
: Received <这是我发的第8条消息...>
: Received <这是我发的第9条消息...>
: Received <这是我发的第10条消息...>
```

图10.10 在控制台窗格中可以看到接收到的消息

接收到的消息也会记录在日志文件中。

### 10.1.4 Spring Boot集成RabbitMQ消息队列

RabbitMQ是一款开源的、非常流行的消息队列服务软件,之所以叫作RabbitMQ,是因为它是由Rabbit公司开发的,而MQ则是message queue(消息队列)的缩写。

#### 1. 在CentOS中安装RabbitMQ

由于版本的差异,在CentOS中安装RabbitMQ可能比较复杂。由于篇幅所限,这里只介绍基本的安装步骤。如果安装过程中遇到问题,则可以搜索解决方案加以解决。

(1)安装前的准备工作。

在后面安装OpenSSL组件时可能会用到Perl 5,因此需要提前下载并安装。编者使用的是perl-5.28.0.tar.gz。

下载后，将其上传至CentOS虚拟机的/usr/local/src文件夹。执行下面的命令解压缩：

```
cd /usr/local/src
tar -zxvf perl-5.28.0.tar.gz
```

执行下面的命令编译Perl 5。

```
cd perl-5.28.0
mkdir $HOME/localperl
./Configure -des -Dprefix=$HOME/localperl
make
make test
make install
yum -y install gcc-c++
```

在后面的安装中需要使用OpenSSL组件，因此需要下载并安装OpenSSL 1.0.1。下载地址参见本书配套资源中提供的"本书相关网址"文档。

下载后，将其上传至CentOS虚拟机的/usr/local/src文件夹。执行下面的命令解压缩：

```
cd /usr/local/src
tar zxvf openssl-1.0.1f.tar.gz
```

进入源代码目录，进行编译，命令如下：

```
cd openssl-1.0.1f
./config --prefix=/opt/ssl
```

完成之后，会生成Makefile文件。打开Makefile文件找到gcc，在CFLAG参数列表里加上-fPIC。修改后的Makefile文件中gcc的相关内容如下：

```
CC= gcc
CFLAG= -fPIC -DOPENSSL_THREADS -D_REENTRANT -DDSO_DLFCN -DHAVE_DLFCN_H
-Wa,--noexecstack -m64 -DL_ENDIAN -DTERMIO -O3 -Wall -DOPENSSL_IA32_SSE2
-DOPENSSL_BN_ASM_MONT -DOPENSSL_BN_ASM_MONT5 -DOPENSSL_BN_ASM_GF2m -DSHA1_
ASM -DSHA256_ASM -DSHA512_ASM -DMD5_ASM -DAES_ASM -DVPAES_ASM -DBSAES_ASM
-DWHIRLPOOL_ASM -DGHASH_ASM
```

执行下面的命令，完成编译。

```
make && make install
```

如果遇到下面的报错提示：

```
cms.pod around line 457: Expected text after =item, not a number
......
```

则执行下面的命令，删除/usr/bin/pod2man目录。

```
rm -f /usr/bin/pod2man
```

执行下面的命令以安装ncurses-devel包。

```
yum install ncurses-devel
```

为了避免后面出现ODBC library - link check failed问题,需要提前安装unixODBC.x86_64包和unixODBC-devel.x86_64包,命令如下:

```
yum install unixODBC.x86_64 unixODBC-devel.x86_64
```

执行如下命令以安装其他依赖:

```
yum install fop.noarch
yum install gtk2-devel.x86_64
yum install gtk3-devel.x86_64
```

还需要安装wxWidgets框架库。方法如下。

首先升级yum库,然后安装gtk2-devel库和binutils-devel库,命令如下:

```
yum update
yum -y install gtk2-devel binutils-devel
```

下载wxWidgets安装包。编者使用的是wxWidgets-3.0.4.tar.bz2。

执行下面的命令,在CentOS虚拟机上创建/usr/local/wxWidgets目录,并将wxWidgets-3.0.4.tar.bz2上传至该目录。

```
mkdir -p /usr/local/wxWidgets
```

然后执行下面的命令以解压缩安装包。

```
yum install lbzip2
cd /usr/local/wxWidgets
tar -xvf wxWidgets-3.0.4.tar.bz2
```

执行下面的命令,对wxWidgets的源代码进行编译。

```
cd /usr/local/wxWidgets/wxWidgets-3.0.4/
./configure --with-regex=builtin --with-gtk --enable-unicode --disable-shared --prefix=/usr/local/wxWidgets
make && make install
```

执行下面的命令以设置wxWidgets的配置文件。

```
cd /etc/ld.so.conf.d/
touch wxWidgets.conf
vi wxWidgets.conf
```

将wxWidgets.conf的内容设置如下:

```
/usr/local/lib
ldconfig
```

然后设置wxWidgets的环境变量,命令如下:

```
vi /etc/profile
```

将以下内容添加到profile文件的最后,保存并退出。

```
export WXPATH=/usr/local/wxWidgets/
export PATH=$WXPATH/bin:$PATH
```

执行下面的命令以使环境变量刷新并生效。

```
source /etc/profile
```

执行下面的命令以查看wxWidgets的版本号。

```
wx-config --version
```

如果返回3.0.4,则说明安装成功了。

(2)安装Erlang语言。

因为RabbitMQ是使用Erlang语言开发的,所以首先要选择好RabbitMQ和Erlang的版本。在RabbitMQ官网可以找到它们的对应关系,官网URL参见本书配套资源中提供的"本书相关网址"文档。

编者在编写本书时使用的是RabbitMQ 3.7.12 + Erlang 20.3。读者可以从RabbitMQ官网下载不同版本的Erlang。编者下载的是otp_src_20.3.tar.gz。

```
https://www.rabbitmq.com/which-erlang.html
```

执行下面的命令,创建安装Erlang的目录:

```
mkdir /usr/local/erlang
```

将otp_src_20.3.tar.gz上传至/usr/local/erlang目录,然后执行下面的命令,解压缩otp_src_20.3.tar.gz。

```
cd /usr/local/erlang
tar zxvf otp_src_20.3.tar.gz
```

进入源代码目录,开始编译。

```
cd /usr/local/erlang/otp_src_20.3/
./configure --with-ssl=/opt/ssl/ --prefix=/usr/local/erlang --with-opengl --enable-debug --enable-unicode --enable-hipe --enable-threads --enable-smp-support --enable-kernel-poll
make
make install
```

编译的参数比较多,暂时可以不去理会。接下来设置Erlang的环境变量,命令如下:

```
vi /etc/profile
```

在profile文件中添加如下内容:

```
ERL_HOME=/usr/local/erlang
export PATH=$PATH:$ERL_HOME/bin
```

执行下面的命令，使环境变量生效。

```
source /etc/profile
```

执行下面的命令，查看Erlang的版本号。

```
erl -version
```

如果显示如下信息，则表示安装成功。

```
Erlang (SMP,ASYNC_THREADS) (BEAM) emulator version 9.3
```

（3）安装RabbitMQ。

执行如下命令，安装RabbitMQ。

```
cd /usr/local/src
rpm -ivh -nodeps rabbitmq-server-3.7.12-1.el7.noarch.rpm
```

如果不加-nodeps，则可能会出现下面的错误。

```
erlang >= 20.3 is needed by rabbitmq-server-3.7.12-1.el7.noarch
```

只要Erlang安装好了，版本也匹配了，那么安装RabbitMQ很简单。

启动RabbitMQ服务的方法如下：

```
rabbitmq-server -detached
```

停止RabbitMQ服务的方法如下：

```
rabbitmqctl stop
```

执行下面的命令，可以查看RabbitMQ服务的状态。

```
rabbitmqctl status
```

执行下面的命令，开启管理RabbitMQ服务Web插件。

```
rabbitmq-plugins enable rabbitmq_management
```

然后在浏览器中访问如下URL。

```
httP://192.168.1.102:15672
```

如果可以打开RabbitMQ登录页面（如图10.11所示），则说明RabbitMQ已经安装成功。

图 10.11 RabbitMQ 登录页面

在CentOS虚拟机上执行如下命令，添加一个RabbitMQ用户，用户名为rabbitmq，密码为123456。

```
rabbitmqctl add_user rabbitmq 123456
```

执行如下命令，将用户rabbitmq的角色设置为administrator。

```
rabbitmqctl set_user_tags rabbitmq administrator
```

执行如下命令以设置用户rabbitmq的权限。这里授予用户rabbitmq配置、读、写的所有权限。

```
rabbitmqctl set_permissions -p "/" rabbitmq ".*" ".*" ".*"
```

执行如下命令可以查看RabbitMQ的用户列表。

```
rabbitmqctl list_users
```

如果一切正常，则结果如图10.12所示。

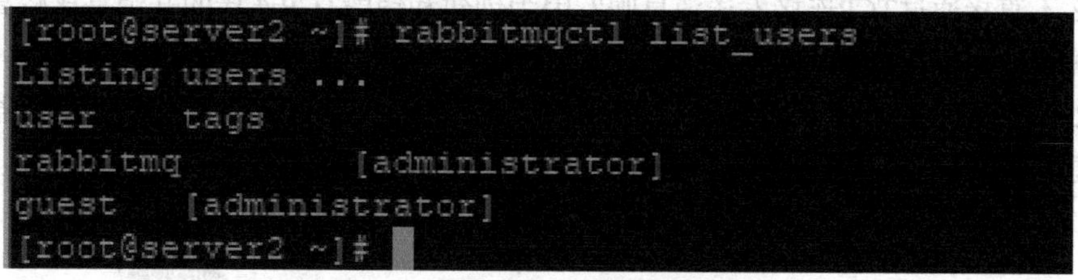

图 10.12 查看 RabbitMQ 的用户列表

可以看到，有2个RabbitMQ用户，一个是前面添加的rabbitmq，另一个是默认的RabbitMQ用户guest。它们都属于administrator角色。默认用户guest不能远程登录RabbitMQ，因此需要添加的rabbitmq用户。

在图10.11所示的RabbitMQ登录页面中使用rabbitmq用户登录，可以进入RabbitMQ管理页面，如图10.13所示。

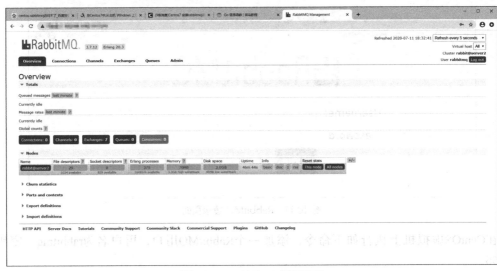

图 10.13　RabbitMQ 管理页面

由于篇幅所限，这里就不详细介绍对RabbitMQ进行管理的细节。感兴趣的读者可以查阅相关资料进行学习。

**2．RabbitMQ的基本概念**

RabbitMQ使用了生产者、消费者和代理这3个基本概念。其中，生产者负责生产消息。消息的发送过程如下。

（1）生产者应用程序创建一个到RabbitMQ的TCP连接，然后使用RabbitMQ的用户名和密码进行身份认证。

（2）通过身份认证后，在生产者应用程序和RabbitMQ服务器之间会创建一个AMQP（advanced message queuing protocol，高级消息队列协议）信道，后续的消息都是通过这个信道进行传送的。

AMQP是提供统一消息服务的应用层标准高级消息队列协议，是为面向消息的中间件而设计的。为什么不直接通过TCP连接发送消息呢？因为创建和销毁TCP连接的开销是比较高的，在并发高峰期频繁地创建和销毁TCP连接会浪费大量的系统资源，从而造成系统瓶颈。

（3）RabbitMQ在生产者和消息队列之间设置了一层抽象概念，即交换器。交换器根据路由策略将消息转发给对应的队列。RabbitMQ的工作原理如图10.14所示。

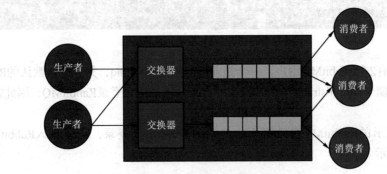

图 10.14　RabbitMQ 的工作原理

交换器可以分为direct、headers、fanout、topic这4类，具体说明如下。

- direct：默认的交换器，根据路由规则，匹配成功就会把消息投递到对应的队列。
- headers：一种自定义匹配规则的交换器。当队列与交换器绑定时，会设置一组"键值对"参数，消息中也包含一组"键值对"参数。如果这些"键值对"参数匹配成功了，就会将消息投递到对应的队列。
- fanout：当发布消息时，交换器会把消息广播到所有附加到这个交换器的队列上。
- topic：可以灵活匹配想订阅的主题。

**3．在Spring Boot应用程序中集成RabbitMQ**

下面通过一个案例介绍在Spring Boot应用程序中集成RabbitMQ的方法。由于篇幅所限，这里只介绍默认交换器direct的实现方法。

假定本案例的项目名为RabbitDemo。首先需要在pom.xml中添加spring-boot-starter-amqp依赖，代码如下：

```xml
<dependency>
    <groupId>org.springframework.boot</groupId>
    <artifactId>spring-boot-starter-amqp</artifactId>
</dependency>
```

在com.example.RedisTopicQueue.config包下创建DirectConfig类，用于配置RabbitMQ消息队列的参数，代码如下：

```java
@Configuration
public class DirectConfig {
    @Bean
    public Queue directQueue() {
        return new Queue("direct", false); // 队列名称，是否持久化
    }
    @Bean
    public DirectExchange directExchange() {
        return new DirectExchange("direct", false, false);
        // 交换器名称，是否持久化，是否自动删除
    }
    @Bean
    Binding binding(Queue queue, DirectExchange exchange) {
        return BindingBuilder.bind(queue).to(exchange).with("direct");
    }
}
```

directQueue()定义了一个名为direct的队列，directExchange()定义了一个名为direct的交换器，binding()用于将指定的队列queue绑定在交换器exchange上。

在com.example.RedisTopicQueue.config包下创建Sender类，用于实现生产者的功能，代码如下：

```java
@Component
public class Sender {
    @Autowired
    AmqpTemplate rabbitmqTemplate;
    public void send(String message){
```

```
        System.out.println("发送消息："+message);
        rabbitmqTemplate.convertAndSend("direct",message);
    }
}
```

Sender类中使用AmqpTemplate对象实现发送消息的功能。

在com.example.RedisTopicQueue.config包下创建Receiver类，用于实现消费者的功能，代码如下：

```
@Component
@RabbitListener(queues = "direct")
public class Receiver {
    @RabbitHandler
    public void handler(String message){
        System.out.println("接收消息："+message);
    }
}
```

@RabbitListener注解用于指定要监听的队列。@RabbitHandler注解用于指定收到消息后的处理函数。参数message是收到的消息。

在application.yml中配置队列的参数，代码如下：

```
spring:
  rabbitmq:
    host: 192.168.1.102
    port: 5672
    username: rabbitmq
    password: 123456
```

注意根据实际情况调整参数值。

因为本案例使用消息队列direct，所以需要登录RabbitMQ管理后台，在导航栏中选择Queues，然后单击Add a new queue以添加消息队列direct，如图10.15所示。

图 10.15　在 RabbitMQ 管理后台中添加消息队列

然后运行项目，打开浏览器，访问如下URL，向消息队列direct中发送消息：

```
http://localhost:8080/rabbitmq/send
```

如果一切正常，则可以在项目的控制台中看到如下输出信息：

```
send string:hello world
发送消息：hello world
接收消息：hello world
```

## 10.2 Spring Cloud Bus

Spring Cloud Bus是连接分布式系统中各个节点的轻量级的消息代理。可以利用Spring Cloud Bus广播状态的变化，例如第9章中所介绍的在配置中心的配置发生变化时，可以利用Spring Cloud Bus通知客户端实现自动刷新配置项。

### 10.2.1 Spring Cloud Bus的工作原理

Spring Cloud Bus通常被翻译为消息总线。所谓消息总线，是指微服务架构系统中各节点共用的消息主题，消息主题由Spring Cloud Bus构建，系统中所有的微服务实例都连接到该主题，对该主题上发布的消息进行监听和消费。利用消息总线可以很方便地对分布式系统中的节点广播消息，从而实现网络中节点的通信和消息同步。

Spring Cloud Bus整合了Java的事件处理机制和消息中间件功能，目前支持RabbitMQ和Kafka消息队列。

Spring Cloud Bus可以与Spring Cloud Config结合以实现配置数据变化时通知所有Spring Cloud Config客户端获取配置数据，从而实现配置数据的自动刷新。具体工作原理是当配置数据发生变化时，由提交变化数据的用户触发系统中的一个/bus/refresh端点，发布配置更新消息。根据部署的位置的不同，/bus/refresh端点可以分为触发服务器端点和触发客户端端点2种。

**1. 利用Spring Cloud Bus触发服务器端点的配置数据自动刷新模式**

当修改配置数据时，发起者利用Spring Cloud Bus触发配置中心服务器程序的/bus/refresh端点，进而通过Spring Cloud Bus通知所有服务（配置中心客户端程序）去配置中心服务器程序那里获取配置数据，从而实现配置数据的自动刷新。具体工作流程如图10.16所示。具体说明如下。

（1）开发人员修改本地配置文件，并将其提交至Git服务器。
（2）开发人员触发Config服务器程序的/bus/refresh端点。
（3）Config服务器程序发送配置更新主题到Spring Cloud Bus。
（4）在Spring Cloud Bus上监听配置更新主题的Config客户端程序接收消息。
（5）Config客户端程序从Config服务器程序上获取配置数据。

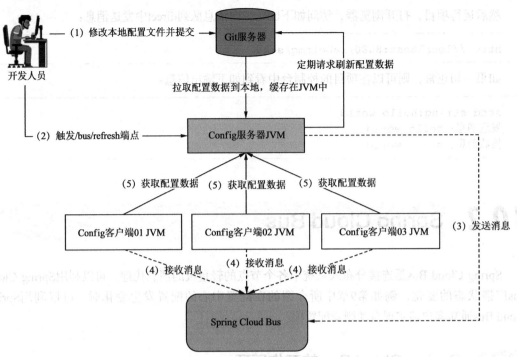

图 10.16 利用 Spring Cloud Bus 触发服务器端点的配置数据自动刷新模式

## 2．利用Spring Cloud Bus触发客户端端点的配置数据自动刷新模式

这种模式的工作原理与触发服务器端点模式类似，只是触发的端点部署在Config客户端程序上。具体工作流程如图10.17所示。

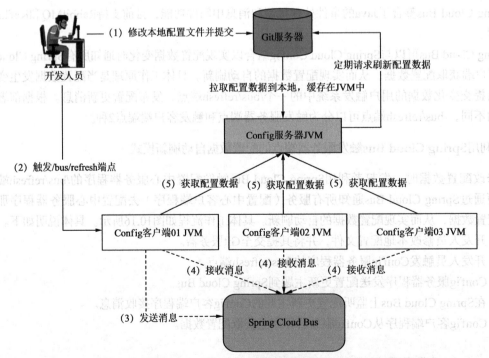

图 10.17 利用 Spring Cloud Bus 触发客户端端点的配置数据自动刷新模式

具体说明如下。

(1) 开发人员修改本地配置文件,并将其提交至Git服务器。
(2) 开发人员触发Config客户端程序的/bus/refresh端点。
(3) Config客户端程序发送配置更新主题到Spring Cloud Bus。
(4) 在Spring Cloud Bus上监听配置更新主题的Config客户端程序接收消息。
(5) Config客户端程序从Config服务器程序上获取配置数据。

通常选择使用触发服务器端点模式,因为理论上通知Config客户端程序更新配置数据是Config服务器程序的职责。

## 10.2.2 开发Spring Cloud Bus应用程序

若要使用Spring Boot开发Spring Cloud Bus应用程序,则须引用spring-cloud-starter-bus-amqp依赖以增加对消息总线的支持,代码如下:

```xml
<dependency>
    <groupId>org.springframework.cloud</groupId>
    <artifactId>spring-cloud-starter-bus-amqp</artifactId>
</dependency>
```

然后在配置文件中添加RabbitMQ的相关配置,例如:

```yaml
spring:
  rabbitmq:
    host: 192.168.1.102
    port: 5672
    username: rabbitmq
    password: 123456
```

## 10.2.3 在配置中心中实现自动刷新配置功能

本小节对第9章中例9.2所介绍的配置中心服务器案例和例9.3所介绍的配置中心客户端案例进行改造,通过Spring Cloud Bus实现自动刷新配置功能。

**1. 对配置中心服务器案例进行改造**

首先在例9.2所示的ConfigServerGit项目中添加spring-cloud-starter-bus-amqp依赖,具体代码参见10.2.2小节。

然后在ConfigServeGit项目的bootstrap.yml中添加RabbitMQ的相关配置,具体代码如下:

```yaml
spring:
  rabbitmq:
    host: 192.168.1.102
    port: 5672
    username: rabbitmq
    password: 123456
  application:
```

```
    name: springcloud-config-server
  profiles:
    active: remote
eureka:
  client:
    service-url:
      defaultZone: http://eurekaserver-master:1111/eureka/, http://
      eurekaserver-slave:2222/eureka/
```

程序使用部署在192.168.1.102上的端口号为5672的RabbitMQ。

**2. 对配置中心客户端案例进行改造**

首先在例9.3所示的ConfigClient项目中添加spring-cloud-starter-bus-amqp和spring-boot-starter-actuator依赖，具体代码如下：

```
<dependency>
    <groupId>org.springframework.cloud</groupId>
    <artifactId>spring-cloud-starter-bus-amqp</artifactId>
</dependency>
<dependency>
    <groupId>org.springframework.boot</groupId>
    <artifactId>spring-boot-starter-actuator</artifactId>
</dependency>
```

然后在ConfigClient项目的bootstrap.yml中添加RabbitMQ的相关配置，具体代码如下：

```
spring:
  rabbitmq:
    host: 192.168.1.102
    port: 5672
    username: rabbitmq
    password: 123456
  profiles:
    active: pro
......
spring:
  profiles: pro
  application:
    name: demo
  cloud:
    config:
      uri: http://192.168.1.102:9005
      label: master
      profile: pro
......
spring:
  profiles: dev
  application:
    name: demo
  cloud:
    config:
```

```
            uri: http://192.168.1.102:9005
            label: master
            profile: dev
```

对例9.3中的TestController类进行改造,增加动态刷新配置文件的代码,具体代码如下:

```
@RestController
@RefreshScope
@RequestMapping("/test")
public class TestController {
    @Autowired
    GitConfig gitConfig;
    @RequestMapping("/show")
    public String show()
    {
        return gitConfig.env;
    }
}
```

@RefreshScope注解用于实现配置文件的动态加载,当配置文件更新时会自动加载配置项。GitConfig类用于从配置文件中读取data.env的值,代码如下:

```
@Configuration
public class GitConfig {
    public String getEnv() {
        return env;
    }
    public void setEnv(String env) {
        this.env = env;
    }
    @Value("${data.env}")
    public String env;
}
```

### 3. 部署和运行项目

首先参照9.3.4小节部署本小节的项目ConfigServerGit,并启动服务。

启动RabbitMQ服务。然后运行本小节的ConfigClient项目。如果一切正常,则可以看到绑定到Spring Cloud Bus的相关信息,具体如下:

```
Retrieving cached binder: rabbit
_[2m2020-07-15 05:34:19.626_[0;39m _[32m INFO_[0;39m _[35m21100_[0;39m_
[2m---_[0;39m _[2m[main]_[0;39m _[36mo.s.a.r.c.CachingConnectionFactory_
[0;39m_[2m:_[0;39m Attempting to connect to: [192.168.1.102:5672]
_[2m2020-07-15 05:34:20.078_[0;39m _[32m INFO_[0;39m _[35m21100_[0;39m_
[2m---_[0;39m _[2m[main]_[0;39m _[36mo.s.a.r.c.CachingConnection
Factory_[0;39m _[2m:_[0;39m Created new connection: rabbitConnection
Factory#79fd6f95:0/SimpleConnection@55fee662 [delegate=amqp://
rabbitmq@192.168.1.102:5672/, localPort= 61585]
_[2m2020-07-15 05:34:20.095_[0;39m_[32m INFO_[0;39m _[35m21100_[0;39m_[2m-
--_[0;39m _[2m[main]_[0;39m _[36mo.s.c.s.m.DirectWithAttributes
```

< 217 >

```
Channel_[0;39m _[2m:_[0;39m Channel 'demo-1.springCloudBusOutput' has 1
subscriber(s).
 _[2m2020-07-15 05:34:20.096_[0;39m _[32m INFO_[0;39m _[35m21100_[0;39m
_[2m---_[0;39m _[2m[main]_[0;39m _[36mo.s.c.s.binder.DefaultBinderFactory
_[0;39m _[2m:_[0;39m Retrieving cached binder: rabbit
 _[2m2020-07-15 05:34:20.107_[0;39m _[32m INFO_[0;39m _[35m21100_[0;39m
_[2m---_[0;39m _[2m[main]_[0;39m _[36mc.s.b.r.p.RabbitExchangeQueueProvi
sioner_[0;39m _[2m:_[0;39m declaring queue for inbound: springCloudBus.
anonymous.mfguwa7HS6Geq-zJAjlJiQ, bound to: springCloudBus
 _[2m2020-07-15 05:34:20.120_[0;39m _[32m INFO_[0;39m _[35m21100_[0;39m
_[2m---_[0;39m_[2m[main]_[0;39m _[36mo.s.c.stream.binder.BinderErrorChannel
_[0;39m _[2m:_[0;39m Channel 'springCloudBus.anonymous.mfguwa7HS6Geq-
zJAjlJiQ.errors' has 1 subscriber(s).
 _[2m2020-07-15 05:34:20.120_[0;39m _[32m INFO_[0;39m _[35m21100_[0;39m
_[2m---_[0;39m_[2m[main]_[0;39m _[36mo.s.c.stream.binder.BinderErrorChannel
_[0;39m _[2m:_[0;39m Channel 'springCloudBus.anonymous.mfguwa7HS6Geq-
zJAjlJiQ.errors' has 2 subscriber(s).
 _[2m2020-07-15 05:34:20.129_[0;39m _[32m INFO_[0;39m _[35m21100_[0;39m
_[2m---_[0;39m_[2m[main]_[0;39m _[36mo.s.i.a.i.AmqpInboundChannelAdapter
_[0;39m _[2m:_[0;39m started bean 'inbound.springCloudBus.anonymous.
mfguwa7HS6Geq-zJAjlJiQ'
 _[2m2020-07-15 05:34:20.151_[0;39m _[32m INFO_[0;39m _[35m21100_[0;39m
_[2m---_[0;39m_[2m[main]_[0;39m _[36mo.s.b.w.embedded.tomcat.TomcatWebServer
_[0;39m _[2m:_[0;39m Tomcat started on port(s): 11001 (http) with context
path ''
 _[2m2020-07-15 05:34:20.412_[0;39m _[32m INFO_[0;39m _[35m21100_[0;39m
_[2m---_[0;39m_[2m[main]_[0;39m _[36mc.e.C.ConfigClientApplication_[0;39m
_[2m:_[0;39m Started ConfigClientApplication in 4.496 seconds (JVM running
for 5.003)
```

打开浏览器，访问如下URL：

```
http://localhost:11001/test/show
```

如果一切正常，则会获取到ConfigServerGit项目中demo-pro.yml里面的配置值pro。
接下来修改配置文件，将demo-pro.yml修改为如下代码：

```
data:
  env: pro-new
```

然后在Windows 10中使用下面的命令来模拟利用Spring Cloud Bus触发服务器端点。

```
curl -X POST http://192.168.1.102:9005/actuator/bus-refresh
```

在ConfigClient项目的控制台窗格中会输出图10.18所示的信息。

```
: Received remote refresh request.
: Fetching config from server at :      192.168.1.102:9005
: Located environment: name=demo, profiles=[pro], label=master, version=null, state=null
: Located property source: [BootstrapPropertySource {name='bootstrapProperties-file:config/demo-pro.yml'}
: The following profiles are active: pro
: Started application in 0.617 seconds (JVM running for 82.261)
: Keys refreshed [data.env]
```

图10.18　ConfigClient 项目收到配置文件更新的信息

可以看到，ConfigClient项目收到了Spring Cloud Bus的配置文件更新的信息，其中包括更新的配置文件config/demo-pro.yml，以及更新的配置项data.env。

打开浏览器，访问如下URL：

```
http://localhost:11001/test/show
```

页面中显示pro-new，说明客户端程序已经更新了配置项data.env的值。

## 10.3 通过Spring Cloud Stream收发消息

Spring Cloud Stream是一种开发框架，专门用于构建事件驱动的、进行实时流处理的Spring Boot微服务应用。Spring Cloud Stream集成了经典的消息队列Rabbit MQ和Kafka。

### 10.3.1 Spring Cloud Stream应用程序模型

Spring Cloud Stream应用程序中包含一个与中间件无关的应用程序核心，其应用程序模型如图10.19所示。

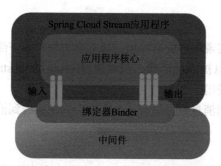

图 10.19　Spring Cloud Stream 应用程序模型

由图10.19可以看到，Spring Cloud Stream应用程序中的应用程序核心通过绑定器Binder实现了与RabbitMQ、Kafka等消息队列的通信。

**1. 绑定器Binder**

在Spring Cloud Stream框架中，绑定器Binder对象负责与中间件交互。因此用户不需要了解中间件的细节，而只需要搞清楚如何与Spring Cloud Stream交互就可以很方便地利用消息驱动来实现微服务之间的通信。

应用程序使用Input对象和Output对象与Binder对象进行交互。Input对象负责监听交换器，接收来自中间件的消息；Output对象负责向交换器输出消息。

Binder对象可以让应用程序忽略中间件之间的差异，降低应用程序与中间件之间的耦合性。比如，如果应用程序是使用RabbitMQ消息队列的，因为某种原因，需要迁移到Kafka消息队列，那么势必会面临应用程序的重构，甚至是推倒重来。但是如果是针对借助于Spring Cloud Stream框架的应用程序，则只需要简单地修改配置即可。

绑定器Binder的工作原理如图10.20所示。

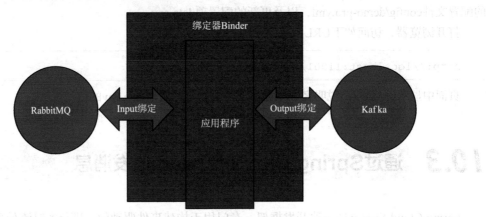

图 10.20　绑定器 Binder 的工作原理

**2．消息的发布和订阅**

Spring Cloud Stream中的消息通信方式遵循发布/订阅模式。当一条消息被投递到消息中间件时，它会通过共享的方式进行消息广播。发布/订阅模式可以使消息生产者和消息消费者实现解耦，它们只与Spring Cloud Stream交互即可。

**3．消费组**

在微服务架构中，为了实现服务的高可用，通常会为每个服务部署多个实例。当发消息给某个特定服务时，为了避免消息被多次消费，可以通过spring.cloud.stream.bindings.input.group属性将多个服务定义为同一个消费组。

当服务的多个实例接收到消息时，只有一个实例会真正接收到消息并进行处理。

**4．消息分区**

消息分区用于对消费组中的实例进行分类。消息生产者在发送消息时可以通过一个特征ID来指定哪个分区消费此消息。

### 10.3.2　利用Spring Cloud Stream集成RabbitMQ实现消息处理

本小节介绍一个利用Spring Cloud Stream集成RabbitMQ实现记录日志功能的案例。本案例由一个消息发送者服务和一个消息消费者服务组成。

**1．开发消息发送者服务**

首先创建一个Spring Starter项目，项目名为StreamSender，用于实现消息发送者服务。
（1）添加项目的依赖。

若要在项目中使用Spring Cloud Stream集成RabbitMQ，则需要在pom.xml中引入spring-cloud-starter-stream-rabbit依赖，代码如下：

```
<dependency>
```

```xml
        <groupId>org.springframework.cloud</groupId>
        <artifactId>spring-cloud-starter-stream-rabbit</artifactId>
    </dependency>
```

还需要引入spring-boot-starter-web和spring-cloud-starter-eureka依赖，代码如下：

```xml
<dependency>
    <groupId>org.springframework.boot</groupId>
    <artifactId>spring-boot-starter-web</artifactId>
</dependency>
<dependency>
    <groupId>org.springframework.cloud</groupId>
    <artifactId>spring-cloud-starter-eureka</artifactId>
    <version>1.4.7.RELEASE</version>
</dependency>
```

（2）设置配置文件application.yml。

在配置文件application.yml中，指定应用程序名、端口号、注册Eureka服务和RabbitMQ的配置信息，代码如下：

```yaml
spring:
  application:
    name: stream-sender
  rabbitmq:
    host: 192.168.1.102
    port: 5672
    username: rabbitmq
    password:123456
    virtual-host: /
server:
  port: 9001
eureka:
  client:
    service-url:
      zone-1: http://eurekaserver-master:1111/eureka/
      zone-2: http://eurekaserver-slave:2222/eureka/
      defaultZone: http://eurekaserver-master:1111/eureka/, http://eurekaserver-slave:2222/eureka/
```

（3）创建消息发送者接口ISenderService，代码如下：

```java
public interface ISenderService {
    @Output("log-exchange")
    SubscribableChannel send();
}
```

ISenderService接口中定义了一个send()方法，该方法返回SubscribableChannel对象，也就是一个可订阅的通道。在消息消费者程序中可以订阅该通道。@Output注解用于指定输出的交换器名称。

（4）定义启动类，代码如下：

```
@EnableEurekaClient
@SpringBootApplication
@EnableBinding(value={ISenderService.class})
public class StreamSenderApplication {
    public static void main(String[] args) {
        SpringApplication.run(StreamSenderApplication.class, args);
    }
}
```

@EnableBinding注解用于指定将项目绑定到前面定义的ISenderService接口。

（5）发送消息。

在com.example.StreamSender.controllers包下创建类TestController，代码如下：

```
@RestController
@RequestMapping("/test")
public class TestController {
    @Autowired
    private ISenderService sendService;
    @RequestMapping("/send")
    public String send() {
        String msg = "hello stream...";
        // 将需要发送的消息封装为Message对象
        Message message = MessageBuilder
            .withPayload(msg.getBytes())
            .build();
        sendService.send().send(message );
        return "OK";
    }
}
```

在send()方法中，程序首先使用MessageBuilder对象将需要发送的消息封装为Message对象，然后利用sendService服务发送消息。注意，sendService后面跟了2个send()，第1个send()返回SubscribableChannel通道，而且使用@Output("log-exchange")注解将其绑定到了交换器log-exchange；第2个send()用于向SubscribableChannel通道中发送"hello stream…"消息。

**2．开发消息消费者服务**

创建一个Spring Starter项目，项目名为StreamReceiver，用于实现消息消费者服务。

（1）添加项目的依赖。

本项目引入的依赖与StreamSender项目相同，请参照前文理解。

（2）设置配置文件application.yml。

在配置文件application.yml中，指定应用程序名、端口号、注册Eureka服务和RabbitMQ的配置信息，代码如下：

```
spring:
  application:
    name: stream-receive
  rabbitmq:
    host: 192.168.1.102
```

```yaml
    port: 5672
    username: rabbitmq
    password: 123456
    virtual-host: /
server:
  port: 9002
eureka:
  client:
    service-url:
      zone-1: http://eurekaserver-master:1111/eureka/
      zone-2: http://eurekaserver-slave:2222/eureka/
      defaultZone: http://eurekaserver-master:1111/eureka/, http://
      eurekaserver-slave:2222/eureka/
```

除了应用程序名和端口号外，其他配置与StreamSender项目相同。

（3）创建接收消息的接口IReceiverService，代码如下：

```java
public interface IReceiverService {
    @Input("dpb-exchange")
    SubscribableChannel receiver();
}
```

IReceiverService接口中定义了一个receiver()方法，该方法返回SubscribableChannel对象，也就是一个可订阅的通道。@Input注解用于指定监听的交换器名称。

（4）定义启动类，代码如下：

```java
@SpringBootApplication
@EnableEurekaClient
@EnableBinding(value={IReceiverService.class})
public class StreamReceiverApplication {
    public static void main(String[] args) {
        SpringApplication.run(StreamReceiverApplication.class, args);
    }
}
```

@EnableBinding注解用于指定将项目绑定到前面定义的IReceiverService接口。

（5）创建处理消息的类ReceiverService，代码如下：

```java
@Service
@EnableBinding(IReceiverService.class)
public class ReceiverService {
    @StreamListener("log-exchange")
    public void onReceiver(byte[] msg){
        System.out.println("消费者收到消息:"+new String(msg));
    }
}
```

注意，类ReceiverService并不是用于实现接口IReceiverService，而是用于通过@EnableBinding注解将项目绑定到接口IReceiverService。@StreamListener注解用于指定监听的交换器名称。

### 3．测试本案例

为了演示本案例的效果，需要将StreamReceiver项目打包并部署到CentOS服务器上，具体步骤如下。

（1）将项目打包，得到StreamReceiver-0.0.1-SNAPSHOT.jar。

（2）在CentOS服务器上创建/usr/local/microservice/StreamReceiver目录，将StreamReceiver-0.0.1-SNAPSHOT.jar和StreamReceiver项目的配置文件application.yml上传至该目录。

（3）登录CentOS服务器，以Jar包方式运行StreamReceiver项目。

接下来参照10.1.4小节启动RabbitMQ服务。运行StreamSender项目，项目启动后，打开浏览器，访问如下URL：

```
http://localhost:9001/test/send
```

如果一切正常，则可以在CentOS服务器上StreamReceiver项目的运行输出窗口中查看到"消费者收到消息：hello stream ..."消息，如图10.21所示。

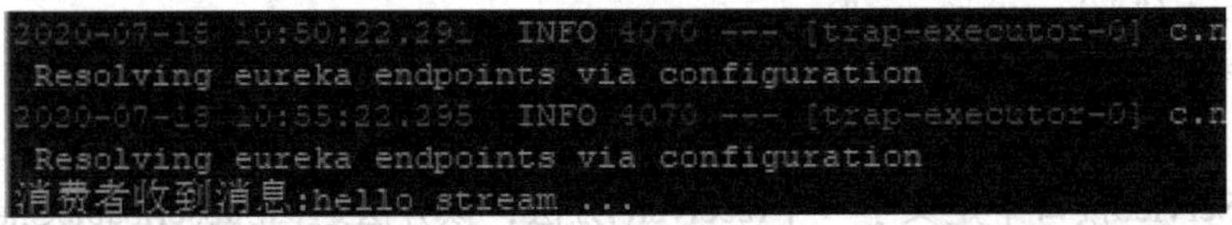

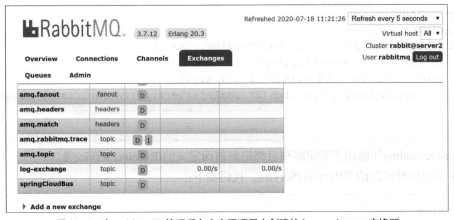

图 10.21　在 StreamReceiver 项目的运行输出窗口中查看到通过 Spring Cloud Stream 框架发送来的消息

登录RabbitMQ管理后台，选择Exchanges，可以看到log-exchange交换器，如图10.22所示。

图 10.22　在 RabbitMQ 管理后台中查看项目中创建的 log-exchange 交换器

## 10.4　消息队列在秒杀抢购场景中的应用

随着电子商务应用的普及，线上促销已经成为常态。秒杀抢购是非常经典的线上促销场景之一，其对应的应用程序就是一种需要采用特定架构的Web应用程序。本节介绍消息队列在秒杀抢购等应用场景中的具体应用。

## 10.4.1 秒杀抢购应用场景解析

秒杀抢购应用场景具有如下特点。
- 秒杀抢购活动通常都会约定一个开始时间。时间未到时，"购买"按钮被置灰；时间到时，按钮被点亮。
- 瞬时并发量很大，可能比平时的访问量剧增十倍、几十倍甚至更多。
- 商品库存有限。秒杀抢购活动中通常都要限定商品库存的上限，先到先得，抢完即止。
- 业务逻辑简单。秒杀抢购活动中的用户交互通常很少，用户只需要单击"购买"按钮即可。Web应用程序对抢购请求的处理流程如图10.23所示。

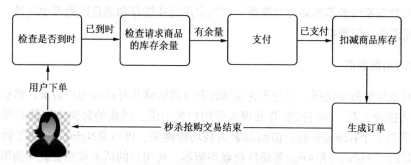

图 10.23　Web 应用程序对抢购请求的处理流程

## 10.4.2 传统架构的高并发瓶颈

秒杀抢购活动通常会吸引很多访客，造成很大的瞬时流量，从而对现有Web应用程序的硬件系统架构和软件系统架构造成冲击，影响应用程序的正常使用。

如果使用传统的Web应用程序处理秒杀抢购活动，其架构如图10.24所示。

图 10.24　传统的 Web 应用程序处理秒杀抢购活动的架构

在传统的Web应用程序中，所有的业务逻辑都由部署在Web服务器上的Web应用程序完成。在处理秒杀抢购请求时，具体的步骤如下。

（1）判断请求者是否登录。如果没有登录则跳转至登录页面，否则继续。

（2）判断抢购活动是否开始。如果尚未开始，则拒绝请求。

（3）判断抢购商品是否还有库存。如果已经没有库存，则提示用户；如果还有库存，则暂时扣减库存，并跳转至支付页面。

（4）如果支付成功，则生成订单。

（5）如果超时未支付，则抢购失败，恢复商品库存。

传统的Web应用程序在处理秒杀抢购活动所带来的瞬时高并发时，存在以下两个瓶颈点。
- Web服务器，在处理瞬时高并发的访问请求时，Web服务器的硬件（如CPU、内存、网络带宽）会面临很大的压力，无法及时响应用户请求，进而造成用户页面锁死的情形。
- 数据库服务器，传统的MySQL、SQL Server、Oracle等数据库的数据是存储在硬盘上的，存取数据的效率比较低。特别是当数据库中的数据比较多时，查询和写入数据都会比较慢。瞬时高并发时系统通常很难及时完成数据库操作，造成Web应用程序等待，响应用户请求的速度变得更慢。

## 10.4.3 秒杀抢购解决方案

通过对传统架构的高并发瓶颈进行分析，可以针对瓶颈点存在的问题设计相应的解决方案。

（1）针对Web服务器的高并发瓶颈，可以采取前置服务器集群、前端性能优化、限流和削峰等措施予以应对。

（2）针对数据库服务器的高并发瓶颈，可以采用高速缓存和消息队列等中间件，在秒杀抢购的过程中尽量避免访问数据库。

**1．前置服务器集群**

面对瞬时发生的海量访问，首先要保证Web服务器能够及时接收用户请求，然后才有后面的优化过程。从物理上看，瞬时接收并处理大量用户的请求，经典的解决方案就是采用前置服务器集群，部署若干个Web服务器，前面部署负载均衡网关，可以是Nginx、LVS等软件负载均衡器，也可以是F5、Radware和Array等硬件负载均衡器，将用户的请求按照负载均衡策略分配到不同的Web服务器中进行处理，从而减少单台Web服务器的工作量。

关于负载均衡可以参照5.2.1小节的内容进行理解。

**2．前端性能优化**

前置服务器集群只是应对秒杀抢购的硬件前提，如果没有对Web应用程序进行相应的优化，仅靠部署多台Web服务器是不可能达到预期效果的。要理解这一点，首先应该了解Web服务器的工作原理。

Web服务器接收用户请求后会启动一个线程来处理用户请求，处理的流程如下。

（1）加载用户请求页面的HTML模板，在MVC开发框架中就是视图页。

（2）如果HTML模板中包含CSS和JavaScript等资源文件，则需要加载并应用它们。

（3）如果HTML模板中包含图片，也需要加载并显示它。

（4）从数据库中加载HTML模板中需要的内容，并将其填充到HTML模板中。

（5）最终得到一个HTML网页，将其返回给客户端浏览器进行展示。

以上过程被称为渲染。

在应对高并发时，需要对整个渲染过程中的各个环节进行优化，从而降低Web服务器处理的数据量，这就是前端性能优化。一般来说，简单的前端性能优化就是对资源文件（图片文件、CSS文件和JavaScript文件等）进行压缩处理和CDN（content delivery network，内容分发网络）部署。前端性能优化是前端工程师的任务，不是本书关注的主题，故这里不展开介绍。感兴趣的读者可以查阅相关资料进行了解。

**3．限流**

对于秒杀抢购应用场景而言，如果参与活动的海量访问请求都按10.4.2小节介绍的流程处理，势必会给Web服务器带来巨大的处理压力。为了减少压力，有必要对访问流量进行限制，即只让一定比例的请求进入后续处理流程。本书将在10.4.4小节介绍限流算法及其具体的实现方法。

## 4. 削峰

在秒杀抢购活动刚刚开始时，会有瞬时的大量访问请求，形成瞬时流量高峰。秒杀抢购解决方案的关键在于把瞬时流量峰值平缓化，也就是所谓的削峰，而削峰的技术核心是异步处理。传统应用程序通常采用同步处理机制，也就是用户提交请求后，在线等待处理结果。这样的处理机制很难快速地将流量高峰削平。同步处理机制的工作流程如图10.25所示。

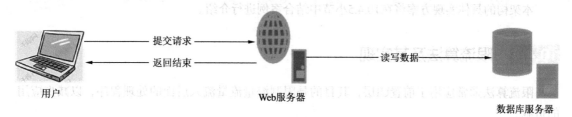

图 10.25　同步处理机制的工作流程

在异步处理机制中，用户提交请求后，不等待处理结果，而是直接返回。后端程序依次处理请求，处理完后再将结果返回给用户。

异步处理机制多采用消息队列中间件来缓存请求并通知处理结果。异步处理机制的工作流程如图10.26所示。

图 10.26　异步处理机制的工作流程

通常，秒杀抢购应用场景的总体解决方案架构如图10.27所示。

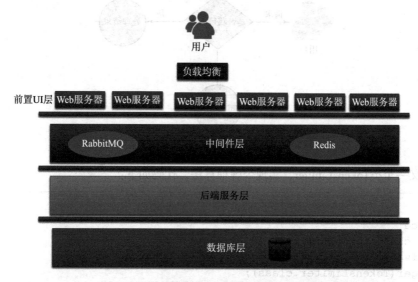

图 10.27　秒杀抢购应用场景的总体解决方案架构

整体架构由前置UI层、中间件层、后端服务层和数据库层组成，具体说明如下。

- 前置UI层：用于展示商品和处理用户的请求，通常由Web服务器集群组成。
- 中间件层：通常由消息队列RabbitMQ和高速缓存Redis组成。RabbitMQ是前端应用和后端服务沟通的渠道，用于发送下单请求消息和接收处理结果消息；Redis用于缓存抢购商品的库存信息。
- 后端服务层：用于处理消息队列中的消息，并将处理结果保存至数据库中。
- 数据库层：用于存储数据。

本架构的具体实现方案将在10.4.5小节中结合案例进行介绍。

### 10.4.4 限流算法及其实现

限流算法通常应用于前置UI层，其目的是限制海量流量流入后面的处理程序，以减少应用的负载。

常用的限流算法包括令牌桶算法和漏桶算法。

**1．令牌桶算法**

令牌桶算法是限制网络流量速率的常用算法。系统以一定的速率向桶中投放令牌，只有获取到令牌的请求才能被处理。令牌桶算法的工作原理如图10.28所示。

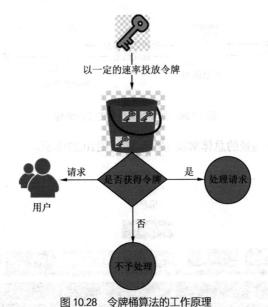

图 10.28　令牌桶算法的工作原理

可以定义一个类TokensLimiter，实现令牌桶算法，代码如下：

```
@Slf4j
@Service
public class TokensLimiter {
    private final org.slf4j.Logger log = LoggerFactory.getLogger(TokensLimiter.class);
    // 最后一次令牌发放时间
    public long timeStamp = System.currentTimeMillis();
    // 桶的容量
```

```java
        public int capacity = 10;
        // 令牌生成速率
        public int rate = 10;
        // 当前令牌数
        public int tokens;
        public boolean acquire() {
            long now = System.currentTimeMillis();
            // 当前令牌数
            log.info( "now - timeStamp: " + (now - timeStamp));
            tokens = Math.min(capacity, (int) (tokens + (now - timeStamp) *
            rate / 1000));
            log.info( "当前令牌数:" + tokens);
            timeStamp = now;
            if (tokens < 1) {
                // 若没有获取到令牌,则拒绝
                log.info("限流了");
                return false;
            } else {
                // 还有令牌,获取令牌
                tokens--;
                log.info("剩余令牌=" + tokens);
                return true;
            }
        }
    }
```

具体说明如下。

- capacity:标识桶的容量,这里默认为10。实际应用中可以根据服务器的负载能力设置值,例如,100~1000的一个值。
- rate:指定生成令牌的速率,也就是服务器处理请求的速率,这里默认为每秒处理10个请求。

程序按rate生成令牌,每次调用acquire()方法消费一个令牌,如果令牌小于1,则返回false,否则返回true。

**2. 漏桶算法**

漏桶算法的原理就好像生活中的一个漏桶,我们无法准确地预估水流入桶中的速率和容量,但是可以控制桶中水流出的速率。桶的容量是固定的,当水超出桶的容量时将会溢出。漏桶算法的工作原理如图10.29所示。

可以定义一个类LeakyBucket,实现漏桶算法,代码如下:

图10.29 漏桶算法的工作原理

```java
public class LeakyBucket {
    public long timeStamp = System.currentTimeMillis();   // 当前时间
    public long capacity;                   // 桶的容量
    public long rate;                       // 水漏出的速率
    public long water;                      // 当前水量(当前累计请求数)
    public boolean grant() {
        long now = System.currentTimeMillis();
        // 执行漏水,计算剩余水量
        water = Math.max(0, water - (now - timeStamp) * rate);
```

```
            timeStamp = now;
            if ((water + 1) < capacity) {
                // 尝试加水,并且水还未满
                water += 1;
                return true;
            } else {
                // 水满,拒绝加水
                return false;
            }
        }
    }
```

具体说明如下。

（1）成员变量capacity在算法中代表桶的容量，在实际应用中代表网站可以接受的最大并发访问量。

（2）成员变量rate在算法中代表水漏出的速率，在实际应用中代表网站处理请求的速率。

（3）成员变量water在算法中代表当前的水量，在实际应用中代表未处理的网站请求数。

（4）grant()方法用于判断是否接收请求（桶中的水是否溢出），程序首先根据速率rate计算流出的水量（已经处理的请求数），然后从water变量中减去流出的水量，得到桶中剩余的水量。将其与capacity相比，如果尚有余量，没有溢出，则可以接收请求，执行water += 1；否则拒绝请求。

当然这段代码仅用于演示漏桶算法的实现原理。在分布式系统中，capacity、rate和water的值通常存储在Redis中，以便服务器集群中不同的服务器共享使用。

### 10.4.5 秒杀抢购案例

本小节通过一个案例演示秒杀抢购解决方案的实现方法。本案例的简单架构设计如图10.30所示。

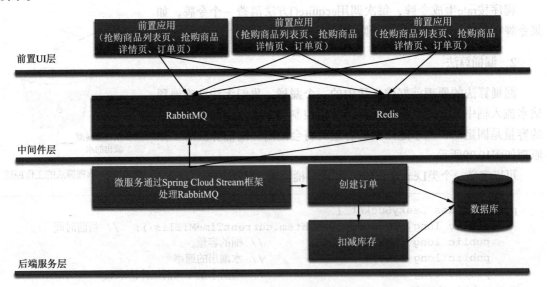

图 10.30　秒杀抢购案例的简单架构设计

可以看到整体架构由前置UI层、中间件层和后端服务层组成，具体描述如下。

- 前置UI层：本案例中前置UI层只包含抢购商品列表页、抢购商品详情页和订单页3个页面。为了减少前置Web服务器的页面渲染处理工作量，这里将商品列表页和商品详情页静态化，设计成HTML网页。在抢购商品详情页中实现访问限流处理。通过限流过滤的请求可以从Redis中检查商品的库存，并通过RabbitMQ给后端服务层发送抢购申请消息。如果抢购成功，则订单会出现在用户的订单页中。
- 中间件层：由RabbitMQ消息队列和高速缓存Redis组成。
- 后端服务层：通过微服务架构实现，主要职责是对抢购申请进行处理，并将处理结果保存至数据库，返回处理结果至Redis。

### 1. 前置UI层

前置UI层的项目名称为seckill-front。前置UI层的工作流程如图10.31所示。

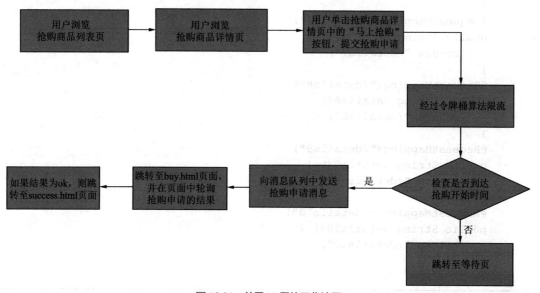

图 10.31　前置 UI 层的工作流程

在项目seckill-front中，HomeController类的代码如下：

```
@Controller
@RequestMapping("/")
public class HomeController {
    @RequestMapping("/list")
    public String list() {
        return "/list";
    }
    @RequestMapping("/details1")
    public String details1() {
        return "/details1";
    }
    @RequestMapping("/details2")
    public String details2() {
        return "/details2";
    }
    @RequestMapping("/details3")
```

```java
public String details3() {
    return "/details3";
}
@RequestMapping("/details4")
public String details4() {
    return "/details4";
}
@RequestMapping("/details5")
public String details5() {
    return "/details5";
}
@RequestMapping("/details6")
public String details6() {
    return "/details6";
}
@RequestMapping("/details7")
public String details7() {
    return "/details7";
}
@RequestMapping("/details8")
public String details8() {
    return "/details8";
}
@RequestMapping("/details9")
public String details9() {
    return "/details9";
}
@RequestMapping("/details10")
public String details10() {
    return "/details10";
}
}
```

路由/list对应list.html，定义抢购商品列表页，本页面仅供演示，其中包含6件商品，如图10.32所示。

图10.32　秒杀抢购案例的商品列表页

由于篇幅所限，这里就不详细介绍list.html的代码，请参照本书配套资源中的源代码进行理解。单击商品图片或链接，可以打开抢购商品详情页。

抢购商品详情页分别被静态化处理为details1.html、details2.html、details3.html、details4.html、details5.html和details6.html。

details1.html中的"马上抢购"按钮定义如下：

```
<a href="/Order/buy?goodsid=1"><img src="/images/shangpinxiangqing/X17.png"></a>
```

参数goodsid表示要抢购的商品ID。OrderController类的代码如下：

```
@Controller
@RequestMapping("/Order")
public class OrderController {
    @Autowired
    TokensLimiter tokensLimiter;
    @RequestMapping("/buy")
    public String buy() {
        if (tokensLimiter.acquire())
            return "/buy";
        else
            return "/busy";
    }
}
```

在buy()方法中调用tokensLimiter.acquire()方法，获取令牌。如果可以获取令牌，则跳转至/buy.html；否则表示已经限流，跳转至/busy.html。

**2．检查开始时间**

在buy()方法中还需要检查抢购活动的开始时间是否到了，如果时间没有到，则提示等候。检查开始时间有如下两个关键点。

（1）如何存储开始时间。建议存储在Redis中，本案例存储在"seckill.starttime"键中。本案例中需要手动设置抢购开始时间"键值对"参数。

（2）如何获取当前时间。为了统一各前置服务器的时间，建议获取网络时间；也可以将前置服务器的时间进行精确设置，然后读取本地服务器时间。本案例采用后者。

改进buy()方法，增加检查开始时间的代码，具体代码如下：

```
@RequestMapping("/buy")
    public String buy() {
        if (tokensLimiter.acquire()) {
            String starttime = template.opsForValue().get("seckill.starttime");
            System.out.println(starttime);
            SimpleDateFormat bjSdf = new SimpleDateFormat("yyyy-MM-dd HH:mm:ss");
            bjSdf.setTimeZone(TimeZone.getTimeZone("Asia/Shanghai"));
            // 设置北京时区
            String strNow = bjSdf.format(System.currentTimeMillis());
            System.out.println("北京时间: "+strNow);
```

```
        if(strNow.compareTo(starttime)<0)
            return "waiting";
        return "/buy";
    } else
        return "/busy";
}
```

为了可以在程序中访问Redis，需要在pom.xml中添加如下依赖：

```xml
<dependency>
    <groupId>org.springframework.boot</groupId>
    <artifactId>spring-boot-starter-data-redis</artifactId>
</dependency>
```

在application.yml中添加如下代码，配置Redis服务器的参数。请根据具体情况设置。

```yaml
spring:
  redis:
    host: 192.168.1.102
    password: redispass
    port: 6379
```

### 3．发送下单消息

为了达到削峰的效果，本案例在前置UI层与后端服务层之间通过消息队列传递数据。在pom.xml中添加spring-boot-starter-web、spring-cloud-starter-netflix-eureka-client、spring-cloud-starter-stream-rabit和spring-boot-starter-thymeleaf依赖，代码如下：

```xml
<dependency>
    <groupId>org.springframework.boot</groupId>
    <artifactId>spring-boot-starter-web</artifactId>
</dependency>
<dependency>
    <groupId>org.springframework.cloud</groupId>
    <artifactId>spring-cloud-starter-netflix-eureka-client</artifactId>
</dependency>
<dependency>
    <groupId>org.springframework.cloud</groupId>
    <artifactId>spring-cloud-starter-stream-rabbit</artifactId>
</dependency>
<dependency>
    <groupId>org.springframework.boot</groupId>
    <artifactId>spring-boot-starter-thymeleaf</artifactId>
</dependency>
```

在配置文件application.yml中，指定注册Eureka服务和RabbitMQ的配置信息，代码如下：

```yaml
spring:
  application:
    name: seckill-front
  rabbitmq:
```

```yaml
      host: 192.168.1.102
      port: 5672
      username: rabbitmq
      password: 123456
      virtual-host: /
server:
  port: 9001
eureka:
  client:
    service-url:
      zone-1: http://eurekaserver-master:1111/eureka/
      zone-2: http://eurekaserver-slave:2222/eureka/
      defaultZone: http://eurekaserver-master:1111/eureka/, http://eurekaserver-slave:2222/eureka/
```

创建消息发送者接口ISenderService，代码如下：

```java
public interface ISenderService {
    @Output("seckill_apply-exchange")
    public SubscribableChannel apply();
}
```

ISenderService接口中定义了一个apply()方法，该方法返回SubscribableChannel对象，也就是一个可订阅的通道，该通道用于向后端服务层发送抢购申请消息。

定义启动类，代码如下：

```java
@EnableEurekaClient
@SpringBootApplication
@EnableBinding(value={ISenderService.class})
public class StreamSenderApplication {
    public static void main(String[] args) {
        SpringApplication.run(StreamSenderApplication.class, args);
    }
}
```

@EnableBinding注解用于指定将项目绑定到前面定义的ISenderService接口。

在buy()方法中定义发送抢购申请消息的代码如下：

```java
@RequestMapping("/buy")
    public String buy(int goodsid, Model m) {
        if (tokensLimiter.acquire()) {
            String starttime = template.opsForValue().get("seckill.starttime");
            System.out.println(starttime);
            SimpleDateFormat bjSdf = new SimpleDateFormat("yyyy-MM-dd HH:mm:ss");
            bjSdf.setTimeZone(TimeZone.getTimeZone("Asia/Shanghai"));
            // 设置北京时区
            String strNow = bjSdf.format(System.currentTimeMillis());
            System.out.println("北京时间: " + strNow);
            if (strNow.compareTo(starttime) < 0)
                return "waiting";
            UUID uuid = UUID.randomUUID();
            String msg = "seckillapply_" + goodsid + ", " + uuid.toString();
```

```
            // 将需要发送的消息封装为Message对象
            Message message = MessageBuilder.withPayload(msg.getBytes()).build();
            sendService.apply().send(message);
            m.addAttribute("ticket", uuid.toString());
            m.addAttribute("goodsid", goodsid);
            return "/buy";
        } else
            return "/busy";
    }
```

本案例仅用于演示抢购流程的实现过程，并没有集成用户系统。因此，这里使用UUID作为用户的唯一标识。发送的抢购申请消息的格式为seckillapply_<抢购商品的编号>,<代表用户的UUID>。

发送抢购申请消息的前提如下。

（1）抢购开始时间已经到了。

（2）用户的访问请求经过了限流算法过滤。

### 4．提交抢购申请消息后轮询结果

用户提交抢购申请消息后，跳转至buy.html页面，在页面中每秒轮询抢购申请的结果，代码如下：

```html
<script src="/js/jquery-2.1.1.js"></script>
<script>
    //每秒调用一次myFunction()函数
    $(document).ready(function() {
        window.setInterval(myFunction, 1000);
    });
    function myFunction() {
        console.log("ticket:" + $("#ticket").val());
        htmlobj = $.ajax({
            url : "/Order/query_result",
            type : "GET",
            data : {
                ticket : $("#ticket").val(),
            },
            cache : false,
            async : false,
            success : function(data) {
                console.log("data: "+data);
                if (data == "ok") {
                    alert("恭喜你！抢购成功！");
                    self.location='/list';
                } else if(data != null && data!="") {
                    alert(data);
                }
            },
            error : function(err) {
                alert(err);
```

```
            }
        });
    }
</script>
```

程序每秒调用一次myFunction()函数，myFunction()函数的工作流程如下。

（1）获取代表用户的UUID，在buy.html中将UUID保存在一个id为"ticket"的隐藏域中，代码如下：

```
<input id="ticket" type="hidden" th:value="${ticket}" />
```

（2）通过$.ajax()函数调用OrderController的query_result()方法，获取抢购结果。query_result()方法的代码如下：

```
@RequestMapping("/query_result")
    @ResponseBody
    public String query_result(String ticket) {
        String result = template.opsForValue().get("seckill.result." + ticket);
        System.out.println(ticket + ":" + result);
        if (result != null && result.compareTo("ok") == 0) {
            // 将需要发送的消息封装为Message对象
            String msg = "seckillresult_" + goodsid + ", " + ticket;
            Message message = MessageBuilder.withPayload(msg.getBytes()).build();
            sendService.saveResult().send(message);
            return "success";
        } else
            return "fail";
    }
```

本案例中约定，当后端服务层接收到抢购申请消息并处理完成后，将处理结果存储在Redis中，键为"seckill.result." + ticket。如果抢购成功，则值为ok，否则为抢购失败的原因。

如果抢购成功，则弹出对话框并提示"恭喜你！抢购成功！"，然后跳转至抢购商品列表页。

**5．后端服务层**

本案例的后端服务层的项目名为seckill_backService，主要实现如下功能。

（1）接收抢购申请消息。
（2）判断是否到达抢购开始时间。
（3）判断待抢购商品的库存是否足够。
（4）将抢购商品的结果保存在Redis中，以便前置应用查询。
（5）将要保存到数据库的订单数据存储至可轮询的Redis键（seckill.order）中，以便在后端服务层中启动定时任务读取并将其中的订单数据保存到数据库中。

后端服务层的工作流程如图10.33所示。

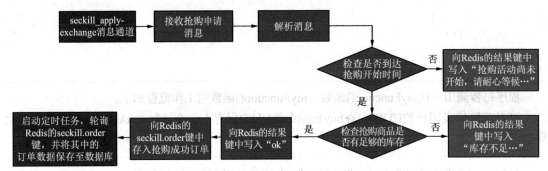

图10.33 后端服务层的工作流程

（1）接收抢购申请消息。

在pom.xml中添加spring-boot-starter-data-redis、spring-cloud-starter-stream-rabbit、spring-boot-starter-web和spring-cloud-starter-netflix-eureka-client依赖，代码与seckill-front项目的类似。

在配置文件application.yml中指定注册Eureka服务和RabbitMQ的配置信息，代码如下：

```
spring:
  application:
    name: seckill-backservice
  rabbitmq:
    host: 192.168.1.102
    port: 5672
    username: rabbitmq
    password:123456
    virtual-host: /
server:
  port: 9002
eureka:
  client:
    service-url:
      zone1: ■■eurekaserver-master:1111/eureka/
      zone2: ■■eurekaserver-slave:2222/eureka/
      defaultZone: ■■eurekaserver-master:1111/eureka/,■■eurekaserver-slave:2222/eureka/
```

创建接收消息的接口IReceiverService，代码如下：

```
public interface IReceiverService {
    @Input("seckill_apply-exchange")
    SubscribableChannel receiver_apply();
}
```

IReceiverService接口中定义了一个receiver_apply()方法，该方法返回SubscribableChannel对象，也就是一个可订阅的通道，该通道用于监听抢购申请消息。

定义启动类，代码如下：

```
@SpringBootApplication
@EnableEurekaClient
@EnableScheduling
@EnableBinding(value={IReceiverService.class})
```

```java
public class SeckillBackServiceApplication {
    public static void main(String[] args) {
        SpringApplication.run(SeckillBackServiceApplication.class, args);
    }
}
```

@EnableScheduling注解用于指定在项目中启用定时任务机制。

（2）处理抢购申请消息。

创建处理消息的类ReceiverService，代码如下：

```java
@Service
@EnableBinding(IReceiverService.class)
public class ReceiverService {
    @Autowired
    private StringRedisTemplate template;
    @StreamListener("seckill_apply-exchange")
    public void onReceiver(byte[] msg) {
        String apply_msg = new String(msg);
        System.out.println("消费者收到消息:" + apply_msg);
        String tmp = apply_msg.substring(13, apply_msg.length());
        System.out.println(tmp);
        String arr[] = tmp.split(",");
        if(arr.length!=2) {
            System.out.println("消息格式不正确");
            return;
        }
        try {
            int goodsid = Integer.parseInt(arr[0]);
            String ticket= arr[1];
            String result_key ="seckill.result." + ticket;
            //(1)判断是否到达抢购开始时间
            if(!ifStart())
            {
                // 将结果写入Redis
                template.opsForValue().set(result_key, "抢购活动尚未开始，请耐心等候…");
            }
            //(2)判断库存是否足够
            if(!checkstock(goodsid)) {//库存不足
                // 将结果写入Redis
                template.opsForValue().set(result_key, "库存不足…");
            }
            else // 抢购成功
            {
                // 将结果写入Redis
                template.opsForValue().set(result_key, "ok");
                saveOrder2redis(ticket, goodsid);
            }
        }
        catch(Exception ex)
        {
```

```
        ex.printStackTrace();
    }
}
```

收到抢购申请消息后,程序首先解析消息,然后做如下处理。
- 调用ifStart()方法判断是否到达抢购开始时间。
- 调用checkstock()方法判断库存是否足够。如果库存不足,则向Redis的结果键中写入"库存不足…"。Redis中的结果键的格式为"seckill.result."+ticket。如果有足够的库存,则向Redis的结果键中写入"ok",然后调用saveOrder2redis()方法向Redis中"保存订单的键中"写入订单信息。

ifStart()方法的代码如下:

```
public boolean ifStart() {
    String starttime = template.opsForValue().get("seckill.starttime");
    System.out.println(starttime);
    SimpleDateFormat bjSdf = new SimpleDateFormat("yyyy-MM-dd HH:mm:ss");
    bjSdf.setTimeZone(TimeZone.getTimeZone("Asia/Shanghai")); // 设置北京时区
    String strNow = bjSdf.format(System.currentTimeMillis());
    System.out.println("北京时间: " + strNow);
    if (strNow.compareTo(starttime) < 0)
        return false;
    return true;
}
```

checkstock()方法的代码如下:

```
public boolean checkstock(int goodsid) {
    long stock = template.boundValueOps("seckill.stock."+goodsid).decrement();
    if (stock > 0)
        return true;
    return false;
}
```

在抢购活动开始之前,需要将所有抢购商品的库存上限写入Redis,对应的键为"seckill.stock."+goodsid。decrement()方法将库存减1,并返回之后的库存数量。因为StringRedisTemplate是线程安全的,所以不会出现多个请求同时执行减1操作而没有扣减库存的情况。如果返回的库存数量stock大于0,则说明抢购成功。如果库存不足,也不需要将库存数量恢复,因为Redis中的库存数量仅用于标识商品是否有抢购余量,并不标识实际库存,在这个意义上,库存数量为0和库存数量为负数是一样的。

如果抢购成功,则向Redis的结果键中写入"ok"。然后调用saveOrder2redis()方法,将抢购成功的订单数据保存在Redis中。saveOrder2redis()方法的代码如下:

```
public void saveOrder2redis(String ticket, int goodsid) {
    // 拼接订单数据
    String value = ticket+","+goodsid+","+System.currentTimeMillis();
    System.out.println("saveOrder2redis:"+ value);
    long r =template.opsForList().rightPush("seckill.order", value);
    System.out.println("r:"+ r);
}
```

opsForList()方法用于操作Redis中的列表，这里将所有抢购成功的订单先缓存在"seckill. order"键中。

由于在高并发的情况下，将大量订单数据同步地保存到数据库会增加服务器的负载，造成响应瓶颈，因此，本案例采用异步方式保存订单数据：先将抢购成功的订单缓存在Redis中，然后由后端服务层定期轮询并处理消息，这样就可以控制处理的节奏，避免集中访问数据库。

（3）将订单保存至数据库的定时任务。

本案例利用Spring框架的定时任务机制，定期轮询Redis中的订单数据。在SaveOrderService类中定义一个run()方法，代码如下：

```
@Scheduled(fixedRate = 1000)
public void run() {
    String strOrder = template.opsForList().leftPop("seckill.order");
    if (strOrder == null || strOrder == "")
        return;
    System.out.println(strOrder);
    String arr[] = strOrder.split(",");
    if (arr.length < 3)
        return;
    String ticket = arr[0];
    String strGoodsid = arr[1];
    String strTime = arr[2];
    int goodsid = 0;
    goodsid = Integer.parseInt(strGoodsid);
    long time = 0;
    time = Long.parseLong(strTime);
    SimpleDateFormat format = new SimpleDateFormat("yyyy-MM-dd HH:mm:ss");
    strTime = format.format(time);
    // 保存订单记录
    LOG.info("订单记录: goodsid:"+goodsid+", ticket:"+ticket+", time:"+strTime);
    // 数据库中库存减1
    LOG.info("数据库中库存减1: goodsid:"+goodsid);
}
```

@Scheduled(fixedRate = 1000)注解用于指定每秒执行一次run()方法。由于本案例旨在演示秒杀抢购的解决方案，因此这里并没有真正地将数据存储到数据库，而是简单地记录日志。

这里需要做以下两件事。

- 保存订单记录。为了简化流程，本案例没有涉及支付环节，只要抢购成功，即可生成订单。
- 数据库中库存减1，此处是商品的真实库存。

### 6．演示秒杀抢购案例的运行流程

为了演示秒杀抢购案例的运行流程，这里将seckill-front项目打包，得到seckill-front-0.0.1-SNAPSHOT.jar，将其部署在CentOS服务器上。

按照如下步骤启动本案例的各项目和组件。

（1）确保Redis服务已经启动。

（2）确保RabbitMQ服务已经启动。

（3）确保主、从两个Eureka服务已经启动。

(4)以Jar包形式运行CentOS服务器上的seckill-front项目。
(5)可以在IDE中运行seckill_backService项目。
(6)打开Redis客户端软件以设置键seckill.starttime的值为希望的抢购开始时间。
(7)设置键seckill.stock.<商品编号>的值为指定商品的库存数量,例如设置seckill.stock.1的值为10,表示指定商品1的库存数量为10。

在浏览器中访问如下URL:

```
192.168.56.102:8080/details2
```

单击"马上抢购"按钮,可以打开等候抢购结果的网页;按F12键,可以看到网页的控制台,如图10.34所示。

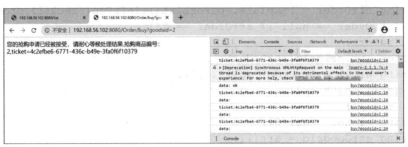

图10.34 等候抢购结果的网页

可以看到程序定时轮询处理结果。如果处理结果为ok,则返回抢购商品列表页。如果一切正常,则后端服务层会接收到抢购申请消息。处理消息的过程中控制台输出如下:

```
消费者收到消息:seckillapply_2, 4c2efbe6-6771-436c-b49e-3fa0f6f103792, 4c2efbe6-
6771-436c-b49e-3fa0f6f10379
2020-08-02 21:00
北京时间: 2020-08-03 06:11:51
处理结果: ok. result_key=seckill.result.4c2efbe6-6771-436c-b49e-
3fa0f6f10379
saveOrder2redis:4c2efbe6-6771-436c-b49e-3fa0f6f10379,2,1596406311659
r:1
4c2efbe6-6771-436c-b49e-3fa0f6f10379,2,1596406311659
2020-08-03 06:11:51.661  INFO 8328 --- [   scheduling-1] c.e.s.service.
SaveOrderService            : 订单记录: goodsid:2, ticket:4c2efbe6-6771-
436c-b49e-3fa0f6f10379, time:2020-08-03 06:11:51
2020-08-03 06:11:51.661  INFO 8328 --- [   scheduling-1] c.e.s.service.
SaveOrderService            : 数据库中库存减1: goodsid:2
```

可以看到,处理抢购申请消息分为下面两个阶段。
- 第一个阶段是处理消息的类ReceiverService对抢购申请消息进行判断。如果满足抢购条件,则返回ok,同时向Redis中写入待保存的订单信息。r:1表示向Redis的列表中添加订单数据后列表中元素的数量。
- 第二个阶段是保存订单数据。输出信息从"[ scheduling-1]"开始进入第二个阶段,并模拟保存订单数据的过程。

由于篇幅所限,本案例中重点关注秒杀抢购解决方案的实现,UI设计和业务逻辑都比较简单,实际应用的情形要更复杂一些,比如本案例并没有考虑同一个用户重复抢购的限制问题。

## 本章小结

本章首先介绍了微服务架构消息机制的工作原理；其次介绍了Spring Cloud Bus的工作原理和编程方法；然后介绍了使用Spring Cloud Stream组件收发消息的方法。为了使读者能够更直观地理解微服务架构消息机制的具体应用方式，本章最后还通过一个经典案例介绍了消息队列在秒杀抢购场景中的应用。

本章的主要目的是使读者了解微服务架构消息机制的工作原理，以及Spring Cloud Bus和Spring Cloud Stream组件的编程方法。通过学习本章的内容，读者可以了解微服务架构的各组件之间是如何通过消息机制实现相互通信的。

## 习题 10

### 一、选择题

1. Redis中字典结构的数据类型为（   ）。
   A．string          B．list          C．dict          D．set
2. （   ）是连接分布式系统中各个节点的轻量级的消息代理。
   A．Spring Cloud Bus          B．RabbitMQ
   C．Kafka                    D．Redis
3. Spring Cloud Stream应用程序中的应用程序核心通过绑定器（   ）实现与RabbitMQ、Kafka等消息队列的通信。
   A．Binder          B．Exchange          C．Input          D．Output
4. 下面不是常用的数据对象权限的是（   ）。
   A．DELETE          B．REVOKE          C．INSERT          D．UPDATE
5. 拥有所有系统级管理权限的角色是（   ）。
   A．ADMIN          B．SYSTEM          C．SYSMAN          D．DBA

### 二、填空题

1. 队列支持___【1】___和___【2】___两种操作。
2. 消息队列传递消息的模型可以分为___【3】___和___【4】___两种。
3. ___【5】___算法是网络流量整形和限制速率的常用算法。

### 三、简答题

1. 简述消息队列的特点。
2. 简述秒杀抢购应用场景的总体解决方案架构。

# 第11章 利用Docker容器化部署微服务应用

在前面的章节中，都是通过Jar包形式部署和运行Spring Boot应用的。但是在实际应用中，微服务应用有很多，手动部署和运行它们很麻烦，运维工作量也很大。因此，通常需要利用Docker容器化部署微服务应用。

## 11.1 容器化概述

软件开发完成后，需要搭建测试环境。通过测试后，还需要搭建生产环境。在这个过程中存在很多重复劳动，每次搭建环境都需要安装和配置相同的软件，比如JDK、数据库、用户应用程序等。

容器化是目前非常流行的部署软件系统的方法。容器是软件的一个标准的单元，其中打包了代码和运行代码所依赖的软件和组件，以便应用程序可以快捷、稳定地运行。而且因为容器是相对独立存在的，所以可以很方便地实现不同环境下应用程序的迁移。使用容器部署应用程序被称为容器化。

### 11.1.1 Docker概述

Docker是一个开源的引擎，使用Docker可以很轻松地为任何应用创建轻量级的、便于移植的、自包含的容器。Docker具有如下特性。

**1. 快速部署**

开发者可以使用一个标准镜像来构建一个开发容器。开发结束时，运维人员可以直接使用此容器去部署应用。在Docker中，可以很快地创建容器、遍历应用程序，而且整个过程都是可见的。Docker容器可以实现秒级启动，可以大量节省开发、测试和部署时间。

**2. 更高效的虚拟化**

Docker不需要任何虚拟机监视器（Hypervisor）的支持，因此它可以实现内核级的虚拟化，进而可以获得更高级的性能和效率。

### 3. 更便于迁移和扩展

Docker容器几乎可以在所有的平台上运行，包括物理机、虚拟机、公有云、私有云、PC、服务器等；可以直接在各平台间迁移应用程序。

### 4. 隔离性

Docker容器将应用程序与资源隔离，也将不同的应用程序隔离，这样它们就不会互相影响，比如因为一个应用程序占用大量系统资源而导致其他应用程序不稳定。

### 5. 安全

Docker可以确保容器中运行的应用程序与其他应用程序完全隔离，运维人员可以完全控制和管理容器内的应用程序，保障应用程序的安全。

## 11.1.2 Docker的基本概念

本小节介绍Docker的几个基本概念，为读者进一步学习相关知识奠定基础。

### 1. 镜像

镜像（Image）是一个轻量级的、独立的、可以执行的包，其中包含运行指定软件所需要的一切，包括代码、库、环境变量和配置文件等。

### 2. 容器

容器（Container）是镜像的一个运行时实例。如果将镜像比作类，则容器就是类的一个实例化的对象。当镜像被加载到内存中并实际执行时，它与主机环境是完全隔离的，其只会访问主机上的文件和端口。

### 3. 标签

标签（Tag）用于标识镜像的版本。

### 4. 栈

栈（Stack）是一组相互关联的服务，这些服务可以共享依赖、一起被编排，从而实现Web服务器集群。

### 5. 镜像仓库

镜像仓库（Repository）用于存储Docker镜像，可以分为公有仓库和私有仓库。公有仓库是大家都可以访问的仓库，最大的公有仓库是Docker Hub。私有仓库是自己搭建的、用于存储私有镜像的仓库，其他人无权访问。

### 6. 注册服务器

注册服务器（Registry）用于管理镜像仓库。

注册服务器、镜像仓库、标签和镜像的关系如图11.1所示。

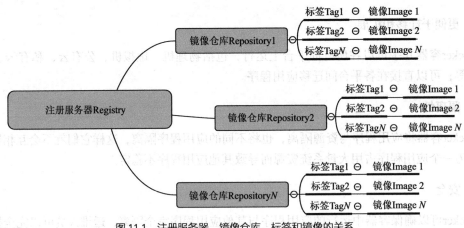

图 11.1 注册服务器、镜像仓库、标签和镜像的关系

## 11.1.3 Docker与虚拟机的对比

对于初学者而言，Docker与虚拟机很相似，都是在物理主机的基础上搭建一个虚拟的环境，在这个独立的虚拟环境中部署和运行应用程序。那么Docker与虚拟机的区别是什么呢？

首先来看一下它们的架构对比。Docker的架构如图11.2所示，而虚拟机的架构如图11.3所示。

图 11.2 Docker 的架构

图 11.3 虚拟机的架构

Docker容器运行在服务器的操作系统上，与其他容器共享主机的内核。每个容器运行一个独立的进程，其并不比其他的进程占用更多的内存。而且Docker容器并不需要有独立的操作系统，它们都建立在Docker引擎的基础上。虚拟机建立在Hypervisor的基础上。Hypervisor是一种运行在基础物理服务器和操作系统之间的中间软件层，可允许多个操作系统和应用程序共享硬件。

从架构的对比可以看到，Docker与虚拟机的区别如下。

- 与虚拟机相比，Docker更轻量，占用系统资源的更少。
- 虚拟机通过Hypervisor访问主机系统资源；而Docker容器则可以直接访问主机的内核，且几乎没有性能的损耗。因此Docker容器运行更高效。
- 由于Docker容器没有操作系统，因此它可以很快地运行应用程序，实现秒级启动；虚拟机通常需要花费几分钟的时间来启动操作系统。
- 由于Docker容器没有操作系统，它只能实现进程间的隔离；而虚拟机则可以实现系统间的隔离。
- 由于Docker容器没有操作系统，它的root用户等同于宿主机的root用户，可以对宿主机进行无限制的操作；而虚拟机因为有自己的操作系统，所以其安全性要高于Docker。

## 11.2 Docker基础

本节介绍在CentOS上安装和使用Docker的基本方法。

### 11.2.1 在CentOS中安装Docker

首先运行docker命令，如果返回docker: command not found，则说明还没有安装Docker。

**1．升级yum包**

执行下面的命令以升级yum包。

```
sudo yum update
```

**2．卸载旧版本的Docker**

为避免冲突，执行下面的命令以卸载旧版本的Docker。

```
sudo yum remove docker  docker-common docker-selinux docker-engine
```

**3．安装Docker需要的软件包**

接下来安装Docker需要的软件包，包括如下几个。
- yum-utils：管理镜像仓库及扩展包的工具，提供yum-config-manager功能，实现yum配置管理。
- device-mapper-persistent-data：Device Mapper是Linux 2.6内核中支持逻辑卷管理的通用设备映射机制，它为实现用于存储资源管理的块设备驱动提供了一个高度模块化的内核架构。
- lvm2：LVM（logical volume manager，逻辑卷管理）是对磁盘分区进行管理的一种机制，是建立在硬盘和分区之上的一个逻辑层，用来提高磁盘管理的灵活性。

安装Docker需要的软件包，命令如下：

```
sudo yum install -y yum-utils device-mapper-persistent-data lvm2
```

**4．选择Docker的版本**

执行下面的命令以设置yum源。

```
yum-config-manager --add-repo https://download.docker.com/linux/centos/docker-ce.repo
```

然后查看所有仓库中所有Docker的版本，命令如下：

```
yum list docker-ce --showduplicates | sort -r
```

运行结果如图11.4所示。

图11.4 查看所有仓库中所有 Docker 的版本

从列表中选择一个稳定（stable）版本，例如17.12.1.ce。执行下面的命令以安装Docker 17.12.1.ce。

```
yum install docker-ce-17.12.1.ce
```

安装完成后，执行下面的命令以查看Docker的版本。

```
docker --version
```

如果返回类似如下的结果，则说明Docker安装成功。

```
Docker version 17.12.1-ce, build 7390fc6
```

### 5．Docker服务管理

安装Docker后，执行下面的命令可以启动Docker服务。

```
systemctl start docker
```

然后执行下面的命令可以查看Docker服务的状态。

```
systemctl status docker
```

如果返回图11.5所示的结果，状态为绿色文字active (running)，则说明Docker服务已经成功启动。

每次都手动启动服务显然比较麻烦，因此可以执行下面的命令以设置自动启动Docker服务。

```
systemctl enable docker
```

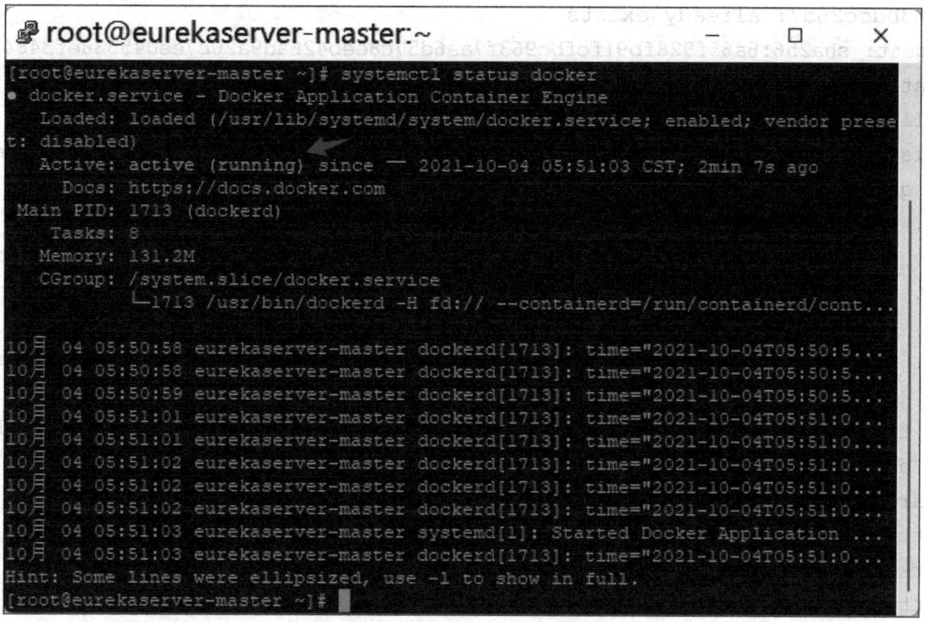

图 11.5　查看 Docker 服务的状态

**6．配置网易163镜像加速**

因为默认的Docker仓库部署在境外，所以经常会出现无法连接的情况。可以通过配置网易163镜像加速的方法来解决此问题。

在CentOS中执行下面的命令，以设置配置文件的内容。

```
sudo mkdir -p /etc/docker sudo tee /etc/docker/daemon.json <<-'EOF' {
"registry-mirrors": ["http://hub-mirror.c.163.com"] } EOF
```

然后执行下面的命令，以使配置文件生效。

```
sudo systemctl daemon-reload sudo systemctl restart docker
```

## 11.2.2　使用Docker容器

**1．运行Docker镜像**

使用docker run命令可以运行Docker镜像，生成一个Docker容器。例如，执行下面的命令可以运行hello-world镜像，这是一个很简单的Docker镜像。

```
docker run hello-world
```

第一次运行该命令的结果如下：

```
Unable to find image 'hello-world:latest' locally
latest: Pulling from library/hello-world
0e03bdcc26d7: Already exists
Digest: sha256:6a65f928fb91fcfbc963f7aa6d57c8eeb426ad9a20c7ee045538ef34847f44f1
Status: Downloaded newer image for hello-world:latest
Hello from Docker!
This message shows that your installation appears to be working correctly.
To generate this message, Docker took the following steps:
 1. The Docker client contacted the Docker daemon.
 2. The Docker daemon pulled the "hello-world" image from the Docker Hub.(amd64)
 3. The Docker daemon created a new container from that image which runs the
    executable that produces the output you are currently reading.
 4. The Docker daemon streamed that output to the Docker client, which sent it
    to your terminal.
To try something more ambitious, you can run an Ubuntu container with:
 $ docker run -it ubuntu bash
Share images, automate workflows, and more with a free Docker ID:
 https://hub.docker.com/
For more examples and ideas, visit:
 https://docs.docker.com/get-started/
```

命令的运行过程如下。

（1）Docker客户端连接到Docker守护进程（daemon）。

（2）Docker守护进程从Docker Hub中拉取hello-world镜像。首先在本地仓库中查找hello-world镜像，如果找不到，则从线上仓库中拉取hello-world镜像。

（3）Docker守护进程基于下载的镜像新建一个容器，立即运行它，并输出上面的结果。

（4）Docker守护进程将输出结果发送到Docker客户端并显示。

**2. 查看本机Docker镜像**

使用docker images命令可以查看本机Docker镜像，结果如图11.6所示。

从图11.6中可以看到，之前拉取的hello-world镜像的TAG为latest，即最新版本。每个Docker镜像都有唯一的IMAGE ID，这里为bf756fb1ae65。镜像的大小为13.3KB。

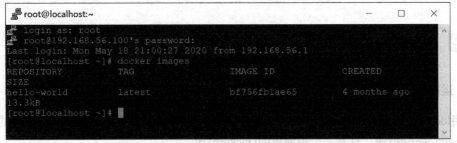

图11.6 查看本机Docker镜像

## 3. 在Docker容器中执行交互操作

前文介绍的hello-world镜像在输出信息后就退出了，来不及查看Docker容器信息。下面演示一个可以长时间运行的Docker镜像，并在Docker容器中执行交互操作。

首先拉取Ubuntu（Ubuntu是一个以桌面应用为主的Linux操作系统），命令如下：

```
docker pull ubuntu
```

然后运行镜像，命令如下：

```
docker run -i -t ubuntu /bin/bash
```

参数说明如下。
- -i：指定支持交互操作。
- -t：指定以终端（terminal）形式运行。
- /bin/bash：指定启动一个交互式的Shell。用户可以在Docker镜像里执行命令。

命令的运行结果如下：

```
[root@localhost ~]# docker run -i -t ubuntu /bin/bash
root@9046f5fc2c66:/#
```

root@9046f5fc2c66:表示已经进入Docker镜像。执行ls命令可以查看Docker镜像里的目录结构，如图11.7所示。

图 11.7　查看 Docker 镜像里的目录结构

## 4. 查看Docker容器信息

执行下面的命令可以查看Docker容器信息。

```
docker ps -a
```

运行结果如图11.8所示。

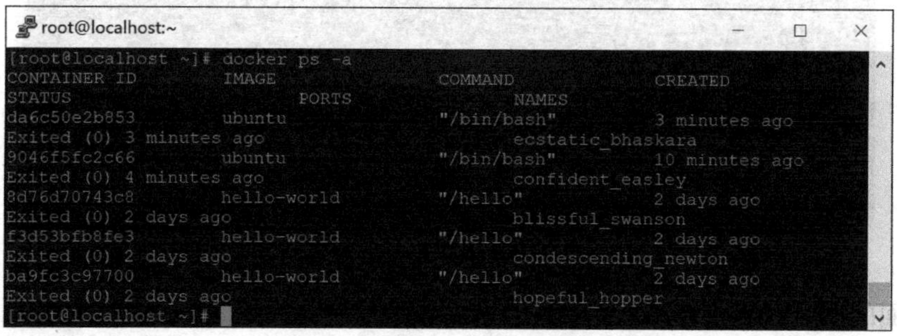

图 11.8　查看 Docker 容器信息

从图11.8中可以看出，每个Docker容器都有一个CONTAINER ID，还可以看到Docker容器对应的镜像、执行的命令、创建容器的时间和容器的状态。图中（列表中）Docker容器的状态都是Exited，即已退出。

### 5．启动和停止Docker容器

执行docker start命令可以启动Docker容器，命令语法如下：

```
docker start　Docker容器ID
```

执行docker stop命令可以停止Docker容器，命令语法如下：

```
docker stop　Docker容器ID
```

下面演示启动和停止Docker容器的过程。
执行下面的命令可以在后台运行Ubuntu镜像。

```
docker run -itd --name ubuntu-test ubuntu /bin/bash
```

然后执行docker ps -a命令以查看Docker容器信息，结果如图11.9所示。

图11.9　查看 Docker 容器信息

从图11.9中可以看到，ubuntu-test容器的ID为ccb52f4b4774，状态为Up。执行下面的命令以停止ID为ccb52f4b4774的容器。

```
docker stop ccb52f4b4774
docker ps -a
```

结果如图11.10所示。从图中可以看到，容器的状态变成了Exited。

图 11.10　停止 Docker 容器

执行下面的命令以启动ID为ccb52f4b4774的容器。

```
docker start ccb52f4b4774
docker ps -a
```

结果如图11.11所示。从图中可以看到，容器的状态变成了Up。

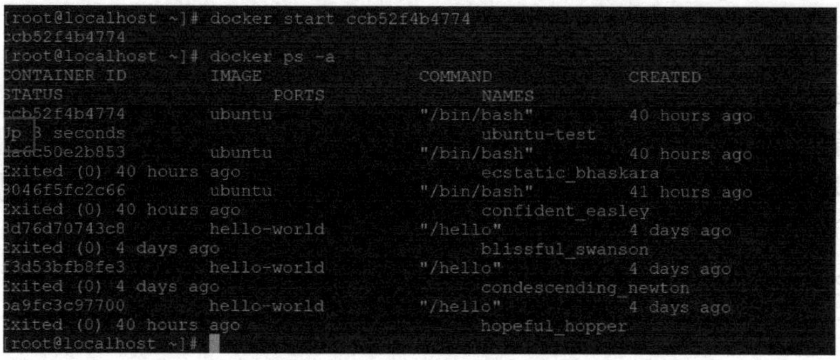

图11.11 启动Docker容器

**6．删除Docker容器**

使用docker rm命令可以删除Docker容器，命令语法如下：

```
docker rm <Docker容器ID>
```

例如，执行下面的命令可以删除ID为ccb52f4b4774的容器。

```
docker rm ccb52f4b4774
```

**7．删除Docker镜像**

使用docker rmi命令可以删除Docker镜像，命令语法如下：

```
docker rmi <Docker镜像ID>
```

例如，执行下面的命令可以删除ID为1d622ef86b13的镜像。

```
docker rmi 1d622ef86b13
```

## 11.2.3 搭建Docker Registry私服

从Docker Hub中拉取Docker镜像通常速度很慢，为了方便开发人员调试，可以在本地搭建一个Docker Registry私服。

**1．拉取Registry私服仓库镜像**

首先执行下面的命令，从Docker仓库中拉取Registry私服仓库镜像。

```
docker pull registry
```

**2．运行Docker Registry私服**

然后执行下面的命令以运行Docker Registry私服。

```
docker run -d -p 5000:5000  --name myregistry --restart=always registry
```

参数说明如下。
- run：运行指定的Docker镜像。
- -d：指定后台运行。
- -p 5000:5000：指定将宿主机5000端口映射到容器5000端口。Registry仓库默认的端口号为5000。
- --name myregistry：重命名Docker镜像。
- --restart=always：指定当Docker重启时，容器自动启动。

**3．为镜像定义标签**

接下来可使用docker tag命令为镜像定义标签，并准备将其推送至Docker Registry私服。例如：

```
docker tag hello-world localhost:5000/hello-world:v1.0
```

**4．向Docker Registry私服推送Docker镜像**

执行下面的命令可以向Docker Registry私服推送Docker镜像hello-world。

```
docker push localhost:5000/hello-world:v1.0
```

然后执行curl命令，查看Docker Registry私服所包含的镜像。

```
curl http://localhost:5000/v2/_catalog
```

结果如下：

```
{"repositories":["hello-world"]}
```

可以看到，hello-world已经在Docker Registry私服中。

**5．打开Docker Registry私服的远程操作端口**

为了在Maven构建Docker镜像后，自动将Docker镜像推送至Docker Registry私服，需要打开Docker Registry私服的远程操作端口，其在默认情况下是关闭的。

编辑/lib/systemd/system/docker.service文件，并将以ExecStart开头的一行代码修改为：

```
ExecStart=/usr/bin/dockerd -H tcp://0.0.0.0:2375 -H unix:///var/run/docker.sock
```

然后执行下面的命令，重载配置，重启服务。

```
systemctl daemon-reload
service docker restart
```

最后打开浏览器，并访问下面的URL：

```
192.168.1.102:2375/version
```

如果看到图11.12所示的页面，则说明已经打开了Docker Registry私服的远程操作端口2375。

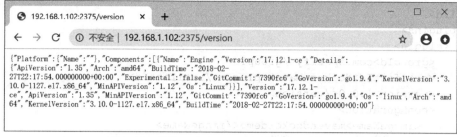

图 11.12　查看 Docker Registry 私服的 2375 端口状态

**6．配置Docker Registry私服的服务**

前文介绍了通过命令启动Docker Registry私服的方法，每次重启服务器都需要手动运行命令。为避免这种情况，可以配置Docker Registry私服的服务。

执行下面的命令，编辑docker_registry.service，定义Docker Registry私服对应的服务。

```
cd /etc/systemd/system
vi docker_registry.service
```

docker_registry.service的内容如下：

```
[Unit]
    Description=Docker Registry service
[Service]
    Type=simple
    ExecStart= docker run -d -p 5000:5000 --name myregistry --restart=always registry
[Install]
    WantedBy=multi-user.target
```

执行下面的命令，启动docker_registry服务，并将其设置为自动启动。

```
systemctl daemon-reload
systemctl start docker_registry.service
systemctl enable docker_registry.service
```

## 11.2.4　使用Docker部署Spring Boot应用程序

使用Docker部署Spring Boot应用程序的步骤如下。

（1）在pom.xml中引入Docker的Maven插件，并设置Docker打包的一些参数。
（2）编写Dockerfile文件，其中会定义Docker镜像的内容和运行方式。
（3）使用Docker部署Spring Boot应用程序。

**1．引入Docker的Maven插件**

在Maven项目中，可以借助docker-maven-plugin插件（通过简单的配置）自动构建Docker镜像，并将其推送到Docker Registry私服中。

在pom.xml的\<build\>节点中，引入docker-maven-plugin插件，代码如下：

```xml
<build>
  <plugins>
    <plugin>
      <groupId>com.spotify</groupId>
      <artifactId>docker-maven-plugin</artifactId>
      <version>1.0.0</version>
      <configuration>
        <imageName>mavendockerdemo</imageName>
        <!--指定 Dockerfile 路径-->
        <dockerDirectory>src/main/docker</dockerDirectory>
        <resources>
          <resource>
            <targetPath>/</targetPath>
            <directory>${project.build.directory}</directory>
            <include>${project.build.finalName}.jar</include>
          </resource>
        </resources>
        <dockerHost>http://192.168.1.102:2375</dockerHost>
      </configuration>
    </plugin>
  </plugins>
</build>
```

在\<configuration\>子节点中对构建Docker镜像做了参数配置，具体说明如下。

- imageName：指定Docker镜像的名称，注意名称必须都是小写字母。
- dockerDirectory：指定Dockerfile文件的路径。Dockerfile文件将在后文介绍。
- resources：指定镜像中包含的资源。其中，targetPath用于指定将资源构建到哪个目录，directory用于指定要打包的资源文件所在的目录，include用于指定要打包的资源文件。
- dockerHost：指定要推送镜像的私服。

**2．编写Dockerfile文件**

Dockerfile是用来构建Docker镜像的脚本文件，由一系列命令和参数构成。下面是一个Dockerfile的案例。

```
FROM carsharing/alpine-oraclejdk8-bash
VOLUME /tmp
#下面Jar包的名称为Spring Boot项目打包完成的Jar包名称
ADD SpringBootDockerDemo.jar app.jar
EXPOSE 8081
ENTRYPOINT ["java","-Djava.security.egd=file:/dev/./urandom","-jar","/app.jar"]
```

命令和参数说明如下。

- carsharing/alpine-oraclejdk8-bash：一个JDK 8的基础镜像。该镜像是网络资源。读者在阅读本书时，如果该镜像已经失效，则请自行搜索可用的JDK镜像。
- VOLUME命令：指定临时文件的目录为/tmp。其效果是在宿主机的/var/lib/docker目录下创建一个临时文件，并将其链接到容器中的/tmp文件夹。

- ADD命令：将打包好的SpringBootDockerDemo.jar文件以app.jar的形式添加到容器里面。
- EXPOSE命令：指定容器对外暴露的端口号，执行docker run命令的时候指定-P或者-p选项以将容器的端口映射到宿主机上。这样，外界访问宿主机就可以获取到容器提供的服务。-P选项结合这个Dockerfile文件中的EXPOSE暴露的端口，会将容器中的EXPOSE端口随机映射到宿主机的端口。例如，下面的命令将宿主机的8081端口（命令中第1个8081）映射到了Docker容器的8081端口（命令中第2个8081）。

```
docker run -p 8081:8081 -d test/springboot_docker_demo
```

- ENTRYPOINT命令：指定Docker容器执行的命令，这里以Jar包形式运行app.jar。为了缩短Tomcat的启动时间，添加一个系统属性指向/dev/./urandom，以解决随机数的生成问题。

**3．使用Docker部署Eureka服务应用程序**

在第3章介绍的eureka_server项目的基础上做如下改造，实现使用Docker部署Eureka服务应用程序。

（1）引入Docker的Maven插件。

在pom.xml的\<build\>节点中引入docker-maven-plugin 插件，代码如下：

```xml
<build>
    <finalName>master_eureka_server</finalName>
    <plugins>
        <plugin>
            <groupId>org.springframework.boot</groupId>
            <artifactId>spring-boot-maven-plugin</artifactId>
        </plugin>
        <plugin>
            <groupId>com.spotify</groupId>
            <artifactId>docker-maven-plugin</artifactId>
            <version>1.0.0</version>
            <configuration>
                <imageName> master_eureka_server_docker</imageName>
                <!--指定 Dockerfile 路径-->
                <dockerDirectory>src/main/docker</dockerDirectory>
                <resources>
                    <resource>
                        <targetPath>/</targetPath>
                        <directory>${project.build.directory}</directory>
                        <include>${project.build.finalName}.jar</include>
                    </resource>
                </resources>
                <dockerHost>http://192.168.1.102:2375</dockerHost>
            </configuration>
        </plugin>
    </plugins>
</build>
```

（2）编写Dockerfile文件。

创建src/main/docker文件夹，然后在其下面创建Dockerfile文件，其内容如下：

```
FROM carsharing/alpine-oraclejdk8-bash
VOLUME /tmp
#下面Jar包的名称为Spring Boot项目打包完成的Jar包名称
ADD master_eureka_server.jar app.jar
    EXPOSE 1234
        ENTRYPOINT ["java","-Djava.security.egd=file:/dev/./urandom","-jar","/app.jar"]
```

（3）构建Docker镜像。

右击项目名eureka_server，在快捷菜单中选择Run As / Run Configurations，打开Run Configurations窗口。在左侧窗格中双击Maven Build，新建一个运行配置项，并在右侧窗格中配置如下几项。

- Name：运行配置名，可以自定义，这里填写docker build eureka。
- Base directory：运行项目所在的路径，可以单击Workspace按钮选择项目，这里填写${workspace_loc:/eureka_server}。
- Goals：运行的命令，这里填写下面的命令。

```
package docker:build
```

具体的配置情况如图11.13所示。

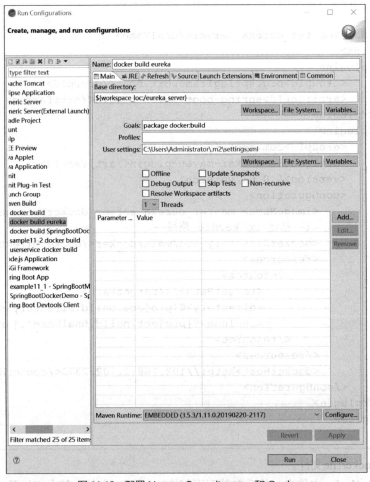

图11.13 配置Name、Base directory和Goals

单击Run按钮，开始构建Docker镜像。构建的过程比较复杂，看到类似下面的结果就说明已经成功构建Docker镜像。

```
Successfully built 5f9d7b668efe
Successfully tagged master_eureka_server_docker:latest
[INFO] Built master_eureka_server_docker
[INFO]  _[1m------------------------------------------------------------_[m
[INFO]  _[1;32mBUILD SUCCESS_[m
[INFO]  _[1m------------------------------------------------------------_[m
[INFO] Total time:   01:48 min
[INFO] Finished at: 2020-05-25T20:31:29+08:00
[INFO]
```

刷新项目的target/docker文件夹，可以看到新生成的master_eureka_server.jar文件，如图11.14所示。

远程连接CentOS虚拟机，执行docker images命令，可以看到推送至Docker Registry私服的master_eureka_server_docker镜像，如图11.15所示。

图 11.14　新生成的 .jar 文件

图 11.15　推送至 Docker Registry 私服的 master_eureka_server_docker 镜像

## 11.2.5　以Docker镜像的形式运行Eureka服务应用程序

执行下面的命令能以Docker镜像的形式运行Eureka服务应用程序。

```
docker run -p 11234:1234 -d master_eureka_server_docker
```

参数说明如下。

- -p：指定宿主机和容器之间的端口映射，格式为宿主机端口:容器端口。上面的命令将容器的1234端口映射到了宿主机的11234端口。
- -d：指定后台运行的容器，返回容器ID。

然后执行下面的命令，查看运行的Docker镜像，结果如图11.16所示。

```
docker ps
```

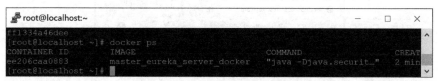

图 11.16　查看运行的 Docker 镜像

从图11.16中可以看到运行中的master_eureka_server_docker镜像。

打开浏览器，访问如下URL可以进入Eureka服务的主页。

```
http://192.168.1.102:11234
```

### 11.2.6 在Docker中使用自定义的配置文件

在应用程序上线后，经常会遇到修改配置文件的情况。因此需要在打包Docker之前配置好application.yml，然后将其打包到Docker中。本小节通过一个案例演示在Docker中使用自定义的配置文件的方法。

【例11.1】通过一个案例项目SpringBootDockerDemo演示在Docker中使用自定义的配置文件的方法。

项目的application.yml的代码如下：

```
server:
  port:  8081
my:
  keyword: test
```

my:keyword:是本案例用于测试的自定义配置项。

**1．在控制器中读取参数**

控制器类TestController的代码如下：

```
@RestController
public class TestController {
    @Value("${my.keyword}")
    public String keyword;
    @RequestMapping(value = "/keyword", method = RequestMethod.GET)
    public String printKeyword() {
        return keyword;
    }
}
```

@Value注解的作用是获取配置文件中的配置项。本案例中将配置项my.keyword的值获取到变量keyword中。

运行项目，然后访问下面的URL，printKeyword ()函数将输出参数keyword的值，本案例中输出的是test，如图11.17所示。

```
http://localhost:8081/test/Keyword
```

图 11.17　例 11.1 的访问结果

接下来参照11.2.4小节构建Docker镜像。

**2．Dockerfile文件**

在Dockerfile文件中，需要指定执行Jar包时使用的配置文件，具体代码如下：

```
FROM carsharing/alpine-oraclejdk8-bash
VOLUME /tmp
ADD SpringBootDockerDemo.jar app.jar
ADD application.yml bootstrap.yml
EXPOSE 8080
ENTRYPOINT ["java","-Djava.security.egd=file:/dev/./urandom","-jar","/app.jar",
"--spring.config.location=./bootstrap.yml"]
```

这里将application.yml打包为bootstrap.yml。bootstrap.yml也是Spring Boot应用程序的配置文件，它优于application.yml被加载。参数--spring.config.location用于指定配置文件。

**3．在pom.xml中指定打包application.yml**

在<configuration>节点的<resources>子节点中添加如下代码，设置打包时包含application.yml。

```
<resources>
    <resource>
        <targetPath>/</targetPath>
        <directory>${project.build.directory}</directory>
        <include>${project.build.finalName}.jar</include>
    </resource>
    <resource>
        <targetPath>/</targetPath>
        <directory>${project.build.directory}/classes</directory>
        <include>*.yml</include>
    </resource>
</resources>
```

注意，因为在Spring Boot打包时application.yml会被打包到target\classes文件夹下，所以这里指定将.yml文件打包到Docker镜像中。

**4．构建Docker镜像**

参照11.2.4小节构建项目SpringBootDockerDemo的Docker镜像。注意，镜像名必须全部使用小写字母，这里将其设置为spring_boot_docker_demo。

构建成功后，执行docker images命令，可以看到新构建的Docker镜像spring_boot_docker_demo，如图11.18所示。

```
[root@eurekaserver-master ~]# docker images
REPOSITORY                          TAG       IMAGE ID       CREATED          SI
ZE
spring_boot_docker_demo             latest    000df4a4009c   12 minutes ago   18
8MB
```

图 11.18　查看新构建的 Docker 镜像 spring_boot_docker_demo

### 5．以Docker镜像的形式运行项目SpringBootDockerDemo

执行下面的命令能以Docker镜像的形式运行项目SpringBootDockerDemo。

```
docker run -p 8080:8080 -d spring_boot_docker_demo
```

然后执行下面的命令，查看运行的Docker镜像，结果如图11.19所示。

```
docker ps
```

```
[root@eurekaserver-master ~]# docker ps
CONTAINER ID   IMAGE                     COMMAND                  CREATED         STATUS
  PORTS                                         NAMES
a0b2eb4cc40a   spring_boot_docker_demo   "java -Djava.securit…"   6 seconds ago   Up 6 seconds
  0.0.0.0:8080->8080/tcp, :::8080->8080/tcp   xenodochial_williams
bb69c95584e7   registry                  "/entrypoint.sh /etc…"   9 hours ago     Up 37 minutes
  0.0.0.0:5000->5000/tcp, :::5000->5000/tcp   myregistry
```

图 11.19　查看运行的 Docker 镜像

从图11.9中可以看到运行中的spring_boot_docker_demo镜像。

打开浏览器，访问如下URL：

```
http://192.168.1.102:8081/test/keyword
```

结果如图11.20所示。

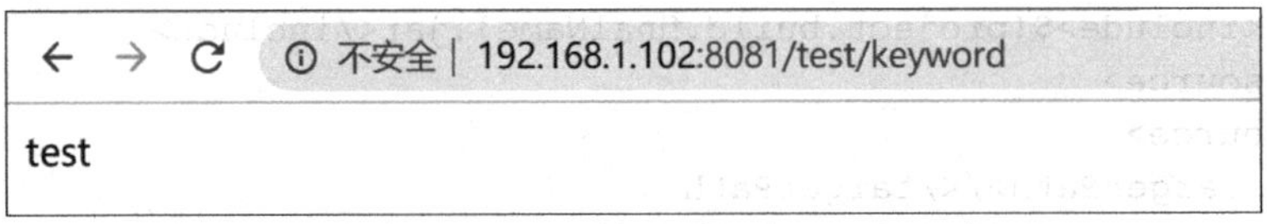


图 11.20　浏览 spring_boot_docker_demo 镜像中的服务

从图11.20中可以看到，spring_boot_docker_demo镜像中的服务输出了配置文件中配置项的值。

## 11.2.7　修改Docker容器中的配置文件

在开发过程中，如果需要修改配置文件，则须由程序员在IDE中修改，然后参照前文介绍的方法将其打包到Docker镜像中。

应用程序上线后，如果要修改Docker容器中的配置文件，则应该由运维人员在测试环境下修改，然后构建Docker镜像，并将Docker镜像发布到生产环境，具体过程如下。

（1）从Docker镜像中复制.jar文件和application.yml文件到宿主机。

（2）修改bootstrap.yml文件的内容。

（3）重新构建Docker镜像。

### 1．从Docker镜像中复制.jar文件和application.yml文件到宿主机

使用docker cp命令可以从Docker镜像中复制文件到宿主机，方法如下：

```
docker cp 容器进程ID:/容器路径/容器中的文件 宿主机路径
```

执行docker cp命令的前提是运行Docker镜像，因为这样才能得到容器进程ID。例如，执行下面的命令运行Docker镜像spring_boot_docker_demo。

```
docker run -p 8080:8080 -d spring_boot_docker_demo
```

然后执行docker ps命令，可以查看运行中的Docker镜像信息，结果如图11.21所示。

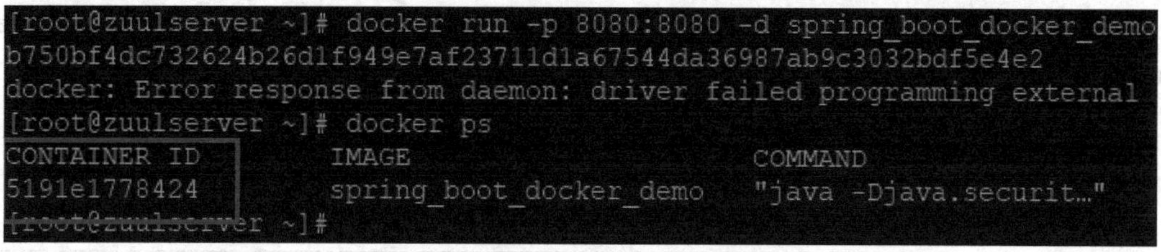

图 11.21　查看运行中的 Docker 镜像信息

从图11.21中可以看到，Docker容器的ID为5191e1778424。执行下面的命令，创建docker文件夹，用于临时保存.yml文件和.jar文件。

```
cd
mkdir docker
```

然后将Docker容器中的app.jar文件和bootstrap.yml文件复制到docker文件夹下。

```
docker cp 5191e1778424:/app.jar docker
docker cp 5191e1778424:/bootstrap.yml docker
```

### 2．修改bootstrap.yml文件的内容

编辑docker文件夹下bootstrap.yml文件的内容，即对其进行如下修改：

```
server:
  port: 8081
my:
  keyword: test123456
```

### 3．重新构建Docker镜像

现在已有构建Docker镜像的原始文件，要构建Docker镜像，还需要将项目的Dockerfile文件上传至docker文件夹。根据Dockerfile文件的内容可以知道，构建Docker镜像需要SpringBootDockerDemo.jar和application.yml，因此需要在docker文件夹下执行下面的命令，将从Docker镜像中复制出来的文件恢复为原来的名字。

```
mv app.jar   SpringBootDockerDemo.jar
mv bootstrap.yml application.yml
```

然后执行ll命令以查看docker文件夹的文件列表，结果如下：

```
-rw-r--r--. 1 root root    52 Jun 20 08:26 application.yml
-rw-r--r--. 1 root root   262 May 29 06:55 dockerfile
```

```
-rw-r--r--. 1 root root 16463256 Jun 16 21:03 SpringBootDockerDemo.jar
```

这就满足了重新构建Docker镜像spring_boot_docker_demo的前提条件。

在docker文件夹下执行下面的命令即可重新构建Docker镜像spring_boot_docker_demo。

```
docker build -t spring_boot_docker_demo
```

在重新构建Docker镜像之前，首先使用docker rmi命令删除Docker镜像spring_boot_docker_demo，例如：

```
docker rmi d164f2a319b9
```

重新构建Docker镜像spring_boot_docker_demo后，可以运行镜像并测试配置文件的情况。

```
docker run -p 8081:8081 -d spring_boot_docker_demo
```

然后打开浏览器，访问如下URL：

```
http://192.168.1.102:8081/test/keyword
```

结果如图11.22所示。

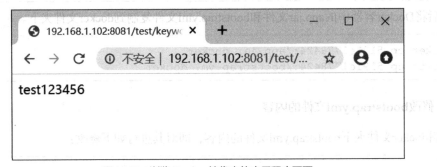

图 11.22　浏览 Docker 镜像中的应用程序页面

从图11.22中可以看到，前面修改的配置文件已经生效。

### 11.2.8　容器中日志的持久化

在Docker容器中运行的应用程序所记录的日志保存在容器中，如果容器停止运行，则日志也会随之消失。

在使用docker run命令运行Docker容器时，可以使用-v选项创建一个路径，这个路径在容器外面的宿主机上也是可以访问的，而不会随着容器的停止或删除而消失。如果Docker容器中的应用程序将日志记录在此目录下，也就实现了容器中日志的持久化。具体方法如下：

```
docker run -p 8080:8080 -d  -v 宿主机目录:容器内路径Docker镜像名
```

例如，将容器中的/app/logs目录映射到宿主机当前目录的命令如下：

```
docker run -p 8080:8080 -d  -v "$(pwd)"/logs:/logs Docker镜像名
```

【例11.2】将Docker容器中应用程序的日志持久化。

创建Spring Starter项目example11_2，并在项目中添加spring-boot-starter-web、spring-boot-starter-thymeleaf等Maven依赖。

在src/main/java文件夹下创建包com.example.example11_2.controllers，然后在其下面创建一个类TestController，代码如下：

```java
@RestController
@RequestMapping("/test")
public class TestController {
    @RequestMapping("/hello")
    public String hello() {
        Logger logger = LoggerFactory.getLogger(TestController.class);
        logger.debug("调试日志");
        logger.info("一般信息日志");
        logger.warn("警告日志");
        logger.error("错误日志");
        return "hello";
    }
}
```

在application.yml中添加如下代码，设置日志属性。

```
Server:
  port: 8080
logging:
  file:
    path: ./logs
  pattern:
    console: "%d - %msg%n"
    file: '%d{yyyy-MMM-dd HH:mm:ss.SSS} %-5level %logger{15} - %msg%n'
  level:
    root: info
```

（1）在pom.xml中引入docker-maven-plugin插件。

在pom.xml的\<build\>节点中引入docker-maven-plugin插件，代码如下：

```xml
<build>
    <finalName>sample11_2</finalName>
    <plugins>
        <plugin>
            <groupId>org.springframework.boot</groupId>
            <artifactId>spring-boot-maven-plugin</artifactId>
        </plugin>
        <plugin>
            <groupId>com.spotify</groupId>
            <artifactId>docker-maven-plugin</artifactId>
            <version>1.0.0</version>
            <configuration>
                <imageName>sample11_2</imageName>
                <!--指定 Dockerfile 路径-->
```

```xml
            <dockerDirectory>src/main/docker</dockerDirectory>
            <resources>
                <resource>
                    <targetPath>/</targetPath>
                    <directory>${project.build.directory}</directory>
                    <include>${project.build.finalName}.jar</include>
                </resource>
            </resources>
            <dockerHost>http://192.168.1.102:2375</dockerHost>
        </configuration>
     </plugin>
   </plugins>
</build>
```

（2）编写Dockerfile文件。

创建src/main/docker文件夹，然后在其下面创建Dockerfile文件，其内容如下：

```
FROM carsharing/alpine-oraclejdk8-bash
VOLUME /tmp
ADD sample11_2.jar app.jar
EXPOSE 8080
ENTRYPOINT ["java","-Djava.security.egd=file:/dev/./urandom","-jar","/app.jar"]
```

（3）构建Docker镜像。

右击项目名sample11_2，然后在快捷菜单中选择Run As / Run Configurations，打开Run Configurations窗口。在左侧窗格中双击Maven Build，新建一个运行配置项，并在右侧窗格中配置如下几项。

- Name：运行配置名，可以自定义，这里填写sample11_2 docker build。
- Base directory：运行项目所在的路径，可以单击Workspace按钮选择项目，这里填写${workspace_loc:/example11_2}。
- Goals：运行的命令，这里填写下面的命令。

```
package docker:build
```

单击Run按钮，开始构建Docker镜像。

构建Docker镜像成功后，执行ps images命令，可以看到sample11_2镜像。执行下面的命令，运行Docker容器：

```
docker run -p 8080:8080 -d  -v "$(pwd)"/logs:/logs sample11_2
```

然后打开浏览器，访问如下URL：

```
http://192.168.1.102:8080/test/hello
```

在CentOS虚拟机中执行ll命令，可以看到新建的logs目录，其中存在一个spring.log文件。执行下面的命令，可以查看日志的内容。

```
cd logs
cat spring.log
```

结果如图11.23所示。从图中可以看到，应用程序sample11_2的日志已经被持久化到宿主机的硬盘中。因此，即使关闭Docker容器，日志也不会消失。

```
# cat spring.log
41 INFO  c.e.e.SpringBootMvCdemoApplication - Starting SpringBootMvCdemoApplication v0.0.1-SNAPSHOT on dc4096a4c2e0 with PI
in /)
42 INFO  c.e.e.SpringBootMvCdemoApplication - No active profile set, falling back to default profiles: default
86 INFO  o.s.b.w.e.t.TomcatWebServer - Tomcat initialized with port(s): 8080 (http)
94 INFO  o.a.c.c.StandardService - Starting service [Tomcat]
94 INFO  o.a.c.c.StandardEngine - Starting Servlet engine: [Apache Tomcat/9.0.33]
79 INFO  o.a.c.c.C.[.[.[/] - Initializing Spring embedded WebApplicationContext
79 INFO  o.s.w.c.ContextLoader - Root WebApplicationContext: initialization completed in 1377 ms
96 INFO  o.s.s.c.ThreadPoolTaskExecutor - Initializing ExecutorService 'applicationTaskExecutor'
69 INFO  o.s.b.w.e.t.TomcatWebServer - Tomcat started on port(s): 8080 (http) with context path ''
71 INFO  c.e.e.SpringBootMvCdemoApplication - Started SpringBootMvCdemoApplication in 2.987 seconds (JVM running for 3.477)
77 INFO  o.a.c.c.C.[.[.[/] - Initializing Spring DispatcherServlet 'dispatcherServlet'
77 INFO  o.s.w.s.DispatcherServlet - Initializing Servlet 'dispatcherServlet'
83 INFO  o.s.w.s.DispatcherServlet - Completed initialization in 6 ms
30 INFO  c.e.e.c.TestController - 一般信息日志
4  WARN  c.e.e.c.TestController - 警告日志
31 ERROR c.e.e.c.TestController - 错误日志
```

图 11.23 查看被持久化到宿主机的应用程序 sample11_2 的日志

## 11.3 Docker Compose

微服务架构是由多个组件构成的分布式系统，因此在部署微服务应用系统时，需要使用多个Docker容器。Docker Compose是定义和运行多容器Docker应用程序的工具。在Docker Compose中，可以使用.yml文件配置应用程序服务，然后根据配置使用命令创建并启动应用程序中的所有服务。

### 11.3.1 Docker Compose的特性

Docker Compose具有如下特性。
- 在一台主机中使用项目名配置多个互相隔离的环境。默认的项目名为项目的目录名。
- 在创建容器时，保留容器卷（volume）中的数据。Docker Compose会自动维护服务所使用的卷，当启动容器时，如果它能找到旧容器的卷，它就会将旧容器的卷复制到新容器中，之前的数据不会丢失。
- 只重建发生变化的容器。Docker Compose会缓存创建容器的配置信息。当重启服务时，如果该服务没有发生变化，则Docker Compose会重用已经存在的容器，也就是说可以快速地对容器环境进行修改。
- 在Docker Compose文件中，可以定义变量。使用这些变量可以定义不同环境和不同用户的配置。

### 11.3.2 在CentOS中安装Docker Compose

首先从GitHub官网下载与CentOS版本相匹配的Docker Compose，命令如下：

```
sudo curl -L https://github.com/docker/compose/releases/download/1.21.2/docker-compose-$(uname -s)-$(uname -m) -o /usr/local/bin/docker-compose
```

uname -s命令用于显示操作系统的内核信息，这里为Linux。uname -m命令用于显示计算机硬件系统架构，这里为x86_64。下载的Docker Compose保存为/usr/local/bin/docker-compose。执行下面的命令为安装脚本添加执行权限。

```
sudo chmod +x /usr/local/bin/docker-compose
```

执行下面的命令可以查看Docker Compose的版本信息。

```
docker-compose -v
```

结果如下：

```
docker-compose version 1.21.2, build a133471
```

这说明Docker Compose已经安装成功。

### 11.3.3 Docker Compose中的层次概念

Docker Compose通过项目（project）、服务（service）和容器（container）3个层次管理容器，具体说明如下。

- 项目：Docker Compose运行目录下的所有文件构成一个项目。一个项目可以包含多个服务。
- 服务：定义容器对应的Docker镜像、参数和依赖。一个服务可以包含多个容器。
- 容器：还是前面介绍的Docker容器，即运行的Docker镜像。

### 11.3.4 docker-compose.yml配置文件

docker-compose.yml是Docker Compose的配置文件，包含version、services、networks等部分，具体说明如下。

- version：指定docker-compose.yml文件的语法格式版本。例如，下面的代码指定使用版本2。

```
version: '2'
```

注意，docker-compose.yml文件的语法格式版本应该与Docker引擎版本相对应。具体的对应关系如表11.1所示。注意，这里所说的语法格式版本与Docker Compose版本并不是一回事。

表11.1　docker-compose.yml文件的语法格式版本与Docker引擎版本的对应关系

| docker-compose.yml文件的语法格式版本 | Docker引擎版本 |
| --- | --- |
| 3.7 | 18.06.0+ |
| 3.6 | 18.02.0+ |
| 3.5 | 17.12.0+ |
| 3.4 | 17.09.0+ |
| 3.3 | 17.06.0+ |
| 3.2 | 17.04.0+ |

| docker-compose.yml文件的语法格式版本 | Docker引擎版本 |
| --- | --- |
| 3.1 | 1.13.1+ |
| 3.0 | 1.13.0+ |
| 2.4 | 17.12.0+ |
| 2.3 | 17.06.0+ |
| 2.2 | 1.13.0+ |
| 2.1 | 1.12.0+ |
| 2.0 | 1.10.0+ |
| 1.0 | 1.9.1+ |

- services：指定服务。可以使用下面的方法指定服务：

```
services:
<服务名>
```

例如，下面的代码指定一个名为eureka的服务：

```
services:
eureka
```

使用services.<服务名>.build可以指定构建镜像的选项。services.<服务名>.build.context用于指定保存构建镜像资源文件的文件夹；services.<服务名>.build. Dockerfile用于指定构建镜像的Dockerfile文件。

使用services.<服务名>.image可以指定构建镜像的名称和版本；使用services.<服务名>.container_name可以指定容器名称。

使用services.<服务名>.volumes可以指定构建容器中卷到宿主机文件夹的映射关系。

使用services.<服务名>.ports可以指定构建容器中端口到宿主机中端口的映射关系。

例如，下面的代码指定一个名为web的服务，在当前目录下构建镜像，运行时将容器中的8000端口映射到宿主机的8000端口。

```
version: '2'
services:
  web:
    build: .
    ports:
      - "8000:8000"
```

- networks：指定自定义的网络。在默认情况下，Docker Compose会为应用创建一个网络，服务的每个容器都会加入该网络中。这样，容器就可以被该网络中的其他容器访问，该容器还能将服务名称作为hostname以被其他容器访问。

如果默认的网络配置不能满足需求，则可以使用networks配置自定义网络。例如，下面是使用networks配置自定义网络的案例：

```
version: '2'
services:
  proxy:
    build: ./proxy
    networks:
      - front
  app:
    build: ./app
    networks:
      - back
  db:
    image: postgres
    networks:
      - front
      - back
networks:
  front:
    drvier: custom-driver-1
  back:
    driver: custom-driver-2
    driver_opts:
      foo: "1"
      bar: "2"
```

服务proxy使用自定义网络front，服务app使用自定义网络back，它们互相隔离，各自使用各自的网络；而服务db则同时使用front和back两个网络，它可以与服务proxy和服务app进行通信。网络front使用custom-driver-1驱动程序，网络back使用custom-driver-2驱动程序，driver_opts可以指定要传递给驱动程序的一系列"键值对"参数。本书案例基于默认网络，故没有使用到networks命令。

关于docker-compose.yml的具体使用方法将在后文结合案例进行绍。

### 11.3.5 Docker Compose的常用命令

Docker Compose 的常用命令如下。

（1）docker-compose ps：列出所有运行的容器。

（2）docker-compose logs：查看服务的日志输出。

（3）docker-compose port：查看服务指定端口所绑定的公共端口。例如，执行下面的命令查看服务eureka的1111端口所绑定的公共端口。

```
docker-compose port eureka 1111
```

（4）docker-compose buid：构建或重新构建服务。

（5）docker-compose start：启动指定服务中运行的容器。例如，执行下面的命令可以启动服务eureka中运行的容器。

```
docker-compose start eureka
```

（6）docker-compose stop：停止指定服务中已经存在的容器。例如，执行下面的命令可以停止服务eureka中已经存在的容器。

```
docker-compose stop eureka
```

（7）docker-compose rm：删除指定服务中的容器。例如，执行下面的命令可以删除服务eureka中的容器。

```
docker-compose rm eureka
```

（8）docker-compose up：构建并启动容器。

## 11.3.6 通过Docker Compose搭建微服务项目

本小节介绍通过Docker Compose搭建微服务项目的方法。微服务项目里包含如下服务。
- Eureka Server：注册服务。本项目中包含一个主Eureka Server和一个从Eureka Server。
- Auth Server：认证服务，基于MySQL数据库。
- Zuul Server：API网关服务。
- UserService：用户服务。这里配置两个实例。

【例11.3】使用Docker Compose构建主Eureka Server的镜像microservice/eureka_server_master，并运行应用。

首先在/usr/local下创建一个子文件夹docker-compose，命令如下：

```
cd /usr/local
mkdir docker-compose
```

本项目要打包的所有应用都要复制到此资源文件夹下。在/usr/local/docker-compose下创建eureka_master文件夹，用于保存打包主Eureka Server的资源文件，命令如下：

```
cd /usr/local/docker-compose
mkdir eureka_master
```

将如下资源文件上传至/usr/local/docker-compose/eureka_master文件夹。
- eureka_server-0.0.1-SNAPSHOT.jar：第3章中生成的Eureka Server的Jar包。
- application.yml：主Eureka Server的配置文件，代码如下。

```
spring:
  application:
    name: eurekaserver-master
server:
  port: 1111
eureka:
  server:
    enable-self-preservation: false
```

```yaml
  client:
    # 指定是否将自己的信息注册到 Eureka 服务器上
    register-with-eureka: true
    # 指定是否到 Eureka 服务器中抓取注册信息
    fetch-registry: true
    # 地区
    region: beijing
    availability-zones:
      beijing: zone-1,zone-2
    service-url:
      zone-1: http://eurekaserver-master:1111/eureka/
      zone-2: http://eurekaserver-slave:2222/eureka/
      defaultZone: http://eurekaserver-master:1111/eureka/, http://eurekaserver-slave:2222/eureka/
  environment:测试环境
  datacenter:测试Eureka服务注册中心
  instance:
    appname: eurekaserver-master
    eviction-interval-timer-in-ms: 50000
    lease-renewal-interval-in-seconds: 5
    lease-expiration-duration-in-seconds: 10
    hostname: eurekaserver-master
logging:
  file:
    path: ./logs
```

- Dockerfile文件：代码如下。

```
FROM carsharing/alpine-oraclejdk8-bash
VOLUME /tmp
ADD eureka_server-0.0.1-SNAPSHOT.jar app.jar
ADD application.yml bootstrap.yml
EXPOSE 8080
ENTRYPOINT ["java","-Djava.security.egd=file:/dev/./urandom","-jar","/app.jar",
"--spring.config.location=./bootstrap.yml"]
```

在/usr/local/docker-compose/文件夹下创建docker-compose.yml文件，代码如下：

```yaml
version: '3'
services:
  eureka_server_master:
    build:
      context: /usr/local/docker-compose/eureka_master
      dockerfile: Dockerfile
    image: microservice/eureka_server_master:1.0.0
    restart: always
    volumes:
      - /usr/local/docker-compose/eureka_master/logs/:/usr/local/docker-compose/eureka_master/logs/
```

```
    ports:
      - "1111:1111"
```

准备好资源文件后，执行如下命令以构建镜像并启动应用。

```
systemctl stop eurekaserver_master
systemctl disable eurekaserver_master
cd /usr/local/docker-compose
docker-compose up -d
```

为了防止之前创建的服务eurekaserver_master占用1111端口，首先将服务停止并禁用。上面命令的运行结果如下：

```
Building eureka_server_master
Step 1/6 : FROM carsharing/alpine-oraclejdk8-bash
 ---> 7372599bbfc2
Step 2/6 : VOLUME /tmp
 ---> Using cache
 ---> 23af99e681d1
Step 3/6 : ADD eureka_server-0.0.1-SNAPSHOT.jar app.jar
 ---> d9833119d528
Step 4/6 : ADD application.yml bootstrap.yml
 ---> 4afc325df5c1
Step 5/6 : EXPOSE 8080
 ---> Running in 2d7df273e108
Removing intermediate container 2d7df273e108
 ---> 307c0e0a04f8
Step 6/6 : ENTRYPOINT ["java","-Djava.security.egd=file:/dev/./urandom","-jar",
"/app.jar", "--spring.config.location=./bootstrap.yml"]
 ---> Running in cc137621769b
Removing intermediate container cc137621769b
 ---> 45a7dcff13d6
Successfully built 45a7dcff13d6
Successfully tagged microservice/eureka_server_master:1.0.0
Creating eureka_master_eureka_server_master ... done
```

执行docker images命令可以查看microservice/eureka_server_master镜像，如图11.24所示。

图11.24　查看 microservice/eureka_server_master 镜像

执行docker ps命令可以查看运行中的microservice/eureka_server_master容器，如图11.25所示。

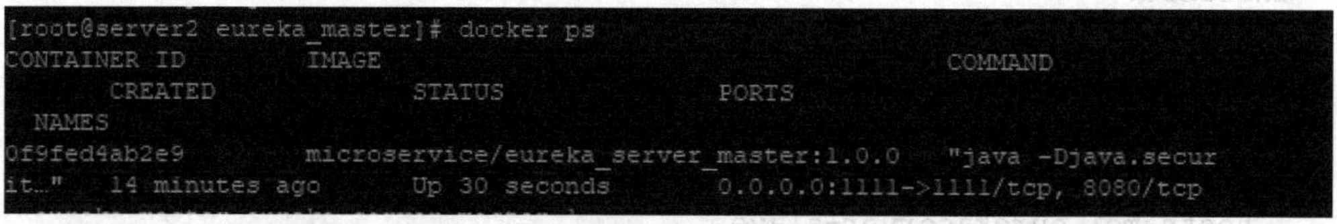

图11.25　查看运行中的 microservice/eureka_server_master 容器

打开浏览器，访问下面的URL：

```
http://192.168.1.102:1111/
```

如果可以看到主Eureka Server的主页，则说明使用Docker Compose已经成功地构建和运行了Docker镜像。

【例11.4】在例11.3的基础上，使用Docker Compose构建从Eureka Server的镜像microservice/eureka_server_slave，并运行应用。

在/usr/local/docker-compose下创建eureka_slave文件夹，用于保存打包从Eureka Server的资源文件，命令如下：

```
cd /usr/local/docker-compose
mkdir eureka_slave
```

将如下资源文件上传至/usr/local/docker-compose/eureka_slave文件夹。

- eureka_server-0.0.1-SNAPSHOT.jar：第3章中生成的Eureka Server的Jar包。
- application.yml：从Eureka Server的配置文件，代码如下。

```yaml
spring:
  application:
    name: eurekaserver-slave
server:
  port: 2222
eureka:
  server:
    enable-self-preservation: false
  client:
    # 指定是否将自己的信息注册到 Eureka 服务器上
    register-with-eureka: true
    # 指定是否到 Eureka 服务器中抓取注册信息
    fetch-registry: true
    # 地区
    region: beijing
    availability-zones:
      beijing: zone-1,zone-2
    service-url:
      zone-1: http://eurekaserver-master:1111/eureka/
      zone-2: http://eurekaserver-slave:2222/eureka/
      defaultZone: http://eurekaserver-master:1111/eureka/, http://eurekaserver-slave:${server.port}/eureka/
  environment: 测试环境
  datacenter: 测试Eureka服务注册中心
  instance:
    appname: eurekaserver-slave
    eviction-interval-timer-in-ms: 50000
    lease-renewal-interval-in-seconds: 5
    lease-expiration-duration-in-seconds: 10
    hostname: eurekaserver-slave
```

```
      instance-id: eurekaserver-slave:${server.port}
logging:
  file:
    path: ./logs
```

- Dockerfile文件：与例11.3中的一样。

在docker-compose.yml的末尾添加如下代码：

```
eureka_server_slave:
  build:
    context: /usr/local/docker-compose/eureka_slave
    dockerfile: Dockerfile
  image: microservice/eureka_server_slave:1.0.0
  restart: always
  volumes:
    -/usr/local/docker-compose/eureka_slave/logs/:/usr/local/docker-compose/
    eureka_slave/logs/
  ports:
    - "2222:2222"
```

准备好资源文件后，执行如下命令以构建镜像并启动应用。

```
systemctl stop eurekaserver_slave
systemctl disable eurekaserver_slave
cd /usr/local/docker-compose
docker-compose up -d
```

为了防止之前创建的服务eurekaserver_slave占用2222端口，首先将服务停止并禁用。

上面的命令执行完毕后，执行docker images命令可以查看microservice/eureka_server_master镜像和microservice/eureka_server_slave镜像，如图11.26所示。

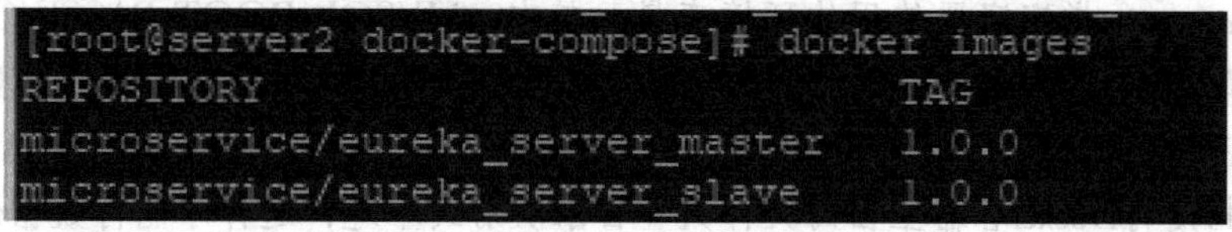

图11.26　查看 microservice/eureka_server_master 镜像和 microservice/eureka_server_slave 镜像

执行docker ps命令可以查看运行中的microservice/eureka_server_master容器和microservice/eureka_server_slave容器，如图11.27所示。

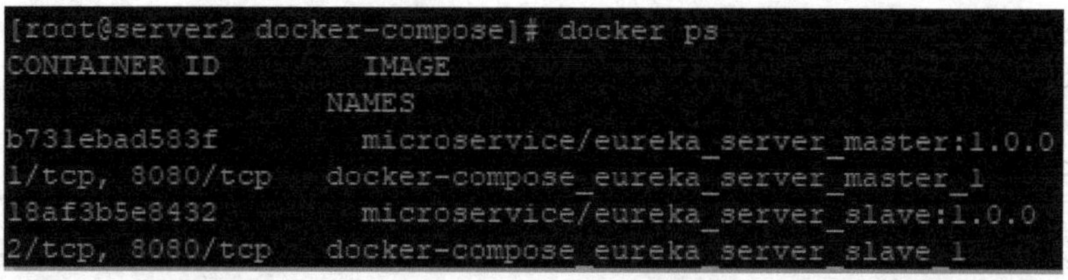

图11.27　运行中的 microservice/eureka_server_master 容器和 microservice/eureka_server_slave 容器

打开浏览器，访问下面的URL：

```
http://192.168.1.102:2222/
```

如果可以看到从Eureka Server的主页，则说明使用Docker Compose已经成功地构建和运行了从Eureka Server的Docker镜像。

【例11.5】在例11.4的基础上，使用Docker Compose构建MySQL数据库的镜像mysql，并运行应用。

因为在认证服务中需要将客户端应用的身份信息和access token等数据保存在MySQL数据库中，所以这里提前准备好MySQL数据库的镜像。

在docker-compose.yml的末尾添加如下代码：

```
mysql:
  network_mode: "bridge"
  environment:
    MYSQL_ROOT_PASSWORD: "Abc_123456"
    MYSQL_USER: 'test'
    MYSQL_PASS: 'test_Password'
  image: "mysql:5.5"
  restart: always
  volumes:
    - "./mysql:/var/lib/mysql"
    - "./mysql/conf/my.cnf:/etc/my.cnf"
    - "./mysql/init:/docker-entrypoint-initdb.d/"
  ports:
    - "3306:3306"
```

参数说明如下。

- network_mode：指定容器使用的网络模式。
- environment：指定容器使用的环境变量。其中，MYSQL_ROOT_PASSWORD用于指定数据库root用户的密码；MYSQL_USER和MYSQL_PASS用于指定MySQL数据库的用户名和密码；image用于指定拉取的镜像，第1次拉取时可能由于网络因素会比较慢；volumes用于指定将Docker容器里面的文件夹和目录映射到本地，这样才能将数据库中的数据持久化，使其不会因为容器重启而丢失；ports用于指定将容器中的3306端口映射到宿主机的3306端口。

配置好docker-compose.yml后，执行如下命令以构建镜像并启动应用。

```
systemctl stop mysqld
systemctl disable mysqld
cd /usr/local/docker-compose
docker-compose up -d
```

为了避免端口冲突，这里先停止并禁用mysqld服务。容器运行后，使用Navicat连接到容器中的MySQL数据库。参照6.2.1小节创建数据库microservice以及其中的表。

【例11.6】使用Docker Compose构建认证服务的镜像microserver/auth_server，并运行应用。

在/usr/local/docker-compose下创建auth文件夹，用于保存打包认证服务的资源文件，命令如下：

```
cd /usr/local/docker-compose
mkdir auth
```

将如下资源文件上传至/usr/local/docker-compose/auth文件夹。
- auth_server-0.0.1-SNAPSHOT.jar：第6章中生成的认证服务的Jar包。
- application.yml：认证服务的配置文件，代码如下。

```yaml
server:
  port: 3333
##### Built-in DataSource #####
spring:
  security:
    user:
      name: admin
      password: pass
  datasource:
    url: jdbc:mysql://192.168.1.102:3306/microservice?useUnicode=true&characterEncoding=UTF-8&ampuseSSL=false&autoReconnect=true&failOverReadOnly=false&serverTimezone=UTC
    username: root
    password: Abc_123456
    driver-class-name: com.mysql.jdbc.Driver
    type: org.apache.commons.dbcp2.BasicDataSource
    dbcp2:
        initial-size: 5
        max-active: 25
        max-idle: 10
        min-idle: 5
        max-wait-millis: 10000
        validation-query:   SELECT 1
        connection-properties: characterEncoding=utf8
##### LOG #####
logging:
  file:
    path: ./logs
```

- Dockerfile文件：代码如下。

```
FROM carsharing/alpine-oraclejdk8-bash
VOLUME /tmp
ADD oauthserver.jar app.jar
ADD application.yml bootstrap.yml
EXPOSE 3333
ENTRYPOINT ["java","-Djava.security.egd=file:/dev/./urandom","-jar","/app.jar","--spring.config.location=./bootstrap.yml"]
```

在docker-compose.yml的末尾添加如下代码：

```
auth_server:
  links:
    - mysql
  depends_on:
    - mysql
  build:
    context: /usr/local/docker-compose/auth
    dockerfile: Dockerfile
  image: microservice/auth_server:1.0.0
  restart: always
  volumes:
    - /usr/local/docker-compose/auth/logs/:/usr/local/docker-compose/auth/logs/
  ports:
    - "3333:3333"
```

这里使用links将服务mysql与服务auth_server关联在一起。depends_on用于指定auth_server服务依赖mysql服务。必须先启动mysql服务，然后才能启动auth_server服务。

准备好资源文件后，执行如下命令以构建镜像并启动应用。

```
docker-compose up -d
```

执行docker images命令可以查看microservice/auth_server镜像，如图11.28所示。

图11.28 查看 microservice/auth_server 镜像

执行docker ps命令可以查看运行中的microservice/auth_server容器，如图11.29所示。

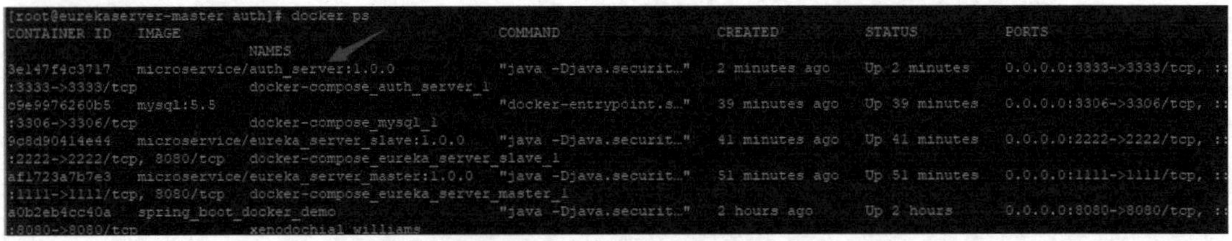

图11.29 查看运行中的 microservice/auth_server 容器

参照6.2.8小节使用Postman获取access token，并确认可以获取到access token。

【例11.7】使用Docker Compose构建API网关服务的镜像microserver/zuul_server，并运行应用。

在/usr/local/docker-compose下创建zuul文件夹，用于保存打包API网关服务的资源文件，命令如下：

```
cd /usr/local/docker-compose
mkdir zuul
```

将如下资源文件上传至/usr/local/docker-compose/zuul文件夹。

- zuulserver-0.0.1-SNAPSHOT.jar：第8章中生成的API网关服务的Jar包。

- application.yml：API网关服务的配置文件，代码如下。

```yaml
spring:
  application:
    name: api-gateway
server:
  port: 4444
eureka:
  client:
    service-url:
      defaultZone: http://eurekaserver-master:1111/eureka/, http://eurekaserver-slave:2222/eureka/
zuul:
  routes:
    user:
      path: /users/**
      serviceId: userService
ribbon:
  ReadTimeout: 10000
  ConnectTimeout: 10000
logging:
  file:
    path: logs
```

- Dockerfile文件：代码如下。

```dockerfile
FROM carsharing/alpine-oraclejdk8-bash
VOLUME /tmp
ADD zuulserver-0.0.1-SNAPSHOT.jar app.jar
ADD application.yml bootstrap.yml
EXPOSE 4444
ENTRYPOINT ["java","-Djava.security.egd=file:/dev/./urandom","-jar","/app.jar","--spring.config.location=./bootstrap.yml"]
```

在docker-compose.yml的末尾添加如下代码：

```yaml
zuul_server:
  build:
    context: /usr/local/docker-compose/zuul
    dockerfile: Dockerfile
  image: microservice/zuul_server:1.0.0
  restart: always
  volumes:
    - /usr/local/docker-compose/zuul/logs/:/usr/local/docker-compose/zuul/logs/
  ports:
    - "4444:4444"
```

准备好资源文件后，执行如下命令以构建镜像并启动应用。

```
systemctl stop zuulserver
systemctl disable zuulserver
cd /usr/local/docker-compose
docker-compose up -d
```

为了避免端口冲突，这里先停止并禁用zuulserver服务。

执行docker images命令可以查看microservice/zuul_server镜像，如图11.30所示。

```
[root@eurekaserver-master docker-compose]# docker images
REPOSITORY                        TAG       IMAGE ID        CREATED              SIZE
microservice/zuul_server          1.0.0     9a58e918911e    3 minutes ago        217MB
microservice/auth_server          1.0.0     f9411137ad90    12 minutes ago       192MB
microservice/eureka_server_slave  1.0.0     017520b77239    51 minutes ago       221MB
microservice/eureka_server_master 1.0.0     40f7efe09619    About an hour ago    221MB
```

图 11.30　查看 microservice/zuul_server 镜像

执行docker ps命令可以查看运行中的microservice/zuul_server容器，如图11.31所示。

```
[root@eurekaserver-master docker-compose]# docker ps
CONTAINER ID   IMAGE                                    COMMAND                   CREATED          STATUS          PORTS
                          NAMES
c6d880f4e5d3   microservice/zuul_server:1.0.0           "java -Djava.securit…"    4 minutes ago    Up 4 minutes    0.0.0.0:4444->4444/t
cp, :::4444->4444/tcp     docker-compose_zuul_server_1
3e147f4c3717   microservice/auth_server:1.0.0           "java -Djava.securit…"    13 minutes ago   Up 13 minutes   0.0.0.0:3333->3333/t
cp, :::3333->3333/tcp     docker-compose_auth_server_1
c9e9976260b5   mysql:5.5                                "docker-entrypoint.s…"    50 minutes ago   Up 50 minutes   0.0.0.0:3306->3306/t
cp, :::3306->3306/tcp     docker-compose_mysql_1
9c8d90414e44   microservice/eureka_server_slave:1.0.0   "java -Djava.securit…"    52 minutes ago   Up 52 minutes   0.0.0.0:2222->2222/t
cp, :::2222->2222/tcp, 8080/tcp   docker-compose_eureka_server_slave_1
```

图 11.31　查看运行中的 microservice/zuul_server 容器

【例11.8】使用Docker Compose构建用户服务的镜像microservice/userservice，并运行应用。

在/usr/local/docker-compose下创建user文件夹，用于保存打包用户服务的资源文件，命令如下：

```
cd /usr/local/docker-compose
mkdir user
```

将如下资源文件上传至/usr/local/docker-compose/user文件夹。

- UserService-0.0.1-SNAPSHOT.jar：第4章中生成的用户服务的Jar包。
- application.yml：用户服务的配置文件，代码如下。

```
server:
  port: 10001
spring:
  application:
    name: UserService
  datasource:
    type: com.alibaba.druid.pool.DruidDataSource
    url: jdbc:mysql://192.168.1.102:3306/test?serverTimezone=UTC
    &useUnicode=true& characterEncoding=utf-8&useSSL=true
    username: root
    password: Abc_123456
    driver-class-name: com.mysql.jdbc.Driver
#mybatis mapper文件的位置
mybatis:
```

```
    mapper-locations: classpath*:mappers/**/*.xml
# 扫描POJO类的位置，在此处指明扫描实体类的包，在mapper中就可以不用写POJO类的全路径名
    type-aliases-package: com.example.UserService.entity
eureka:
  client:
    service-url:
      defaultZone: http:// 192.168.1.102:1234/eureka/,http://192.168.1.102:
      2222/eureka/
```

- Dockerfile文件：代码如下。

```
FROM carsharing/alpine-oraclejdk8-bash
VOLUME /tmp
ADD UserService-0.0.1-SNAPSHOT.jar app.jar
ADD application.yml bootstrap.yml
EXPOSE 4444
ENTRYPOINT ["java","-Djava.security.egd=file:/dev/./urandom","-jar","/app.jar",
"--spring.config.location=./bootstrap.yml"]
```

在docker-compose.yml的末尾添加如下代码：

```
userservice:
  build:
    context: /usr/local/docker-compose/user
    dockerfile: Dockerfile
  image: microservice/userservice:1.0.0
  restart: always
  volumes:
    - /usr/local/docker-compose/user/logs/:/usr/local/docker-compose/user/logs/
  ports:
    - "10001"
```

准备好资源文件后，执行如下命令以构建镜像并启动应用。

```
systemctl stop userservice
systemctl disable userservice
docker-compose up -d  --scale userservice=3
```

为了避免端口冲突，这里先停止并禁用userservice服务。与前面不同的是，在启动docker-compose容器时使用--scale参数指定启动3个userservice服务，执行结果如下：

```
Creating docker-compose_userservice_1 ... done
Creating docker-compose_userservice_2 ... done
Creating docker-compose_userservice_3 ... done
```

执行docker images命令可以查看microservice/userservice镜像，如图11.32所示。

```
[root@eurekaserver-master docker-compose]# docker images
REPOSITORY                          TAG       IMAGE ID       CREATED            SIZE
microservice/userservice            1.0.0     c1c158ae1b13   16 seconds ago     222MB
microservice/zuul_server            1.0.0     9a58e918911e   16 minutes ago     217MB
microservice/auth_server            1.0.0     f9411137ad90   25 minutes ago     192MB
microservice/eureka_server_slave    1.0.0     017520b77239   About an hour ago  221MB
microservice/eureka_server_master   1.0.0     40f7efe09619   About an hour ago  221MB
```

图 11.32　查看 microservice/userservice 镜像

执行docker ps命令可以查看运行中的microservice/userservice容器，如图11.33所示。

```
[root@eurekaserver-master docker-compose]# docker ps
CONTAINER ID   IMAGE                                COMMAND                  CREATED          STATUS          PORTS
                             NAMES
aeb7b55eccf2   microservice/userservice:1.0.0     "java -Djava.securit…"   2 minutes ago    Up 2 minutes    4444/tcp, 0.0.0.0:49
155->10001/tcp, :::49155->10001/tcp   docker-compose_userservice_2
f1dceb421a77   microservice/userservice:1.0.0     "java -Djava.securit…"   2 minutes ago    Up 2 minutes    4444/tcp, 0.0.0.0:49
154->10001/tcp, :::49154->10001/tcp   docker-compose_userservice_3
33207d54bb81   microservice/userservice:1.0.0     "java -Djava.securit…"   2 minutes ago    Up 2 minutes    4444/tcp, 0.0.0.0:49
153->10001/tcp, :::49153->10001/tcp   docker-compose_userservice_1
c6d880f4e5d3   microservice/zuul_server:1.0.0     "java -Djava.securit…"   18 minutes ago   Up 18 minutes   0.0.0.0:4444->4444/t
```

图 11.33　查看运行中的 microservice/userservice 容器

从图11.33中可以看到3个运行的userservice容器，它们的端口分别为49155、49154、49153。这些端口是随机生成的，因为在docker-compose.yml中使用了下面的代码来定义应用的端口：

```
ports:
  - "10001"
```

而不是：

```
ports:
  - "10001:10001"
```

不过没关系，在微服务架构中，用户并不关注服务的端口，他们会通过Zuul网关来调用服务。用户只需要提供接口路径即可调用接口。

## 本章小结

本章首先介绍了容器化的基本概念和工作原理；其次介绍了使用Docker容器的基本方法；最后介绍了使用Docker Compose定义和运行多容器Docker应用程序的方法。

本章的主要目的是使读者了解容器化部署微服务架构应用程序的基本原理和具体方法。通过学习本章内容，读者可以了解通过Docker Compose批量配置和运行Spring Cloud微服务架构各组件的方法。

# 习题 11

### 一、选择题

1. (　　) 是一个轻量级的、独立的、可以执行的包，其中包含运行指定软件所需要的一切，包括代码、库、环境变量和配置文件等。

A. 镜像　　　　　B. 容器　　　　　C. 仓库　　　　　D. 标签
2. (　　)是镜像的一个运行时实例。
A. 仓库　　　　　B. 容器　　　　　C. 标签　　　　　D. 对象

## 二、填空题

1. 使用___【1】___命令可以运行Docker镜像，以生成一个Docker容器。
2. 使用___【2】___命令可以查看本机Docker镜像。
3. 执行___【3】___命令可以启动Docker容器。
4. 执行___【4】___命令可以停止Docker容器。
5. 在Maven项目中，可以借助___【5】___插件（通过简单的配置）自动构建Docker镜像，并将其推送到Docker Registry私服中。

## 三、简答题

1. 简述Docker的特性。
2. 简述Docker与虚拟机的区别。
3. 简述Docker Compose的特性。